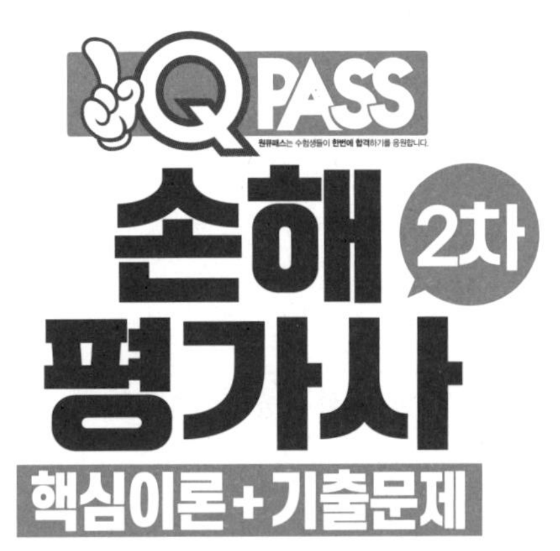

gongbu-haja 저

다락원

손해평가사는 농작물재해보험에 가입한 농지 또는 과수원이 재해로 인하여 피해를 입은 경우, 피해사실을 확인하고, 보험가액 및 손해액을 평가하는 업무를 하는 사람입니다. 우리나라에서는 2015년부터 손해평가사 국가자격제도를 도입해서 운영 중에 있습니다.

손해평가사 자격증은 공인중개사 자격증과 함께 대표 노후 대비 자격증으로, 정년을 앞둔 50 ~ 60대뿐 아니라 일찍 불안한 노후 대비를 하고자 하는 30 ~ 40대 사이에서 해마다 그 인기가 높아지고 있습니다. 2019년 4천 명이 채 되지 않던 1차 시험 응시자 수가 2020년 8천 명을 넘어섰고, 2024년에는 1만여 명이 넘는 등 폭발적인 증가세를 보이고 있습니다.

정부에서는 농가를 보호하고, 안정적인 식량자원 확보를 위해서 해마다 농작물재해보험에 대한 지원을 늘려가고 있습니다. 또한, 코로나19로 인해 식량자원의 중요성에 대한 인식이 국가별로 더욱더 강화되고 있어, 우리나라에서도 정부 및 지방자치단체의 지원은 계속해서 늘어날 것으로 예상되고 있습니다. 따라서, 손해평가사가 담당할 업무도 증가될 것입니다. 그 이유는 첫째, 농작물재해보험에 가입 가능한 품목 수가 확대되고 있습니다. 기존에는 농작물재해보험에 가입할 수 없었던 품목들도 매년 신규로 추가되고 있습니다. 둘째, 농작물재해보험에 가입하는 가입농가 수도 해마다 급격하게 늘어나고 있습니다. 셋째, 기존에는 손해평가사가 담당하지 않던 조사 업무들도 점차 손해평가사들이 담당하고 있기 때문입니다.

손해평가사 시험은 1차 객관식(4지 택일형)과 2차 주관식(단답형 및 서술형)으로 이루어져 있습니다. 1차 시험은 주어진 선택지 중에서 답을 선택하는 객관식이며, 합격률이 60 ~ 70% 정도이며 일정 시간을 투자해서 공부한다면 상대적으로 어렵지 않게 합격할 수 있습니다. 하지만 2차 시험은 주관식으로 내용을 서술하거나 계산을 해서 답을 써야 하기 때문에 해마다 차이는 있지만 합격률은 10% 정도로, 상당한 노력과 시간 투자를 요합니다.

2차시험은 제1과목 '농작물재해보험 및 가축재해보험의 이론과 실무'와 제2과목 '농작물재해보험 및 가축재해보험 손해평가의 이론과 실무'로 이루어져 있습니다. 매 과목 40점 이상 득점하고, 두 과목 평균 60점 이상이면 합격입니다. 만점이나 고득점을 받아야 합격하는 시험이 아니고, 평균 60점만 넘으면 합격할 수 있는 시험입니다만, 해마다 많은 수험생들이 그 공략법을 제대로 알지 못해서 시험에 불합격합니다.

이번에 출간하는 〈원큐패스 손해평가사 2차 핵심이론+기출문제〉는 핵심이론과 10년간의 기출문제로 구성하였습니다. 시험범위, 개정수치 및 방법 등 농업정책보험금융원에서 발표한 최신 내용을 100% 반영한 제1회 ~ 제10회 기출문제를 통해 공부의 방향을 설정하시면 됩니다. 또한, 혼자서 공부하는 데에 어려움이 있는 수험생들을 위해서 네이버 카페 "손해평가사 카페"(cafe.naver.com/sps2021)과 유튜브 채널 "손해평가사"를 운영 중에 있습니다. 네이버 카페와 유튜브 채널을 이용하셔서 보다 효율적인 학습이 되시기를 바랍니다. 이 책을 보시는 수험생 여러분의 합격을 진심으로 기원합니다.

네이버 카페 "손해평가사 카페" 카페지기
유튜브 채널 "손해평가사" 운영자

gongbu-haja

손해평가사 및 시험 접수

• 농작물재해보험에 가입한 농지 또는 과수원이 자연재해로 병충해, 화재 등의 피해를 입은 경우, 피해 사실을 확인하고, 보험가액 및 손해액을 평가하는 일을 수행하는 자격시험이다.
• 시험 접수 : 큐넷(www.q-net.or.kr)에서 접수

응시자격, 응시료, 시험 일정

• 응시자격 : 제한 없음 [단, 부정한 방법으로 시험에 응시하거나 시험에서 부정한 행위를 해 시험의 정지/무효 처분이 있은 날부터 2년이 지나지 아니하거나, 손해평가사의 자격이 취소된 날부터 2년이 지나지 아니한 자는 응시할 수 없음 - (「농어업재해보험법」 제11조의4 제4항)]
• 응시료 : 1차 20,000원 / 2차 33,000원
• 시험일정

구 분	접수 기간	시험 일정	합격자 발표
2025년 11회 1차	04. 07. ~ 04. 11	05. 10.(토)	06. 11.(수)
2025년 11회 2차	07. 21. ~ 07. 25.	08. 30.(토)	11. 19.(수)

시험과목 및 배점

구 분	시험과목	문항수	시험시간	시험방법
1차 시험	1. 상법(보험편) 2. 농어업재해보험법령 3. 농학개론 중 재배학 및 원예작물학	과목별 25문항 (총 75문항)	90분	객관식 4지 택일형
2차 시험	1. 농작물재해보험 및 가축재해보험의 이론과 실무 2. 농작물재해보험 및 가축재해보험 손해평가의 이론과 실무	과목별 10문항	120분	단답형, 서술형

※ 1차·2차 시험 100점 만점으로 하여 매 과목 40점 이상과 전 과목 평균 60점 이상 득점한 사람을 합격자로 결정

기타

• 농업정책보험금융원에서 자격증 신청 및 발급 업무 수행

손해평가사 2차 시험에 필요한 핵심이론

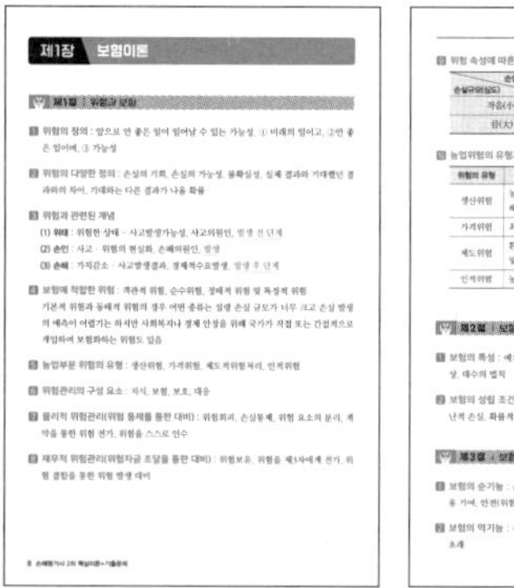
제1장 보험이론

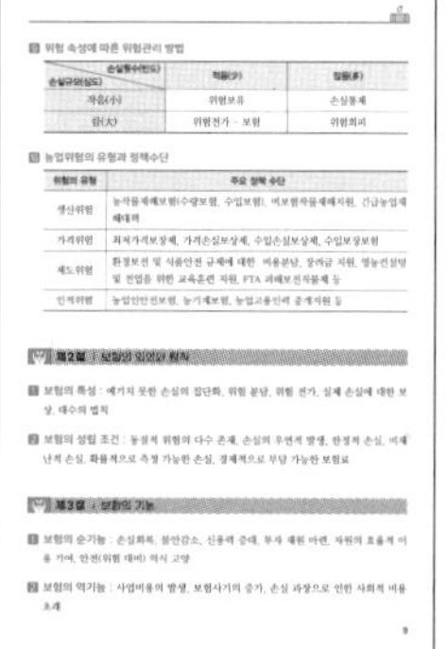

농업정책보험금융원에서 발표한 최신 내용 중 시험에 꼭 필요한 필수 핵심이론을 정리하여 수록하였다.

농업정책보험금융원 최신 발표 내용 반영한 10개년 기출문제+모범답안

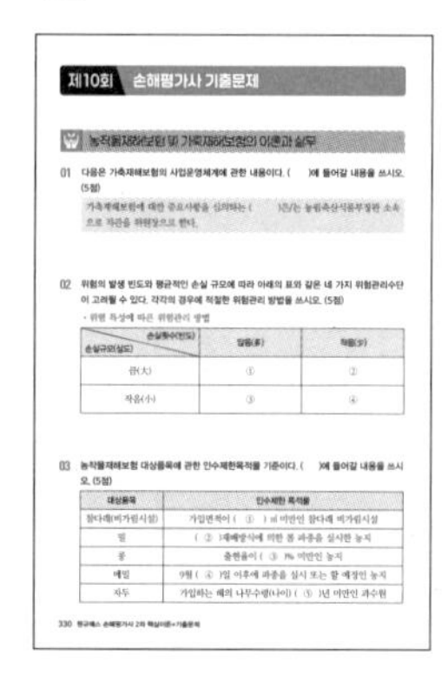
제10회 손해평가사 기출문제

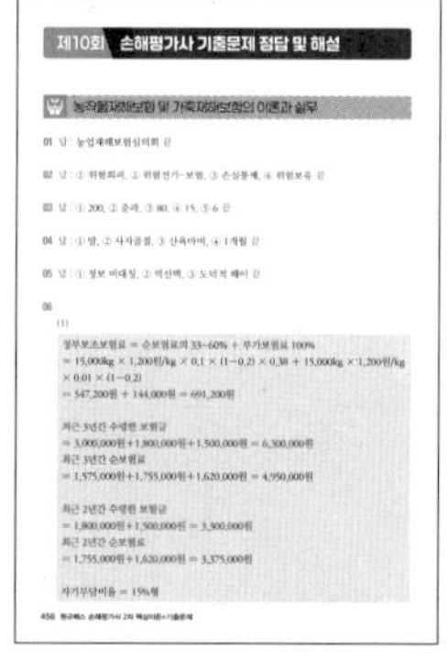
제10회 손해평가사 기출문제 정답 및 해설

농업정책보험금융원에서 발표한 최신 내용을 100% 반영하여 시험범위, 개정수치 및 방법 등을 수정한 10개년 기출문제를 수록하였다.

농업정책보험금융원 [별표] 무료 다운로드

농업정책보험금융원에서 발표한 내용 중 [별표] 내용을 요약한 자료를 무료 다운받을 수 있도록 하였다.

※ 손해평가사카페(http://cafe.naver.com/sps2021)에도 자료 탑재되어 있음

차례

PART

1

손해평가사 핵심이론

제1장 보험이론

제2장 농업재해보험

제3장 농작물재해보험 제도

제4장 가축재해보험 제도

제1장 보험이론

제1절 | 위험과 보험

1 위험의 정의 : 앞으로 안 좋은 일이 일어날 수 있는 가능성. ① 미래의 일이고, ② 안 좋은 일이며, ③ 가능성

2 위험의 다양한 정의 : 손실의 기회, 손실의 가능성, 불확실성, 실제 결과와 기대했던 결과와의 차이, 기대와는 다른 결과가 나올 확률

3 위험과 관련된 개념

(1) **위태** : 위험한 상태 – 사고발생가능성, 사고의원인, 발생 전 단계

(2) **손인** : 사고 - 위험의 현실화, 손해의원인, 발생

(3) **손해** : 가치감소 - 사고발생결과, 경제적수요발생, 발생 후 단계

4 보험에 적합한 위험 : 객관적 위험, 순수위험, 정태적 위험 및 특정적 위험
기본적 위험과 동태적 위험의 경우 어떤 종류는 설령 손실 규모가 너무 크고 손실 발생의 예측이 어렵기는 하지만 사회복지나 경제 안정을 위해 국가가 직접 또는 간접적으로 개입하여 보험화하는 위험도 있음

5 농업부문 위험의 유형 : 생산위험, 가격위험, 제도적위험처리, 인적위험

6 위험관리의 구성 요소 : 지식, 보험, 보호, 대응

7 물리적 위험관리(위험 통제를 통한 대비) : 위험회피, 손실통제, 위험 요소의 분리, 계약을 통한 위험 전가, 위험을 스스로 인수

8 재무적 위험관리(위험자금 조달을 통한 대비) : 위험보유, 위험을 제3자에게 전가, 위험 결합을 통한 위험 발생 대비

9 위험 속성에 따른 위험관리 방법

손실규모(심도) \ 손실횟수(빈도)	적음(少)	많음(多)
작음(小)	위험보유	손실통제
큼(大)	위험전가 - 보험	위험회피

10 농업위험의 유형과 정책수단

위험의 유형	주요 정책 수단
생산위험	농작물재해보험(수량보험, 수입보험), 비보험작물재해지원, 긴급농업재해대책
가격위험	최저가격보장제, 가격손실보상제, 수입손실보상제, 수입보장보험
제도위험	환경보전 및 식품안전 규제에 대한 비용분담, 장려금 지원, 영농컨설팅 및 전업을 위한 교육훈련 지원, FTA 피해보전직불제 등
인적위험	농업인안전보험, 농기계보험, 농업고용인력 중개지원 등

제2절 | 보험의 의의와 원칙

1 **보험의 특성** : 예기치 못한 손실의 집단화, 위험 분담, 위험 전가, 실제 손실에 대한 보상, 대수의 법칙

2 **보험의 성립 조건** : 동질적 위험의 다수 존재, 손실의 우연적 발생, 한정적 손실, 비재난적 손실, 확률적으로 측정 가능한 손실, 경제적으로 부담 가능한 보험료

제3절 | 보험의 기능

1 **보험의 순기능** : 손실회복, 불안감소, 신용력 증대, 투자 재원 마련, 자원의 효율적 이용 기여, 안전(위험 대비) 의식 고양

2 **보험의 역기능** : 사업비용의 발생, 보험사기의 증가, 손실 과장으로 인한 사회적 비용 초래

3 역선택과 도덕적 해이 : 역선택은 계약 체결 전에 예측한 위험보다 높은 위험(집단)이 가입하여 사고 발생률을 증가시키는데 비해, 도덕적 해이는 계약 체결 후 계약자가 사고 발생 예방 노력 수준을 낮추는 선택을 한다.

제4절 | 손해보험의 이해

1 손해보험의 원리 : 위험의 분담, 위험 대량의 원칙, 급부 반대급부 균등의 원칙, 수지상등의 원칙, 이득 금지의 원칙

2 손해보험 계약의 법적 특성 : 불요식 낙성계약성, 유상계약성, 쌍무계약성, 상행위성, 부합계약성, 최고 선의성, 계속계약성

3 보험계약의 법적 원칙 : 실손보상의 원칙, 보험자대위의 원칙, 피보험이익의 원칙, 최대선의의 원칙

4 실손보상 원칙의 예외 3가지 : 기평가계약, 대체비용보험, 생명보험

5 피보험이익의 원칙의 3가지 목적

① 피보험이익은 도박을 방지하는 데 필수적이다.
② 피보험이익은 도덕적 위태를 감소시킨다.
③ 피보험이익은 결국 계약자의 손실 규모와 같으므로 손실의 크기를 측정하게 해준다.

6 보험증권의 특성 : 보험증권은 보험계약 성립의 증거로서 보험계약이 성립한 때 교부한다. 보험증권은 유가증권이 아니라 단지 증거증권으로서 배서나 인도에 의해 양도된다. 보험증권은 보험자가 사전에 작성해 놓고 보험계약 체결의 사실을 인정하는 것이기 때문에 이를 분실하더라도 보험계약의 효력에는 어떤 영향도 미치지 않는다.

7 보험증권의 법적 성격 : 요식증권성, 증거증권성, 면책증권성, 상환증권성, 유가증권성

8 보통보험약관의 해석

(1) 기본 원칙

당사자의 개별적인 해석보다는 법률의 일반 해석 원칙에 따라 보험계약의 단체

성·기술성을 고려하여 각 규정의 뜻을 합리적으로 해석해야 한다(한낙현·김흥기 2008). 보험약관은 보험계약의 성질과 관련하여 신의성실의 원칙에 따라 공정하게 해석되어야 하며, 계약자에 따라 다르게 해석되어서는 안 된다.

보험 약관상의 인쇄 조항(printed)과 수기 조항(hand written) 간에 충돌이 발생하는 경우 수기 조항이 우선한다. 당사자가 사용한 용어의 표현이 모호하지 아니한 평이하고 통상적인 일반적인 뜻(plain, ordinary, popular : POP)을 받아들이고 이행되는 용례에 따라 풀이해야 한다.

(2) 작성자 불이익의 원칙

보험약관의 내용이 모호한 경우 즉, 하나의 규정이 객관적으로 여러 가지 뜻으로 풀이되는 경우나 해석상 의문이 있는 경우에는 보험자에게 엄격·불리하게 계약자에게 유리하게 풀이해야 한다는 원칙을 말한다.

9 재보험의 기능 : 위험 분산, 원보험자의 인수 능력의 확대로 마케팅 능력 강화, 경영의 안정화, 신규 보험상품의 개발 촉진

제2장 농업재해보험

제1절 | 농업의 산업적 특성

1 **농업재해의 특성** : 불예측성, 광역성, 동시성·복합성, 계절성, 피해의 대규모성, 불가항력성

제2절 | 농업재해보험의 필요성과 성격

1 **농업재해보험의 필요성** : 농업경영의 높은 위험성, 농업재해의 특수성, 국가적 재해대책과 한계, WTO협정의 허용 대상 정책

제3절 | 농업재해보험의 특징

1 **농업재해보험의 특징** : 주요 담보위험이 자연재해임, 손해평가의 어려움, 위험도에 대한 차별화 곤란, 경제력에 따른 보험료 지원 일부 차등, 물보험-손해보험, 단기 소멸성보험 - 농작물재해보험, 국가재보험 운영

제4절 | 농업재해보험의 기능

1 **농업재해보험의 기능** : 재해농가의 손실 회복, 농가의 신용력 증대, 농촌지역 경제 및 사회 안정화, 농업정책의 안정적 추진, 재해 대비 의식 고취, 농업 투자의 증가, 지속가능한 농업발전과 안정적 식량공급에 기여

제5절 | 농업재해보험 법령

1 농어업재해보험법 주요 변천 내역

2005년	• 농작물재해보험법 국가재보험제도 도입
2014년	• 전문손해평가인력의 양성 및 자격제도를 도입
2017년	• 농업재해보험사업 관리 등을 「농업·농촌 및 식품산업 기본법」에 근거하여 설립된 농업정책보험금융원으로 위탁 • 손해평가사 자격시험의 실시 및 관리에 관한 업무를 「한국산업인력공단법」에 따른 한국산업인력공단에 위탁

제6절 | 손해평가의 개요

1 손해평가 : 손해평가는 보험대상 목적물에 피해가 발생한 경우 그 피해 사실을 확인하고 평가하는 일련의 과정을 의미한다.

2 손해평가 업무의 중요성 : 보험가입자에 대한 정당한 보상, 선의의 계약자 보호, 보험사업의 건전화

제7절 | 손해평가 체계

1 조사자의 유형 : 농업재해보험 조사자는 법 제11조에서 규정하고 있는 대로 손해평가인, 손해평가사 및 손해사정사이다. 손해평가인은 농어업재해보험법 시행령 제12조에 따른 자격요건을 충족하는 자로 재해보험사업자가 위촉한 자이다. 손해평가사는 농림축산식품부장관이 한국산업인력공단에 위탁하여 시행하는 손해평가사 자격시험에 합격한 자이다. 손해사정사는 보험개발원에서 실시하는 손해사정사 자격시험에 합격하고 일정기간의 실무수습을 마쳐 금융감독원에 등록한 자이다. 이 밖에 재해보험사업자 및 재해보험사업자로부터 손해평가 업무를 위탁받은 자는 손해평가 업무를 원활히 수행하기 위하여 손해평가보조인을 운용할 수 있다.

2 손해평가 과정 : 사고 발생 통지 → 사고 발생 보고 전산입력 → 손해평가반 구성 → 현지조사 실시 → 현지조사 결과 전산 입력 → 현지조사 및 검증조사

3 손해평가반 구성

[농업재해보험 손해평가요령]

제8조(손해평가반 구성 등) ① 재해보험사업자는 제2조 제1호의 손해평가를 하는 경우에는 손해평가반을 구성하고 손해평가반별로 평가일정계획을 수립하여야 한다.

② 제1항에 따른 손해평가반은 다음 각 호의 어느 하나에 해당하는 자로 구성하며, 5인 이내로 한다.

1. 제2조 제2호에 따른 손해평가인
2. 제2조 제3호에 따른 손해평가사
3. 「보험업법」 제186조에 따른 손해사정사

③ 제2항의 규정에도 불구하고 다음 각 호의 어느 하나에 해당하는 손해평가에 대하여는 해당자를 손해평가반 구성에서 배제하여야 한다.

1. 자기 또는 자기와 생계를 같이 하는 친족(이하 "이해관계자"라 한다)이 가입한 보험계약에 관한 손해평가
2. 자기 또는 이해관계자가 모집한 보험계약에 관한 손해평가
3. 직전 손해평가일로부터 30일 이내의 보험가입자간 상호 손해평가
4. 자기가 실시한 손해평가에 대한 검증조사 및 재조사

4 손해평가 단위

[농업재해보험 손해평가요령]

제12조(손해평가 단위) ① 보험목적물별 손해평가 단위는 다음 각 호와 같다.

1. 농작물 : 농지별
2. 가축 : 개별가축별(단, 벌은 벌통 단위)
3. 농업시설물 : 보험가입 목적물별

제8절 | 현지조사 내용

1 조사의 구분

(1) **본조사** : 보험사고가 발생했다고 신고된 보험목적물에 대해 손해 정도를 평가하기 위해 곧바로 실시하는 조사

(2) **재조사** : 기 실시된 조사에 대하여 이의가 있는 경우에 다시 한번 실시하는 조사(계약자가 손해평가반의 손해평가 결과에 대해 설명 또는 통지를 받은 날로부터 7일 이내에 손해평가가 잘못되었음을 증빙하는 서류 또는 사진 등을 제출하는 경우 재해보험사업자가 다른 손해평가반으로 하여 다시 손해평가를 하게 할 수 있다.)

(3) **검증조사** : 재해보험사업자 및 농어업재해보험사업의 관리를 위탁받은 기관이 손해평가 결과를 확인하기 위하여 손해평가를 실시한 보험 목적물 중에서 일정 수를 임의 추출하여 확인하는 조사

제3장 농작물재해보험 제도

제1절 | 제도 일반

1 사업 운영체계

(1) **농림축산식품부** : 사업 주관부서, 재해보험 관계법령의 개정, 보험료 및 운영비 등 국고 보조금 지원 등 전반적인 제도 업무를 총괄

(2) **농업정책보험금융원** : 사업 관리기관, 재해보험사업의 관리·감독, 재해보험 상품의 연구 및 보급, 재해 관련 통계 생산 및 데이터베이스 구축·분석, 손해평가인력 육성, 손해평가기법의 연구·개발 및 보급, 재해보험사업의 약정체결 관련 업무, 손해평가사 제도 운용 관련 업무, 농어업재해재보험기금 관리·운용 업무 등

(3) **재해보험사업자** : 사업 시행기관, NH농협손해보험(농작물재해보험사업자), 보험상품의 개발 및 판매, 손해평가, 보험금 지급 등 실질적인 보험사업을 운영

(4) **국가 및 국내외 민영보험사** : 재해보험사업자로부터 재보험을 인수

(5) **보험개발원** : 매년 보험료율을 산정

(6) **금융감독원** : 보험료율 및 약관 등을 인가

(7) **손해평가주체** : 손해사정사, 손해평가사, 손해평가인, 재해보험 사업자가 의뢰한 보험목적물의 손해평가를 실시하고 결과를 제출

(8) **농업재해보험심의회** : 농작물재해보험을 포함한 농업재해보험에 대한 중요사항을 심의, 농림축산식품부장관 소속으로 차관을 위원장으로 설치되어 재해보험 목적물 선정, 보장하는 재해의 범위, 재해보험사업 재정지원, 손해평가 방법 등 농업재해보험의 중요사항에 대해 심의

(9) **한국산업인력공단** : 농작물재해보험의 손해평가를 담당할 손해평가사 자격시험의 실시 및 관리에 대한 업무 수행 주체(농림축산식품부로부터 업무를 수탁받음)

2 농작물재해보험 대상 품목 및 가입자격

[2024년 기준]

품목명	가입자격
사과, 배, 단감, 떫은감, 감귤, 포도, 복숭아, 자두, 살구, 매실, 참다래, 대추, 유자, 무화과, 밤, 호두, 마늘, 양파, 감자, 고구마, 고추, 양배추, 브로콜리, 오미자, 복분자, 오디, 인삼, 수박(노지), 두릅, 블루베리	농지의 보험가입금액 (생산액 또는 생산비) 200만 원 이상
옥수수, 콩, 팥, 배추, 무, 파, 단호박, 당근, 시금치(노지), 양상추	농지의 보험가입금액 (생산액 또는 생산비) 100만 원 이상
벼, 밀, 보리, 메밀, 귀리	농지의 보험가입금액 (생산액 또는 생산비) 50만 원 이상
농업용 시설물 및 시설작물 버섯재배사 및 버섯작물	단지 면적이 300m^2 이상
차(茶), 조사료용 벼, 사료용 옥수수	농지의 면적이 1,000m^2 이상

3 보험 대상 품목별 보장 수준

구분	품목	보장 수준 (보험가입금액의 %)				
		60	70	80	85	90
적과전 종합위험	사과, 배, 단감, 떫은감	○	○	○	○	○
수확전 종합위험	무화과	○	○	○	○	○
	복분자	○	○	○	○	○
특정위험	인삼	○	○	○	○	○

구분	품목	보장 수준 (보험가입금액의 %)				
		60	70	80	85	90
종합위험	참다래, 매실, 자두, 포도, 복숭아, 감귤, 벼, 밀, 보리, 고구마, 옥수수, 콩, 팥, 차, 오디, 밤, 대추, 오미자, 양파, 감자, 마늘, 배추(봄, 가을 제외), 무(고랭지, 월동), 대파, 단호박, 시금치(노지), 살구, 당근, 메밀, 양배추	○	○	○	○	○
	유자, 배추(봄, 가을), 무(가을), 쪽파(실파), 호두, 양상추, 귀리, 두릅, 블루베리, 수박(노지)	○	○	○	-	-
	사료용 옥수수, 조사료용 벼	30%	35%	40%	42%	45%
	브로콜리, 고추	(자기부담금) 잔존보험가입금액의 3% 또는 5%				
	해가림시설 (인삼)	(자기부담금) 최소 10만원에서 최대 100만원 한도 내에서 손해액의 10%를 적용				
	농업용 시설물·버섯재배사 및 부대시설 & 비가림시설 (포도, 대추, 참다래)	(자기부담금) 최소 30만원에서 최대 100만원 한도 내에서 손해액의 10%를 적용 (단, 피복재 단독사고는 최소 10만 원에서 최대 30만 원 한도 내에서 손해액의 10%를 적용하고, 화재로 인한 손해는 자기부담금을 적용하지 않음)				
	시설작물 & 버섯작물	손해액이 10만 원을 초과하는 경우 손해액 전액 보상 (단, 화재로 인한 손해는 자기부담금을 적용하지 않음)				

4 농작물재해보험 가입절차

① 농작물재해보험은 재해보험사업자(NH농협손해보험)와 판매 위탁계약을 체결한 지역 대리점(지역농협 및 품목농협) 등에서 보험 모집 및 판매를 담당한다.

② 이후 보험 가입 안내(지역 대리점 등) → 가입신청(계약자) → 현지 확인(보험 목적물 현지조사를 통한 서류와 농지정보 일치 여부 확인 등) → 청약서 작성 및 보험료 수납(보험가입금액 및 보험료 산정) → 보험증권 발급(지역 대리점) 등의 순서를 거쳐 보험 가입이 이루어진다.

5 보험료 납입방법

① 보험료 납입은 보험 가입 시 일시납(1회 납)을 원칙으로 하되 현금, 즉시이체, 신용카드로 납부 및 보험료는 신용카드 납부 시 할부 납부가 가능하다.

② 보험료의 납입은 보험계약 인수와 연계되어 시행되며, 계약 인수에 이상이 없을 경우에는 보험료 납부가 가능하나, 인수심사 중에는 사전수납 할 수 없다.

6 방재시설 판정기준

방재시설	판정기준
방상팬	• 방상팬은 팬 부분과 기둥 부분으로 나뉘어짐 • 팬 부분의 날개 회전은 원심식으로 모터의 힘에 의해 돌아가며 좌우 180도 회전가능하며 팬의 크기는 면적에 따라 조정 • 기둥 부분은 높이 6m 이상 • 1,000m²당 1마력은 3대, 3마력은 1대 이상 설치 권장 (단, 작동이 안 될 경우 할인 불가)
서리방지용 미세살수장치	• 서리피해를 방지하기 위해 설치된 살수량 500~800ℓ/10a의 미세 살수장치 *점적관수 등 급수용 스프링클러는 포함되지 않음
방풍림	• 높이가 6미터 이상의 영년생 침엽수와 상록활엽수가 5미터 이하의 간격으로 과수원 둘레 전체에 식재되어 과수원의 바람 피해를 줄일 수 있는 나무
방풍망	• 망구멍 가로 및 세로가 6~10mm의 망목네트를 과수원 둘레 전체나 둘레 일부(1면 이상 또는 전체둘레의 20% 이상)에 설치

방재시설	판정기준
방충망	• 망구멍이 가로 및 세로가 6mm 이하 망목네트로 과수원 전체를 피복. 단, 과수원의 위와 측면을 덮도록 설치되어야 함
방조망	• 망구멍의 가로 및 세로가 10mm를 초과하고 새의 입출이 불가능한 그물 • 주 지주대와 보조 지주대를 설치하여 과수원 전체를 피복. 단, 과수원의 위와 측면을 덮도록 설치되어야 함
비가림 바람막이	• 비에 대한 피해를 방지하기 위하여 윗면 전체를 비닐로 덮어 과수가 빗물에 노출이 되지 않도록 하고 바람에 대한 피해를 방지하기 위하여 측면 전체를 비닐 및 망 등을 설치한 것
트렐리스 2,4,6선식	• 트렐리스 방식 : 수열 내에 지주를 일정한 간격으로 세우고 철선을 늘려 나무를 고정해 주는 방식 • 나무를 유인할 수 있는 재료로 철재 파이프(강관)와 콘크리트를 의미함 • 지주의 규격 : 갓지주 → 48~80mm ~ 2.2~3.0m 중간지주 → 42~50mm ~ 2.2~3.0m • 지주시설로 세선(2선, 4선, 6선) 숫자로 선식 구분 ※ 버팀목과는 다름
사과 개별지주	• 나무주간부 곁에 파이프나 콘크리트 기둥을 세워 나무를 개별적으로 고정시키기 위한 시설 ※ 버팀목과는 다름
단감·떫은감 개별지주	• 나무주간부 곁에 파이프를 세우고 파이프 상단에 연결된 줄을 이용해 가지를 잡아주는 시설 ※ 버팀목과는 다름
덕 및 Y자형 시설	• 덕 : 파이프, 와이어, 강선을 이용한 바둑판식 덕시설 • Y자형 시설 : 아연도 구조관 및 강선 이용 지주설치

7 보험료 산정

보험료 = 보험가입금액 × 보험요율 × (과거의 손해율 및 가입연수에 따른 할인·할증, 방재시설 할인율 등)

[예시 – 과수 4종(사과, 배, 단감, 떫은감) 및 벼 품목의 보험료 산정식]

1. 과수 4종
   - 과실손해보장 보통약관(주계약) 적용보험료 :
     보통약관 가입금액 × 지역별 보통약관 영업요율 × (1 + 부보장 및 한정보장 특별약관 할인율) × (1 + 손해율에 따른 할인·할증률) × (1 + 방재시설할인율)
   - 나무손해보장 특별약관 적용보험료 :
     특별약관 가입금액 × 지역별 특별약관 영업요율 × (1 + 손해율에 따른 할인·할증률)
2. 벼
   - 수확감소보장 보통약관(주계약) 적용보험료 :
     주계약 보험가입금액 × 지역별 기본 영업요율 × (1 + 손해율에 따른 할인·할증률) × (1 + 친환경 재배 시 할증률) × (1 + 직파재배 농지 할증률)
   - 병해충보장 특별약관 적용보험료 :
     특별약관 보험가입금액 × 지역별 기본 영업요율 × (1 + 손해율에 따른 할인·할증률) × (1 + 친환경 재배 시 할증률) × (1 + 직파재배 농지 할증률)

   ※ 손해율에 따른 할인·할증률 적용 예시(모든 할인·할증률 적용 공통사항)
   - 손해율에 따른 할인율이 –5%인 경우(1 – 0.05)
   - 손해율에 따른 할증율이 5%인 경우(1 + 0.05)

8 보험가입금액 산출

(기본형)보험가입금액 = 가입수확량 × 가입(표준)가격

(1) 수확량감소보장상품

① 가입수확량에 가입가격을 곱하여 산출한다(천원 단위 절사). 이때 가입수확량은 평년수확량의 일정 범위(50 ~ 100%) 내에서 보험계약자가 결정할 수 있다.

② 가입가격은 보험에 가입할 때 결정한 보험의 목적물(농작물)의 kg당 평균가격으로 한다(나무손해보장 특별약관의 경우에는 보험에 가입한 결과주수의 1주당 가격). 단, 과실의 경우 한 과수원에 다수의 품종이 혼식된 경우에도 품종과 관계없이 동일하게 적용한다.

(2) 벼

① 가입 단위 농지별 가입수확량(kg 단위)에 표준(가입)가격(원/kg)을 곱하여 산출한다.

② 표준(가입)가격은 보험 가입연도 직전 5개년의 시·군별 농협 RPC 계약재배 수매가 최근 5년 평균값에 민간 RPC지수를 반영하여 산출한다.

(3) 버섯(표고, 느타리, 새송이, 양송이) : 하우스 단지별 연간 재배 예정인 버섯 중 생산비가 가장 높은 버섯의 보험가액의 50% ~ 100% 범위 내에서 보험가입자(계약자)가 10% 단위로 보험가입금액을 결정한다.

(4) 농업용 시설물 : 단지 내 하우스 1동 단위로, 산정된 재조달 기준가액의 90% ~ 130%(10% 단위) 범위 내에서 산출. 단, 기준금액 산정이 불가능한 콘크리트조·경량 철골조, 비규격 하우스 등은 계약자의 고지사항 및 관련 서류를 기초로 보험가액을 추정하여 보험가입금액을 결정한다.

(5) 인삼

① 연근별 (보상)가액에 재배면적(m^2)을 곱하여 산출한다.

② 인삼의 (보상)가액은 농협 통계 및 농촌진흥청의 자료를 기초로 연근별로 투입되는 누적 생산비를 고려하여 연근별로 차등 설정한다.

(6) 인삼 해가림시설 : 재조달가액에 감가상각률을 감하여 산출한다.

9 손해평가

손해평가에 참여하고자 하는 손해평가사는 농업정책보험금융원, 손해평가인은 재해보험사업자가 주관하는 교육을 정기적으로 받아야 하며, 손해평가사는 1회 이상 실무교육을 이수하고 3년마다 1회 이상의 보수교육을 이수하여야 한다. 손해평가인 및 손해사정사, 손해사정사 보조인은 연 1회 이상 정기교육을 필수적으로 받아야 하며, 필수교육을 이수하지 않았을 경우에는 손해평가를 할 수 없다.

10 손해평가 및 보험금 지급 과정

(1) 보험사고 접수 : 계약자·피보험자는 재해보험사업자에게 보험사고 발생 사실 통보

(2) 보험사고 조사 : 재해보험사업자는 보험사고 접수가 되면, 손해평가반을 구성하여 보험사고를 조사, 손해액을 산정

① 보상하지 않는 손해 해당 여부, 사고 가축과 보험목적물이 동일 여부, 사고발생 일시 및 장소, 사고 발생 원인과 가축 폐사 등 손해 발생과의 인과관계 여부, 다른 계약 체결 유무, 의무 위반 여부 등 확인 조사

② 보험목적물이 입은 손해 및 계약자·피보험자가 지출한 비용 등 손해액 산정

(3) 지급보험금 결정 : 보험가입금액과 손해액을 검토하여 결정

(4) 보험금 지급 : 지급할 보험금이 결정되면 7일 이내에 지급하되, 지급보험금이 결정되기 전이라도, 피보험자의 청구가 있으면 추정보험금의 50%까지 보험금 지급 가능

11 정부의 지원

농작물재해보험에 가입한 계약자의 납입 순보험료(위험보험료+손해조사비)의 50%를 지원한다. 다만, 과수 4종 품목(사과, 배, 단감, 떫은 감)은 보장 수준별로 33% ~ 60%, 벼는 35% ~ 60% 차등 보조한다. 또한, 재해보험사업자의 운영비는 국고에서 100% 지원한다.

[정부의 농가부담보험료 지원 비율]

구분	품목	보장 수준 (%)				
		60	70	80	85	90
국고 보조율 (%)	사과, 배, 단감, 떫은감	60	60	50	38	33
	벼	60	55	50	38	35

12 손해평가 업무흐름

제2절 | 농작물재해보험 상품내용

I-1 과수작물(적과전 종합위험방식 II - 1과목)

사과, 배, 단감, 떫은감

1 적과종료 이전의 특정위험 : 적과종료 이전 특정위험 5종 한정 보장 특별약관 가입시 태풍(강풍), 우박, 지진, 화재 집중호우만 보장한다.

2 적과종료 이후의 특정위험

(1) **태풍(강풍)** : 기상청에서 태풍에 대한 기상특보(태풍주의보 또는 태풍경보)를 발령한 때 발령지역 바람과 비를 말하며, 최대순간풍속 14m/sec 이상의 바람을 포함한다. 바람의 세기는 과수원에서 가장 가까운 3개 기상관측소(기상청 설치 또는 기상청이 인증하고 실시간 관측자료를 확인할 수 있는 관측소)에 나타난 측정자료 중 가장 큰 수치의 자료로 판정한다.

(2) **우박** : 적란운과 봉우리적운 속에서 성장하는 얼음알갱이 또는 얼음덩어리가 내리는 현상

(3) **집중호우** : 기상청에서 호우에 대한 기상특보(호우주의보 또는 호우경보)를 발령한 때 발령지역의 비 또는 농지에서 가장 가까운 3개소의 기상관측장비(기상청 설치 또는 기상청이 인증하고 실시간 관측 자료를 확인할 수 있는 관측소)로 측정한 12시간 누적강수량이 80mm 이상인 강우상태

(4) **화재** : 화재로 인하여 발생하는 피해

(5) **지진** : 지구 내부의 급격한 운동으로 지진파가 지표면까지 도달하여 지반이 흔들리는 자연지진을 말하며, 대한민국 기상청에서 규모 5.0 이상의 지진통보를 발표한 때 지진통보에서 발표된 진앙이 과수원이 위치한 시군 또는 그 시군과 인접한 시군에 위치하는 경우에 피해를 인정한다.

(6) **가을동상해** : 서리 또는 기온의 하강으로 인하여 과실 또는 잎이 얼어서 생기는 피해를 말하며, 육안으로 판별 가능한 결빙증상이 지속적으로 남아 있는 경우에 피해를 인정한다. 잎 피해는 단감, 떫은감 품목에 한하여 10월 31일까지 발생한 가을동상해로 나무의 전체 잎 중 50% 이상이 고사한 경우에 피해를 인정한다.

(7) 일소피해 : 폭염(暴炎)으로 인해 보험의 목적에 일소(日燒)가 발생하여 생긴 피해를 말하며, 일소는 과실이 태양광에 노출되어 과피 또는 과육이 괴사되어 검게 그을리거나 변색되는 현상을 말하며, 폭염은 대한민국 기상청에서 폭염특보(폭염주의보 또는 폭염경보)를 발령한 때 과수원에서 가장 가까운 3개소의 기상관측장비(기상청 설치 또는 기상청이 인증하고 실시간 관측 자료를 확인할 수 있는 관측소)로 측정한 낮 최고기온이 연속 2일 이상 33℃ 이상으로 관측된 경우를 말하며, 폭염특보가 발령한 때부터 해제한 날까지 일소가 발생한 보험의 목적에 한하여 보상한다. 이때 폭염특보는 과수원이 위치한 지역의 폭염특보를 적용한다.

3 보험기간

<table>
<tr><th colspan="4">구분</th><th rowspan="2">보험의 목적</th><th colspan="2">보험기간</th></tr>
<tr><th>보장</th><th>약관</th><th colspan="2">대상재해</th><th>보장개시</th><th>보장종료</th></tr>
<tr><td rowspan="4">과실손해보장</td><td rowspan="4">보통약관</td><td rowspan="2">적과종료이전</td><td rowspan="2">자연재해, 조수해(鳥獸害), 화재</td><td>사과, 배</td><td>계약체결일 24시</td><td>적과 종료 시점
다만, 판매개시연도 6월 30일을 초과할 수 없음</td></tr>
<tr><td>단감, 떫은감</td><td>계약체결일 24시</td><td>적과 종료 시점
다만, 판매개시연도 7월 31일을 초과할 수 없음</td></tr>
<tr><td rowspan="2">적과종료이후</td><td>태풍(강풍), 우박, 집중호우, 화재, 지진</td><td>사과, 배, 단감, 떫은감</td><td>적과 종료 이후</td><td>판매개시연도 수확기 종료 시점
다만, 판매개시연도 11월 30일을 초과할 수 없음</td></tr>
<tr><td>가을동상해</td><td>사과, 배</td><td>판매개시연도 9월 1일</td><td>판매개시연도 수확기 종료 시점
다만, 판매개시연도 11월 10일을 초과할 수 없음</td></tr>
</table>

<table>
<tr><th colspan="4">구분</th><th rowspan="2">보험의 목적</th><th colspan="2">보험기간</th></tr>
<tr><th>보장</th><th>약관</th><th colspan="2">대상재해</th><th>보장개시</th><th>보장종료</th></tr>
<tr><td rowspan="2">과실 손해 보장</td><td rowspan="2">보통 약관</td><td rowspan="2">적과 종료 이후</td><td>가을동상해</td><td>단감, 떫은감</td><td>판매개시연도 9월 1일</td><td>판매개시연도 수확기 종료 시점 다만, 판매개시연도 11월 15일을 초과할 수 없음</td></tr>
<tr><td>일소피해</td><td>사과, 배, 단감, 떫은감</td><td>적과종료 이후</td><td>판매개시연도 9월 30일</td></tr>
<tr><td>나무 손해 보장</td><td>특별 약관</td><td colspan="2">자연재해, 조수해(鳥獸害), 화재</td><td>사과, 배, 단감, 떫은감</td><td>판매개시연도 2월 1일 다만, 2월 1일 이후 보험에 가입하는 경우에는 계약체결일 24시</td><td>이듬해 1월 31일</td></tr>
</table>

※ "판매개시연도"는 해당 품목 판매개시일이 속하는 연도, "이듬해"는 판매개시 연도의 다음 연도

4 보험가입금액의 감액

(1) 적과 종료 후 기준수확량이 가입수확량보다 적은 경우 : 가입수확량 조정을 통해 보험가입금액을 감액한다. (감액사유)

(2) 보험가입금액을 감액한 경우 : 아래와 같이 계산한 차액보험료를 환급한다.

> 차액보험료 = (감액분 계약자부담보험료 × 감액미경과비율) − 미납입보험료
> ※ 감액분 계약자부담보험료는 감액한 가입금액에 해당하는 계약자부담보험료

1) 감액미경과비율

① 적과종료 이전 특정위험 5종 한정보장 특별약관에 가입하지 않은 경우

품목	착과감소보험금 보장수준 50%형	착과감소보험금 보장수준 70%형
사과, 배	70%	63%

품목	착과감소보험금 보장수준 50%형	착과감소보험금 보장수준 70%형
단감, 떫은감	84%	79%

② 적과종료 이전 특정위험 5종 한정보장 특별약관에 가입한 경우

품목	착과감소보험금 보장수준 50%형	착과감소보험금 보장수준 70%형
사과, 배	83%	78%
단감, 떫은감	90%	88%

(3) 차액보험료 : 차액보험료는 적과후착과수 조사일이 속한 달의 다음 달 말일 이내에 지급한다. (지급기한)

(4) 적과후착과수 조사 이후 착과수가 적과후착과수 보다 큰 경우 : 적과후착과수 조사 이후 착과수가 적과후착과수 보다 큰 경우 지급한 차액보험료를 다시 정산한다(재정산사유).

5 보험료

(1) 보험료의 구성 : 영업보험료는 순보험료와 부가보험료를 더하여 산출한다. 순보험료는 지급보험금의 재원이 되는 보험료이며 부가보험료는 보험회사의 경비 등으로 사용되는 보험료이다.

영업보험료 = 순보험료 + 부가보험료

① 정부보조보험료는 순보험료의 경우 보장수준별로 33% ~ 60% 차등 지원, 부가보험료는 100%를 지원한다.

② 지자체지원보험료는 지자체별로 지원금액(비율)을 결정한다.

(2) 보험료의 산출

1) 과실손해보장 보통약관 적용보험료

과실손해보장 보통약관 적용보험료
= 보통약관 보험가입금액 × 지역별 보통약관 영업요율 × (1 + 부보장 및 한정보장 특별약관 할인율) × (1 + 손해율에 따른 할인·할증률) × (1 + 방재시설할인율)

2) 나무손해보장 특별약관 적용보험료

나무손해보장 특별약관 적용보험료
= 특별약관 보험가입금액 × 지역별 특별약관 영업요율 × (1 + 손해율에 따른 할인·할증률)

① 손해율에 따른 할인·할증은 계약자를 기준으로 판단
② 손해율에 따른 할인·할증폭은 -30% ~ +50%로 제한
③ 2개 이상의 방재시설이 있는 경우 합산하여 적용하되, 최대 할인율은 30%로 제한
④ 품목별 방재시설 할인율은 제3장 제1절 참조

(3) 보험료의 환급

1) 이 계약이 무효, 효력상실 또는 해지된 때

이 계약이 무효, 효력상실 또는 해지된 때 다음과 같이 보험료를 반환한다. 다만, 보험기간 중 보험사고가 발생하고 보험금이 지급되어 보험가입금액이 감액된 경우에는 감액된 보험가입금액을 기준으로 환급금을 계산하여 돌려준다.

① 계약자 또는 피보험자의 책임 없는 사유에 의하는 경우 : 무효의 경우에는 납입한 계약자부담보험료의 전액, 효력상실 또는 해지의 경우에는 해당 월 미경과비율에 따라 아래와 같이 '환급보험료'를 계산한다.

환급보험료 = 계약자부담보험료 × 미경과비율

※ 계약자부담보험료는 최종 보험가입금액 기준으로 산출한 보험료 중 계약자가 부담한 금액

② 계약자 또는 피보험자의 책임 있는 사유에 의하는 경우 : 계산한 해당 월 미경과비율에 따른 보험료를 환급한다. 다만 계약자, 피보험자의 고의 또는 중대한 과실로 무효가 된 때에는 보험료가 환급되지 않는다.

2) 계약자 또는 피보험자의 책임 있는 사유라 함은 다음 각 호를 말한다.

- 계약자 또는 피보험자가 임의 해지하는 경우
- 사기에 의한 계약, 계약의 해지 또는 중대사유로 인한 해지에 따라 계약을 취소 또는 해지하는 경우
- 보험료 미납으로 인하여 계약이 효력을 상실한 경우

3) 계약의 무효, 효력상실 또는 해지

계약의 무효, 효력상실 또는 해지로 인하여 반환해야 할 보험료가 있을 때에는 계약자는 환급금을 청구하여야 하며, 청구일의 다음 날부터 지급일까지의 기간에 대하여 '보험개발원이 공시하는 보험계약대출이율'을 연단위 복리로 계산한 금액을 더하여 지급한다.

6 보험금

(1) 과실손해보장(보통약관)의 착과감소보험금

1) **보험금 지급사유** : 적과종료 이전 보장하는 재해로 인하여 보험의 목적에 피해가 발생하고 착과감소량이 자기부담감수량을 초과하는 경우

2) **보험금 계산**

보험금
= (착과감소량 − 미보상감수량 − 자기부담감수량) × 가입가격 × 보장수준(50% 또는 70%)

50%형은 임의선택 가능하나, 최근 3년간 누적 적과전 손해율이 120%이상인 경우 50%형만 가입 가능하다.

3) **보험금의 지급 한도** : 보험금의 지급 한도에 따라 계산된 보험금이 '보험가입금액 × (1 − 자기부담비율)'을 초과하는 경우에는 '보험가입금액 × (1 − 자기부담비율)'을 보험금으로 한다.

(2) 과실손해보장(보통약관)의 과실손해보험금

1) **보험금 지급사유** : 보장하는 재해로 인하여 적과 종료 이후 누적감수량이 자기부담감수량을 초과하는 경우

2) **보험금 계산**

보험금 = (적과 종료 이후 누적감수량 − 자기부담감수량) × 가입가격

자기부담감수량은 기준수확량에 자기부담비율을 곱한 양으로 한다. 다만, 착과감소량이 존재하는 경우 과실손해보험금의 자기부담감수량은 (착과감소량 − 미보상감수량)을 제외한 값으로 하며, 이때 자기부담감수량은 0보다 작을 수 없다.

(3) 나무손해보험금의 계산

1) **보험금 지급사유** : 보험기간 내에 보장하는 재해로 인한 피해율이 자기부담비율을 초과하는 경우

2) **보험금 계산**

보험금 = 보험가입금액 × (피해율 − 자기부담비율)
※ 피해율 = 피해주수(고사된 나무) ÷ 실제 결과주수

7 자기부담비율

(1) **과실손해위험보장** : 지급보험금을 계산할 때 피해율에서 차감하는 비율로서, 계약할 때 계약자가 선택한 비율(10%, 15%, 20%, 30%, 40%)을 말한다.

10%형	최근 3년간 연속 보험가입 과수원으로서 3년간 수령한 보험금이 순보험료의 120% 미만인 경우에 한하여 선택 가능하다.
15%형	최근 2년간 연속 보험가입 과수원으로서 2년간 수령한 보험금이 순보험료의 120% 미만인 경우에 한하여 선택 가능하다.
20%형, 30%형, 40%형	제한 없음

(2) **나무손해보장 특별약관** : 5%

8 계약인수 관련 수확량

(1) 표준수확량 : 과거의 통계를 바탕으로 품종, 경작형태, 수령, 지역 등을 고려하여 산출한 나무 1주당 예상 수확량이다.

(2) **평년착과량**

1) **보험가입금액(가입수확량) 산정 및 적과 종료 전 보험사고 발생 시** : 감수량 산정의 기준이 되는 착과량을 말한다.

2) **평년착과량** : 자연재해가 없는 이상적인 상황에서 수확할 수 있는 수확량이 아니라 평년 수준의 재해가 있다는 점을 전제로 한다.

3) **최근 5년 이내 보험에 가입한 이력이 있는 과수원** : 최근 5개년 적과후착과량 및 표준수확량에 의해 평년착과량을 산정하며, 신규 가입하는 과수원은 표준수확량표를 기준으로 평년착과량을 산정한다.

4) **산출 방법** : 가입 이력 여부로 구분된다.

① 과거수확량 자료가 없는 경우(신규 가입) : 표준수확량의 100%를 평년착과량으로 결정한다.

② 과거수확량 자료가 있는 경우(최근 5년 이내 가입 이력 존재) : 아래 표와 같이 산출하여 결정한다.

[평년착과량]

평년착과량 = { A + (B − A) × (1 − Y / 5) } × C / D
○ A = ∑과거 5년간 적과후착과량 ÷ 과거 5년간 가입수
○ B = ∑과거 5년간 표준수확량 ÷ 과거 5년간 가입횟수
○ Y = 과거 5년간 가입횟수
○ C = 당해연도(가입연도) 기준표준수확량
○ D = ∑과거 5년간 기준표준수확량 ÷ 과거 5년간 가입횟수

1. 과거 적과후착과량 : 연도별 적과후착과량을 인정하되, 21년 적과후착과량부터 아래 상·하한 적용
   - 상한 : 평년착과량의 300%
   - 하한 : 평년착과량의 30%
   - 단, 상한의 경우 가입 당해를 포함하여 과거 5개년 중 3년 이상 가입 이력이 있는 과수원에 한하여 적용
2. 기준표준수확량 : 아래 품목별 표준수확량표에 의해 산출한 표준수확량
   - 사과 : 일반재배방식의 표준수확량
   - 배 : 소식재배방식의 표준수확량
   - 단감·떫은감 : 표준수확량표의 표준수확량
3. 과거기준표준수확량(D) 적용 비율
   - 대상품목 사과만 해당
   - 3년생 : 일반재배방식의 표준수확량 5년생의 50%
   - 4년생 : 일반재배방식의 표준수확량 5년생의 75%

(3) 가입수확량

① 보험에 가입한 수확량으로 가입가격에 곱하여 보험가입금액을 결정하는 수확량을 말한다.

② 평년착과량의 100%를 가입수확량으로 결정한다.

(4) 가입과중 : 보험 가입 시 결정한 과실의 1개당 평균 과실무게(g)를 말하며, 한 과수원에 다수의 품종이 혼식된 경우에도 품종과 관계없이 동일하다.

I-2 과수작물(적과전 종합위험방식 II - 2과목)

사과, 배, 단감, 떫은감

1 침수 주수 산정방법

① 표본주는 품종·재배방식·수령별 침수피해를 입은 나무 중 가장 평균적인 나무로 1주 이상 선정한다.

② 표본주의 침수된 착과(화)수와 전체 착과(화)수를 조사한다.

③ $과실침수율 = \frac{침수된\ 착과(화)수}{전체\ 착과(화)수}$

④ 전체 착과수 = 침수된 착과(화)수 + 침수되지 않은 착과(화)수

⑤ 침수주수 = 침수피해를 입은 나무수 × 과실침수율

2 유과타박률

$$유과타박률 = \frac{표본주의\ 피해유과수\ 합계}{표본주의\ 피해유과수\ 합계 + 표본주의\ 정상유과수\ 합계}$$

3 낙엽률

$$낙엽률 = \frac{표본주의\ 낙엽수\ 합계}{표본주의\ 낙엽수\ 합계 + 표본주의\ 착엽수\ 합계}$$

4 적과후 착과수 조사

(1) 조사 대상 : 사고 여부와 관계없이 농작물재해보험에 가입한 사과, 배, 단감, 떫은감 품목을 재배하는 과수원 전체

(2) 조사 시기 : 통상적인 적과 및 자연 낙과(떫은감은 1차 생리적 낙과) 종료 시점

5 적정표본주수 산정

$$적정표본주수 = 전체표본주수 \times \frac{품종별조사\ 대상\ 주수}{조사대상주수합}$$

(소수점 이하 첫째 자리에서 올림)

품종	재배방식	수령	실제결과주수	미보상주수	고사주수	수확불능주수	조사대상주수	적정표본주수	적정표본주수 산정식
스가루	반밀식	10	100	0	0	0	100	3	12 × (100/550)
스가루	반밀식	20	200	0	0	0	200	5	12 × (200/550)
홍로	밀식	10	100	0	0	0	100	3	12 × (100/550)
부사	일반	10	150	0	0	0	150	4	12 × (150/550)
합계			550	0	0	0	550	15	-

※ 조사 대상주수 550주, 전체표본주수 12주에 대한 적정표본주수 산정예시(소수점 이하 첫째 자리에서 올림)

※ 소수점 이하 처리에 대한 예시
조사대상주수 합계 1,144주, 전체 표본주수 17주, A품종 조사대상주수 337주인 경우 → 17주 × (337주 ÷ 1,144주) = 5.0078주 → 적정 표본주수 : 6주

6 품종·재배방식·수령별 착과수 산출

$$\text{품종·재배방식·수령별 착과수} = \frac{\text{품종·재배방식·수령별 표본주의 착과수 합계}}{\text{품종·재배방식·수령별 표본주 합계}} \times \text{품종·재배방식·수령별 조사대상주수}$$

※ 품종·재배방식·수령별 착과수의 합계를 과수원별 「적과후 착과수」로 함

7 낙과피해구성률

$$\text{낙과피해구성률} = \frac{(\text{100\%형 피해과실수} \times 1) + (\text{80\%형 피해과실수} \times 0.8) + (\text{50\%형 피해과실수} \times 0.5)}{\text{100\%형 피해과실수} + \text{80\%형 피해과실수} + \text{50\%형 피해과실수} + \text{정상과실수}}$$

8 낙엽인정피해율

품목	낙엽률에 따른 인정피해율 계산식
단감	(1.0115 × 낙엽률) − (0.0014 × 경과일수) ※ 경과일수 : 6월 1일부터 낙엽피해 발생일까지 경과된 일수
떫은감	0.9662 × 낙엽률 − 0.0703

※ 인정피해율의 계산 값이 0보다 적은 경우 인정피해율은 0으로 한다.

[예시 - 가지별 낙엽 판단]

1. 가지별 낙엽수 착엽수 산출 방법 착엽수 6잎, 낙엽수 6잎 → 낙엽률 50% 2. 태풍피해를 입었으나 착엽으로 보는 경우 ① 잎의 일부가 찢겨진 경우 ② 잎의 50% 미만에서 꺽인 경우 ③ 잎의 50% 미만에서 짤린 경우 ④ 여러 곳에 찢어지고, 꺽이고, 잘렸으나 전체 대비 50% 미만인 경우

9 보험금 계산방법

(1) 착과감소보험금

착과감소보험금
= (착과감소량 − 미보상감수량 − 자기부담감수량) × 가입가격 × 보장수준(50%, 70%)

착과감소량 = 착과감소과실수 × 가입과중

1) 착과감소과실수 = 3가지 경우의 수

[종합 - 자연재해, 조수해, 화재]

착과감소과실수 = 평년착과수 − 적과후착과수

[종합 - (조수해, 화재) 모든 사고가 "피해규모가 일부"인 경우만]

착과감소과실수 = 최솟값(평년착과수 − 적과후착과수, 평년착과수×최대인정피해율)
※ 최대인정피해율 = 피해대상주수(고사주수, 수확불능주수, 일부피해주수) ÷ 실제결과주수

[5종 - 태풍(강풍), 지진, 집중호우, 화재, 우박]

착과감소과실수 = 최솟값(평년착과수 − 적과후착과수, 평년착과수×최대인정피해율)
※ 최대인정피해율 = ① 나무피해율, ② 유과타박률, ③ 낙엽인정피해율 중 가장 큰 값

① 나무피해율 = {유실,매몰,도복,절단(1/2),소실(1/2),침수주수} ÷ 실제결과주수
침수주수 = 침수피해를입은나무수 × 과실침수율{침수된착과(화)수/전체착과(화)수}

② 유과타박률 = $\frac{\text{표본주의 피해유과수 합계}}{\text{표본주의 피해유과수 합계 + 표본주의 정상유과수 합계}}$

③ 낙엽인정피해율

품목	낙엽률에 따른 인정피해율 계산식
단감	(1.0115 × 낙엽률) − (0.0014 × 경과일수) ※경과일수 : 6월 1일부터 낙엽피해 발생일까지 경과된 일수
떫은감	0.9662 × 낙엽률 − 0.0703

※ 낙엽률 = $\frac{\text{표본주의 낙엽수 합계}}{\text{표본주의 낙엽수 합계 + 표본주의 착엽수 합계}}$

2) 미보상감수량

미보상감수량 = (착과감소과실수 × max미보상비율 + 미보상주수 × 주당평년착과수) × 가입과중
= 착과감소량 × max미보상비율 + 미보상주수 × 주당평년착과수 × 가입과중

3) 자기부담감수량

자기부담감수량 = (기준수확량 × 자기부담비율)
= (기준착과수 × 가입과중) × 자기부담비율
= (적과후착과수 + 착과감소과실수) × 가입과중 × 자기부담비율

4) 가입가격 : 문제조건으로 주어짐

5) 보장수준(50%, 70%) : 계약할 때 계약자가 선택

50%형	임의 선택
70%형	최근 3년간 누적 적과전 손해율이 120% 미만인 경우만 선택 가능

(2) 과실손해보험금

과실손해보험금 = (적과 종료 이후 누적감수량 − 자기부담감수량) × 가입가격
※ 누적감수량 = 누적감수과실수 × 가입과중
※ 누적감수과실수 = 감수과실수 합계

TIP 핵심포인트 4가지

1. 종자착 : 종합일 때, 적과종료 이전 자연재해로 인한 적과종료 이후 착과손해 감수과실수 감안해주는 것

(1) 적과후착과수가 평년착과수의 60%미만인 경우

감수과실수 = 적과후착과수 × 5%

(2) 적과후착과수가 평년착과수의 60%이상 100%미만인 경우

$$감수과실수 = 적과후착과수 \times 5\% \times \frac{100\% - 착과율}{40\%}$$

※ 착과율 = 적과후착과수 ÷ 평년착과수

2. ×1.07 : 사과, 배 + 태풍(강풍), 지진, 집중호우, 화재 → 낙과 감수과실수의 7%를 착과손해로 포함하여 산정하는 것

낙과 손해(전수조사) = 총낙과과실수 × (낙과피해구성률 − max A) × 1.07

낙과 손해(표본조사) = (낙과과실수 합계 ÷ 표본주수) × 조사대상주수 × (낙과피해구성률 − max A) × 1.07

3. ×0.0031 : 단감, 떫은감 + 가을동상해 '잎50%이상고사피해'인 경우 착과피해구성률 계산 시 정상과실수에 0.0031와 잔여일수를 곱한 것을 피해본 부분으로 감안하여 계산하는 것

$$착과피해구성률 = \frac{(정상과실수 \times 0.0031 \times 잔여일수) + (50\%형피해과실수 \times 0.5) + (80\%형피해과실수 \times 0.8) + (100\%형피해과실수 \times 1)}{정상과실수 + 50\%형피해과실수 + 80\%형피해과실수 + 100\%형피해과실수}$$

※ 잔여일수 : 사고발생일로부터 예정수확일(가을동상해 보장종료일 중 계약자가 선택한 날짜)까지 남은 일수

4. 일소 적 6% 초과

① 일소피해과실수(낙과+착과)는 사고당 적과후착과수의 6%를 초과하는 경우에만 감수과실수로 인정하는 것

일소피해과실수가 보험사고 한 건당 적과후착과수의 6% 이하인 경우에는 해당 조사의 감수과실수는 영(0)으로 함

② 자기부담감수량

$$
\begin{gathered}
\text{자기부담감수량} \\
= \{(\text{적과후착과수} + \text{착과감소과실수}) \times \text{가입과중} \times \text{자기부담비율}\} - (\text{착과감소량} - \\
\text{적과종료 이전에 산정된 미보상감수량}) \geq 0
\end{gathered}
$$

③ 가입가격 = 문제조건으로 주어짐

I-3 과수작물 (종합위험방식상품 - 1과목)

복숭아, 자두, 매실, 살구, 오미자, 밤, 호두, 유자, 포도, 대추, 참다래, 복분자, 무화과, 오디, 감귤(만감류), 감귤(온주밀감류), 두릅, 블루베리

1 분류

종합위험 수확감소보장방식	복숭아, 자두, 매실, 살구, 오미자, 밤, 호두, 유자, 감귤(만감류)
종합위험 비가림과수 손해보장방식	포도, 대추, 참다래
수확전 종합위험 과실손해보장방식	복분자, 무화과
종합위험 과실손해보장방식	오디, 감귤(온주밀감류), 두릅, 블루베리

2 보장하는 재해

(1) 종합위험 수확감소보장방식

품목	보장하는 재해
복숭아, 자두, 밤, 매실, 오미자, 유자, 호두, 살구, 감귤(만감류)	자연재해, 조수해(鳥獸害), 화재, 병충해(복숭아만 해당)

(2) 종합위험 비가림과수 손해보장방식

품목	보장하는 재해
포도, 대추, 참다래	자연재해, 조수해(鳥獸害), 화재
비가림시설	자연재해, 조수해(鳥獸害), 화재(특약)

(3) 종합위험 과실손해보장방식

품목	보장하는 재해
오디, 감귤(온주밀감류), 두릅, 블루베리	자연재해, 조수해(鳥獸害), 화재

(4) 수확전 종합위험 손해보장방식

<table>
<tr><th>품목</th><th colspan="2">보장하는 재해</th></tr>
<tr><td rowspan="2">복분자
무화과</td><td>수확개시 이전</td><td>자연재해, 조수해(鳥獸害), 화재</td></tr>
<tr><td>수확개시 이후</td><td>태풍(강풍), 우박</td></tr>
</table>

3 보험기간

(1) 보통약관 ❶

<table>
<tr><th colspan="2">구분</th><th rowspan="2">보험의
목적</th><th colspan="2">보험기간</th></tr>
<tr><th>약관</th><th>보장</th><th>보장개시</th><th>보장종료</th></tr>
<tr><td rowspan="4">보통
약관</td><td rowspan="4">종합위험
수확감소보장</td><td>복숭아,
자두,
매실,
살구,
오미자, 감귤
(만감류)</td><td>계약체결일
24시</td><td>수확기 종료 시점
다만, 아래 날짜를 초과할 수 없음
- 복숭아 : 이듬해 10월 10일
- 자두 : 이듬해 9월 30일
- 매실 : 이듬해 7월 31일
- 살구 : 이듬해 7월 20일
- 오미자 : 이듬해 10월 10일
- 감귤(만감류) : 이듬해 2월 말일</td></tr>
<tr><td>밤</td><td rowspan="2">발아기
다만, 발아기가
지난 경우에는
계약체결일
24시</td><td>수확기 종료 시점
다만, 판매개시연도 10월 31일을
초과할 수 없음</td></tr>
<tr><td>호두</td><td>수확기 종료 시점
다만, 판매개시연도 9월 30일을
초과할 수 없음</td></tr>
<tr><td>이듬해에 맺은
유자 과실</td><td>계약체결일
24시</td><td>수확개시 시점
다만, 이듬해 10월 31일을 초과
할 수 없음</td></tr>
</table>

(2) 보통약관 ❷

구분		보험의 목적	보험기간	
약관	보장		보장개시	보장종료
보통약관	종합위험 수확감소보장	포도	계약체결일 24시	수확기 종료 시점 다만, 이듬해 10월 10일을 초과할 수 없음
		이듬해에 맺은 참다래 과실	꽃눈분화기 다만, 꽃눈분화기가 지난 경우에는 계약체결일 24시	해당 꽃눈이 성장하여 맺은 과실의 수확기 종료 시점. 다만, 이듬해 11월 30일을 초과할 수 없음
		대추	신초발아기 다만, 신초발아기가 지난 경우에는 계약체결일 24시	수확기 종료 시점 다만, 판매개시연도 10월 31일을 초과할 수 없음
		비가림시설	계약체결일 24시	포도 : 이듬해 10월 10일 참다래 : 이듬해 6월 30일 대추 : 판매개시연도 10월 31일

(3) 보통약관 ❸

구분		보험의 목적	보험기간			
약관	보장		보장하는 재해		보장개시	보장종료
보통약관	경작불능보장	복분자	자연재해, 조수해(鳥獸害), 화재		계약체결일 24시	수확개시시점 다만, 이듬해 5월 31일을 초과할 수 없음
	과실손해보장		이듬해 5월 31일 이전 (수확개시 이전)	자연재해, 조수해(鳥獸害), 화재	계약체결일 24시	이듬해 5월 31일

구분		보험의 목적	보험기간			
약관	보장		보장하는 재해		보장개시	보장종료
보통약관	과실손해보장	복분자	이듬해 6월 1일 이후 (수확개시 이후)	태풍(강풍), 우박	이듬해 6월 1일	이듬해 수확기 종료 시점 다만, 이듬해 6월 20일을 초과할 수 없음
		무화과	이듬해 7월 31일 이전 (수확개시 이전)	자연재해, 조수해(鳥獸害), 화재	계약체결일 24시	이듬해 7월 31일
			이듬해 8월 1일 이후 (수확개시 이후)	태풍(강풍), 우박	이듬해 8월 1일	이듬해 수확기 종료 시점 다만, 이듬해 10월 31일을 초과할 수 없음

(4) 보통약관 ❹

구분		보험의 목적	보험기간	
약관	보장		보장개시	보장종료
보통약관	종합위험 과실손해보장	오디	계약체결일 24시	결실완료시점 다만, 이듬해 5월 31일을 초과할 수 없음
		두릅		수확기종료시점 다만, 이듬해 5월 15일을 초과할 수 없음
		블루베리		수확기종료시점 다만, 이듬해 9월 15일을 초과할 수 없음
		감귤(온주밀감류)		수확기 종료 시점 다만, 판매개시연도 12월 20일을 초과할 수 없음

4 보험가입금액

(1) 오디 보험가입금액

오디 보험가입금액 = 표준수확량 × 표준가격 × 평년결실수/표준결실수 (천원 단위 절사)

(2) 복분자 보험가입금액

복분자 보험가입금액 = 표준수확량 × 표준가격 × 평년결과모지수/표준결과모지수 (천원 단위 절사)

(3) 비가림시설보장 보험가입금액

비가림시설보장 보험가입금액 = 비가림시설 면적 × 비가림시설 m^2당 시설비
→ 산정된 금액의 80% ~ 130% 범위 내에서 계약자가 보험가입금액 결정한다.
(10%단위로 선택하며 천원 단위 절사)

5 보험금

(1) 종합위험 수확감소보장(보통약관)과 수확량감소 추가보장(특별약관)

보장	보험의 목적	보험금 지급사유	보험금 계산(지급금액)
종합위험 수확감소보장 (보통약관)	복숭아	보장하는 재해로 피해율이 자기부담비율을 초과하는 경우	보험가입금액 × (피해율 − 자기부담비율) ※ 피해율 = {(평년수확량 − 수확량 − 미보상 감수량) + 병충해감수량} ÷ 평년수확량 ※ 병충해감수량 = 병충해 입은 과실의 무게×0.5
수확량감소 추가보장 (특별약관)	복숭아, 감귤(만감류)	보장하는 재해로 주계약 피해율이 자기부담비율을 초과하는 경우	보험가입금액×(주계약 피해율×10%) ※ 주계약 피해율은 상기 종합위험 수확감소보장(보통약관)에서 산출한 피해율을 말함

(2) 종합위험 비가림과수 손해보장(보통약관)과 비가림시설 화재위험보장(특별약관)

보장	보험의 목적	보험금 지급사유	보험금 계산(지급금액)
종합위험 비가림과수 손해보장 (보통약관)	비가림시설	자연재해, 조수해(鳥獸害)로 인한 비가림시설 손해액이 자기부담금을 초과하는 경우	Min(손해액－자기부담금, 보험가입금액) ※ 자기부담금 : 최소자기부담금(30만 원)과 최대자기부담금(100만 원)을 한도로 보험사고로 인하여 발생한 손해액(비가림시설)의 10%에 해당하는 금액. 다만, 피복재단독사고는 최소자기부담금(10만 원)과 최대 자기부담금(30만 원)을 한도로 함 ※ 자기부담금 적용 단위 : 단지 단위, 1사고 단위로 적용 ※ 단, 화재손해는 자기부담금 미적용
비가림시설 화재위험보장 (특별약관)	비가림시설	화재로 인한 비가림시설 손해액이 자기부담금을 초과하는 경우	

(3) 과실손해보장(보통약관)

보장	보험의 목적	보험금 지급사유	보험금 계산(지급금액)
과실 손해보장 (보통약관)	복분자	보장하는 재해로 피해율이 자기부담비율을 초과하는 경우	보험가입금액 × (피해율－자기부담비율) ※ 피해율＝고사결과모지수÷평년결과모지수 ※ 고사결과모지수 ① 사고가 5.31. 이전에 발생한 경우 (평년결과모지수 － 살아있는 결과모지수) ＋ 수정불량환산 고사결과모지수 － 미보상 고사결과모지수 ② 사고가 6.1. 이후에 발생한 경우 수확감소환산 고사결과모지수 － 미보상 고사결과모지수

보장	보험의 목적	보험금 지급사유	보험금 계산(지급금액)
과실 손해보장 (보통약관)	무화과	보장하는 재해로 피해율이 자기부담비율을 초과하는 경우	보험가입금액 × (피해율 − 자기부담비율) ※ 피해율 ① 사고가 7.31. 이전에 발생한 경우 (평년수확량 − 수확량 − 미보상감수량) ÷ 평년수확량 ② 사고가 8.1. 이후에 발생한 경우 (1 − 수확전사고 피해율) × 잔여수확량비율 × 결과지 피해율

1) 복분자

① 경작불능보험금은 보험목적물이 산지폐기 된 것을 확인 후 지급되며, 지급 후 보험계약은 소멸한다.

② 식물체 피해율 : 식물체가 고사한 면적을 보험가입면적으로 나누어 산출한다.

③ 수정불량환산 고사결과모지수 = 살아있는 결과모지수 × 수정불량환산계수

④ $수정불량환산계수 = \frac{수정불량결실수}{전체결실수} - 자연수정불량률$

⑤ 수확감소환산 고사결과모지수

- 5월 31일 이전 사고로 인한 고사결과모지수가 존재하는 경우

> 5월 31일 이전 사고로 인한 고사결과모지수가 존재하는 경우
> = (살아있는 결과모지수 − 수정불량환산 고사결과모지수) × 누적수확감소환산계수

- 5월 31일 이전 사고로 인한 고사결과모지수가 존재하지 않는 경우

> 5월 31일 이전 사고로 인한 고사결과모지수가 존재하지 않는 경우
> = 평년결과모지수 × 누적수확감소환산계수
> ※ 누적수확감소환산계수 = 수확감소환산계수의 누적 값
> ※ 수확감소환산계수 = 수확일자별 잔여수확량 비율 − 결실률

⑥ 수확일자별 잔여수확량 비율은 아래와 같이 결정한다.

[수확일자별 잔여수확량 비율]

품목	사고일자	경과비율(%)
복분자	1일~7일	98 − 사고발생일자
	8일~20일	$(\text{사고발생일자}^2 - 43 \times \text{사고발생일자} + 460) \div 2$

※ 경과비율은 잔여수확량 비율을 의미

※ 사고발생일자는 6월 중 사고발생일자를 의미

⑦ 결실률

$$\text{결실률} = \frac{\text{전체결실수}}{\text{전체개화수}}$$

※ 수정불량환산 고사결과모지수는 수확개시 전 수정불량 피해로 인한 고사결과모지수이며, 수확감소환산 고사결과모지수는 수확개시 이후 발생한 사고로 인한 고사결과모지수를 의미. 단, 수확개시일은 보험가입 익년도 6월 1일로 한다.

2) **무화과** : 수확량은 아래 과실 분류에 따른 피해인정계수를 적용하여 산정한다.

① 과실 분류에 따른 피해인정계수

구분	정상과실	50%형피해과실	80%형피해과실	100%형피해과실
피해인정계수	0	0.5	0.8	1

※ 수확전사고피해율은 7월 31일 이전 발생한 기사고 피해율로 한다.

※ 경과비율은 아래 사고발생일에 따른 잔여수확량 산정식에 따라 결정한다.

② 사고발생일에 따른 잔여수확량 산정식

품목	사고발생 월	잔여수확량 산정식(%)
무화과	8월	100 − 1.06 × 사고발생일자
	9월	(100 − 33) − 1.13 × 사고발생일자
	10월	(100 − 67) − 0.84 × 사고발생일자

※ 경과비율은 잔여수확량 비율을 의미한다.

※ 사고발생일자는 해당 월의 사고발생일자를 의미한다.

③ 결과지 피해율

$$\text{결과지 피해율} = \frac{\text{고사결과지수} + \text{미고사결과지수} \times \text{착과피해율} - \text{미보상고사결과지수}}{\text{기준결과지수}}$$

(4) 종합위험 과실손해보장(보통약관)과 수확개시 이후 동상해보장(특별약관)

보장	보험의 목적	보험금 지급사유	보험금 계산(지급금액)
종합위험 과실손해보장 (보통약관)	오디	보장하는 재해로 피해율이 자기부담비율을 초과하는 경우	보험가입금액×(피해율－자기부담비율) ※ 피해율＝(평년결실수－조사결실수－미보상감수결실수)÷평년결실수
종합위험 과실손해보장 (보통약관)	감귤 (온주밀감류)	보장하는 재해로 인해 자기부담금을 초과하는 손해가 발생한 경우	손해액－자기부담금 ※ 손해액＝보험가입금액×피해율 ※ 피해율＝{(등급 내 피해과실수＋등급 외 피해과실수×50%)÷기준과실수}×(1－미보상비율) ※ 자기부담금＝보험가입금액×자기부담비율
수확개시 이후 동상해보장 (특별약관)		동상해로 인해 자기부담금을 초과하는 손해가 발생한 경우	손해액－자기부담금 ※ 손해액＝{보험가입금액－(보험가입금액×기사고피해율)}×수확기 잔존비율×동상해피해율×(1－미보상비율) ※ 자기부담금＝|보험가입금액×min(주계약피해율－자기부담비율, 0)|

1) 감귤(온주밀감류)

등급 내 피해 과실수
= (등급 내 30%형 피해과실수 합계 × 30%) + (등급 내 50%형 피해과실수 합계 × 50%) + (등급 내 80%형 피해과실수 합계 × 80%) + (등급 내 100%형 피해과실수 합계 × 100%)

등급 외 피해 과실수
= (등급 외 30%형 피해과실수 합계 × 30%) + (등급 외 50%형 피해과실수 합계 × 50%) + (등급 외 80%형 피해과실수 합계 × 80%) + (등급 외 100%형 피해과실수 합계 × 100%)

① 기사고 피해율은 주계약(종합위험 과실손해보장 보통약관) 피해율을 {1 - (과실손해 보장 보통약관 보험금 계산에 적용된) 미보상비율}로 나눈 값과 이전 사고의 동상해 과실손해 피해율을 더한 값을 말한다.

② 수확기 잔존비율은 아래와 같이 결정한다.

[수확기 잔존비율]

품목	사고발생 월	잔존비율(%)
감귤 (온주밀감류)	12월	(100 − 37) − (0.9 × 사고 발생일자)
	1월	(100 − 66) − (0.8 × 사고 발생일자)
	2월	(100 − 92) − (0.3 × 사고 발생일자)

※ 사고 발생일자는 해당 월의 사고 발생일자를 의미한다.

③ 동상해는 서리 또는 과수원에서 가장 가까운 3개소의 기상관측장비(기상청설치 또는 기상청이 인증하고 실시간 관측자료를 확인 할 수 있는 관측소)로 측정한 기온이 해당 조건(제주도 지역 : -3℃ 이하로 6시간 이상 지속, 제주도 이외 지역 : 0℃ 이하로 48시간 이상 지속)으로 지속 됨에 따라 농작물 등이 얼어서 생기는 피해를 말한다.

④ 동상해 피해율은 아래와 같이 산출한다.

> 동상해피해율 = {(동상해 80%형 피해과실수 합계 × 80%) + (동상해 100%형 피해과실수 합계 × 100%)} ÷ 기준과실수
>
> ※ 기준과실수 = 정상과실수 + 동상해 80%형 피해과실수 + 동상해 100%형 피해과실수

(5) 종합위험 과실손해보장(보통약관)

보장	보험의 목적	보험금 지급사유	보험금 계산(지급금액)
종합위험 과실손해보장 (보통약관)	두릅	보장하는 재해로 피해율이 자기부담비율을 초과하는 경우	보험가입금액×(피해율−자기부담비율) ※ 피해율=(피해정아지수÷총정아지수)×(1−미보상비율)

보장	보험의 목적	보험금 지급사유	보험금 계산(지급금액)
종합위험 과실손해보장 (보통약관)	블루베리	보장하는 재해로 피해율이 자기부담비율을 초과하는 경우	보험가입금액×(피해율−자기부담비율) ※ 꽃피해조사를 실시하지 않은 경우 피해율=과실손해피해율×(1−미보상비율) ※ 꽃피해조사를 실시한 경우 피해율=최종꽃피해율+(1−최종꽃피해율)×과실손해피해율×(1−미보상비율)

1) **블루베리** - 피해율산출을 위한 지표는 아래와 같다.

① 과실손해피해율 = (재배종별 표본가지피해과실수의 합 × 재배종별 잔여수확량비율) ÷ 재배종별 표본가지전체과실수의 합

② 최종꽃 피해율 = 최종꽃고사율 × 가중치

③ 최종꽃 고사율 = 꽃눈고사율 + (1 − 꽃눈고사율) × 꽃고사율

④ 꽃눈고사율 = 표본가지 피해꽃눈수 ÷ 표본가지 전체꽃눈수

⑤ 꽃고사율 = 표본가지 피해꽃수 ÷ 표본가지 전체꽃수

※ 수확개시이전 잔여수확량비율 = 1

⑥ 수확개시이후 잔여수확량비율 = Max(1 − ((사고일자 − 수확개시일자) ÷ 표준수확일자),0)

※ 표준수확일수는 30일로 한다.

⑦ 피해과실수는 재배종별로 손해평가요령에 따라 조사평가하여 산정한다.

※ 재배종은 하이부시계통과 레빗아이 계통으로 나눈다.

⑧ 최종 꽃 고사율 범위에 따른 가중치

최종꽃 고사율	0~20% 미만	20~35% 미만	35~50% 미만	50~65% 미만	65~80% 미만	80~95% 미만	95~100%
가중치	0	0.5	0.6	0.7	0.8	0.9	1

6 조수해 부보장 특별약관(호두) 적용대상

① 과수원에 조수해(鳥獸害) 방재를 위한 시설이 없는 경우

② 과수원에 조수해(鳥獸害) 방재를 위한 시설이 과수원 전체 둘레의 80% 미만으로 설치된 경우

③ 과수원의 가입 나무에 조수해(鳥獸害) 방재를 위한 시설이 80% 미만으로 설치된 경우

7 계약인수 관련 수확량

(1) 표준수확량 : 과거의 통계를 바탕으로 지역, 수령, 재식밀도, 과수원 조건 등을 고려하여 산출한 예상 수확량이다.

(2) 평년수확량

① 농지의 기후가 평년 수준이고 비배관리 등 영농활동을 평년수준으로 실시하였을 때 기대할 수 있는 수확량을 말한다.

② 평년수확량은 자연재해가 없는 이상적인 상황에서 수확할 수 있는 수확량이 아니라 평년 수준의 재해가 있다는 점을 전제로 한다.

③ 주요 용도로는 보험가입금액의 결정 및 보험사고 발생 시 감수량 산정을 위한 기준으로 활용된다.

④ 농지(과수원) 단위로 산출하며, 가입년도 직전 5년 중 보험에 가입한 연도의 실제 수확량과 표준수확량을 가입 횟수에 따라 가중평균하여 산출한다.

⑤ 산출 방법은 가입 이력 여부로 구분된다.

- 과거수확량 자료가 없는 경우(신규 가입) : 표준수확량의 100%를 평년수확량으로 결정한다.

※ 살구, 유자의 경우 표준수확량의 70%를 평년수확량으로 결정

- 과거수확량 자료가 있는 경우(최근 5년 이내 가입 이력 존재) : 아래 표와 같이 산출하여 결정한다.

[평년수확량]

평년수확량 = { A + (B − A) × (1 − Y / 5) } × C / B

○ A(과거평균수확량) = Σ과거 5년간 수확량 ÷ Y

○ B(평균표준수확량) = Σ과거 5년간 표준수확량 ÷ Y

○ C(당해연도(가입연도) 표준수확량)

○ Y = 과거수확량 산출연도 횟수(가입횟수)

• 이때, 평년수확량은 보험가입연도 표준수확량의 130%를 초과할 수 없다.
(복숭아, 밤, 포도, 무화과, 블루베리 제외)

- 유자의 경우 최근 7년 중 4년 이상 가입이력이 있는 과수원은 위에서 산출된 평년수확량과 최근 7년간 가입이력 중 최대·최소 과거수확량 1개씩을 제외하고 계산한 평년수확량 중 더 큰 값을 적용한다.
- 복분자, 오디의 경우 (A × Y / 5) + { B × (1 − Y / 5) } 로 산출한다.

※ 복분자 : A(과거결과모지수 평균) = Σ과거 5개년 포기당 평균결과모지수 ÷ Y,
B(표준결과모지수) = 포기당 5개(2 ~ 4년) 또는 4개(5 ~ 11년)
이때, 평년결과모지수는 보험가입연도 표준결과모지수의 50~130% 수준에서 결정한다.

※ 오디 : A(과거평균결실수) = Σ과거 5개년 결실수 ÷ Y,
B(평균표준결실수) = Σ과거 5개년 표준결실수 ÷ Y
이때, 평년결실수는 보험가입연도 표준결실수의 130%를 한도로 산출한다.

[과거수확량 산출방법]

○ 수확량조사 시행한 경우 : 조사수확량 〉 평년수확량의 50% → 조사수확량, 평년수확량의 50% ≧ 조사수확량 → 평년수확량의 50%

1. 감귤(온주밀감류), 블루베리의 경우
평년수확량≥평년수확량×(1−피해율)≥평년수확량의 50% → 평년수확량×(1−피해율)
평년수확량의 50%〉평년수확량×(1−피해율) → 평년수확량 50%

※ 피해율(온주밀감류) = MIN[보통약관피해율+(동상해피해율×수확기잔존비율),100%]

※ 피해율(블루베리) = MIN(보통약관피해율,100%)

2. 복분자의 경우 실제결과모지수 〉 평년결과모지수의 50% → 실제결과모지수, 평년결과모지수의 50%≧실제결과모지수 → 평년결과모지수의 50%
3. 오디의 경우 조사결실수 〉 평년결실수의 50% → 조사결실수, 평년결실수의 50% ≧ 조사결실수 → 평년결실수의 50%

○ 무사고로 수확량조사 시행하지 않은 경우: 표준수확량의 1.1배와 평년수확량의 1.1배 중 큰 값을 적용한다.

- 복숭아, 포도, 감귤(만감류)의 경우 수확전 착과수 조사를 한 값을 적용한다.
(수확량=착과수조사값 × 평균과중)
- 복분자의 경우 MAX(평년결과모지수, 표준결과모지수) × 1.1
- 오디의 경우 MAX(평년결실수, 표준결실수) × 1.1

(3) 가입수확량 : 보험에 가입한 수확량으로 범위는 평년수확량의 50~100% 사이에서 계약자가 결정한다.

(4) **가입과중** : 보험 가입 시 결정한 과실의 1개당 평균 과실무게(g)를 말하며, 감귤(만감류, 온주밀감류)의 경우 중과 기준으로 적용한다.

I-4 과수작물(종합위험방식상품 - 2과목)

종합위험 수확감소보장방식 및 비가림과수 손해보장방식 포도, 복숭아, 자두, 감귤(만감류), 밤, 호두, 참다래, 대추, 매실, 살구, 오미자, 유자

1 포도, 복숭아, 자두, 감귤(만감류) 착과수조사

(1) **조사 대상** : 사고 여부와 관계없이 보험에 가입한 농지

(2) **조사 시기** : 최초 수확 품종 수확기 직전. 단, 감귤(만감류)은 적과 종료 후

2 포도, 복숭아, 자두, 감귤(만감류) 과중조사

(1) **조사 대상** : 사고가 접수된 모든 농지

(2) **조사 시기** : 품종별 수확시기에 각각 실시

(3) **조사 방법**

1) **표본 과실 추출**

① 품종별로 착과가 평균적인 3주 이상의 나무에서 크기가 평균적인 과실을 20개 이상 추출한다.

② 표본 과실수는 포도, 감귤(만감류)의 경우에 농지당 30개 이상, 복숭아, 자두의 경우에 농지당 40개 이상이어야 한다.

2) **품종별 과실 개수와 무게 조사** : 추출한 표본 과실을 품종별로 구분하여 개수와 무게를 조사한다.

3) **미보상비율 조사**

품목별 미보상비율 적용표에 따라 미보상비율을 조사하며, 품종별로 미보상비율이 다를 경우에는 품종별 미보상비율 중 가장 높은 미보상비율을 적용한다. 다만, 재조사 또는 검증조사로 미보상비율이 변경된 경우에는 재조사 또는 검증조사의 미보상비율을 적용한다.

4) **과중조사 대체**

위 사항에도 불구하고 현장에서 과중조사를 실시하기가 어려운 경우, 품종별 평균과중을 적용(자두, 감귤(만감류) 제외) 하거나 증빙자료가 있는 경우에 한하여 농협의 품종별 출하 자료로 과중조사를 대체할 수 있다. (수확 전 대상 재해 발생 시 계약자는 수확 개시 최소 10일 전에 보험 가입 대리점으로 수확 예정일을 통보하고 최초 수확 1일 전에는 조사를 실시한다.)

5) **수확기 판단**

조기수확 및 수확해태 등으로 수확기에 대한 분쟁이 발생할 경우 수확시기 판단은 지역의 농업기술센터 등 농업 전문기관의 판단에 따른다.

6) **하나의 품종에 대하여 여러 차례의 과중조사가 실시된 경우 :** 최초 조사 값을 적용한다. 다만, 재조사 또는 검증조사로 조사 값이 변경된 경우에는 재조사 또는 검증조사의 조사 값을 적용한다.

7) **과중조사 시 :** 사용된 표본 과실에서 보상하는 재해로 인한 착과피해 여부를 확인한다.

3 포도, 복숭아, 자두, 감귤(만감류) 품종별 표본과실 선정 및 착과피해구성조사

착과수 확인이 끝나면 수확이 완료되지 않은 품종별로 표본 과실을 추출한다. 이때 추출하는 표본 과실수는 품종별 20개 이상(포도, 감귤(만감류)은 농지당 30개 이상, 복숭아, 자두는 농지당 40개 이상)으로 하며, 표본 과실을 추출할 때에는 품종별 3주 이상의 표본주에서 추출한다. 추출한 표본 과실을 과실 분류에 따른 피해인정계수에 따라 품종별로 구분하여 해당 과실 개수를 조사한다.

4 포도, 복숭아, 자두, 감귤(만감류) 품종별 표본과실 선정 및 낙과피해구성조사

낙과수 확인이 끝나면 낙과 중 품종별로 표본 과실을 추출한다. 이때 추출하는 표본 과실수는 품종별 20개 (포도, 감귤(만감류)은 농지당 30개 이상, 복숭아·자두는 농지당 60개 이상)으로 하며, 추출한 표본 과실을 과실 분류에 따른 피해 인정계수에 따라 품종별로 구분하여 해당 과실 개수를 조사한다.

※ 다만, 전체 낙과수가 60개 미만일 경우 등에는 해당 기준 미만으로도 조사 가능

5 밤 과중조사

① 농지에서 품종별로 평균적인 착과량을 가진 3주 이상의 표본주에서 크기가 평균적

인 과실을 품종별 20개 이상(농지당 최소 60개 이상) 추출한다.

② 밤의 경우, 품종별 과실(송이) 개수를 파악하고, 과실(송이) 내 과립을 분리하여 지름길이를 기준으로 정상(30mm 초과)·소과(30mm 이하)를 구분하여 무게를 조사한다. 이때 소과(30mm 이하)인 과실은 해당 과실 무게를 실제 무게의 80%로 적용한다.

$$품종별\ 개당\ 과중 = \frac{품종별\{정상표본과실\ 무게합 + (소과표본과실\ 무게합 \times 0.8)\}}{표본과실수}$$

6 표본구간면적

$$표본구간면적 = \frac{(표본구간\ 윗변길이 + 표본구간\ 아랫변길이) \times 표본구간\ 높이}{2}$$

7 참다래 과중조사

① 농지에서 품종별로 착과가 평균적인 3주 이상의 표본주에서 크기가 평균적인 과실을 품종별 20개 이상(농지당 최소 60개 이상) 추출한다.

② 품종별로 과실 개수를 파악하고, 개별 과실 과중이 50g 초과하는 과실과 50g 이하인 과실을 구분하여 무게를 조사한다. 이때, 개별 과실 중량이 50g 이하인 과실은 해당 과실의 무게를 실제 무게의 70%로 적용한다.

$$품종별\ 개당\ 과중 = \frac{품종별\{50g초과\ 표본과실\ 무게합 + (50g이하\ 표본과실\ 무게합 \times 0.7)\}}{표본과실수}$$

8 대추, 매실, 살구 표본주 착과 무게

$$표본주\ 착과\ 무게 = 조사\ 착과량 \times 품종별\ 비대추정지수(매실) \times 2(절반조사\ 시)$$

I-5 과수작물(종합위험방식상품 - 2과목)

종합위험 과실손해보장방식 감귤(온주밀감류), 오디, 두릅, 블루베리

1 오디 과실손해조사

(1) 조사 대상

① 피해사실확인조사 시 과실손해조사가 필요하다고 판단된 과수원에 대하여 실시한다.

② 가입 이듬해 5월 31일 이전 사고가 접수된 모든 농지

③ 다만, 과실손해조사 전 계약자가 피해 미미(자기부담비율 이내의 사고) 등의 사유로 과실손해조사 실시를 취소한 과수원은 제외한다.

(2) 조사 시기 : 결실 완료 직후부터 최초 수확 전까지로 한다.

2 감귤(온주밀감류) 과실손해조사

(1) 조사 대상

① 피해사실확인조사 시 과실손해조사가 필요하다고 판단된 과수원에 대하여 실시한다.

② 보장종료일 이전 사고가 접수된 모든 농지

③ 다만, 과실손해 조사 전 계약자가 피해 미미(자기부담비율 이하의 사고) 등의 사유로 조사를 취소한 과수원은 제외한다.

(2) 조사 시기 : 주품종 수확 시기

(3) 조사 방법

1) **보장하는 재해 여부 심사**

과수원 및 작물 상태 등을 감안하여 보장하는 재해로 인한 피해가 맞는지 확인하며, 필요시에는 이에 대한 근거자료(피해사실 확인조사 참조)를 확보한다.

2) **표본조사**

구분	내용
표본주 선정	1. 농지별 가입 면적을 기준으로 품목별 표본주수표에 따라 농지별 전체 표본주수를 과수원에 고루 분포되도록 선정한다. 2. 단, 필요하다고 인정되는 경우 표본 주수를 줄일 수도 있으나 최소 2주 이상 선정한다. ※ 수확전 과실손해조사의 경우 최소 3주 이상).

구분	내용
표본주 조사	1. 선정한 표본주에 리본을 묶고 주지별(원가지) 아주지(버금가지) 1~3개를 수확한다. 2. 수확한 과실을 정상과실, 등급 내 피해과실 및 등급 외 피해과실로 구분한다. 3. 등급 내 피해과실은 30%형 피해과실, 50%형 피해과실, 80%형 피해과실, 100%형 피해과실로 구분하여 등급 내 피해과실수를 산정한다. 4. 등급 외 피해과실은 30%형 피해과실, 50%형 피해과실, 80%형 피해과실, 100%형 피해과실로 구분한 후, 인정비율(50%)을 적용하여 등급 외 피해과실수를을 산정한다. 5. 위의 3,4항에서 선정된 과실 중 병충해 등 보상하지 않는 손해에 해당하는 경우 정상과실로 구분한다.

(4) **주 품종 최초 수확 이후 사고가 발생한 경우** : 주 품종 최초 수확 이후 사고가 발생한 경우 추가로 과실손해조사를 진행할 수 있다. 기수확한 과실이 있는 경우 수확한 과실은 정상과실로 본다.

3 감귤(온주밀감류) 동상해 과실손해조사

(1) **동상해 과실손해조사** : 동상해 과실손해조사는 수확기 동상해로 인해 피해가 발생한 경우에 실시하며 다음 각 목에 따라 실시한다.

1) **보장하는 재해 여부 심사** : 과수원 및 작물 상태 등을 감안하여 보장하는 재해로 인한 피해가 맞는지 확인하며, 필요시에는 이에 대한 근거자료(피해사실 확인조사 참조)를 확보한다.

2) **표본조사**

① 표본주 선정 : 농지별 가입 면적을 기준으로 품목별 표본주수표에 따라 농지별 전체 표본주수를 과수원에 고루 분포되도록 선정한다. ※ 필요하다고 인정되는 경우 표본주수를 줄일 수도 있으나 최소 2주 이상 선정한다.

② 표본주 조사

1. 선정한 표본주에 리본을 묶고 동서남북 4가지에 대하여 기 수확한 과실수를 조사한다. 2. 기 수확한 과실수를 파악한 뒤, 4가지에 착과된 과실을 전부 수확한다. 3. 수확한 과실을 정상과실, 80%형 피해과실, 100%형 피해과실로 구분하여 동상해 피해과실 수를 산정한다. ※ 필요 시에는 해당 기준 절반 조사도 가능하다.

③ 위의 ②항의 3항에서 선정된 과실 중 병충해 등 보상하지 않는 손해에 해당하는 경우 정상과실로 구분한다. 또한 사고 당시 기수확한 과실비율이 수확기 경과비율보다 현저히 큰 경우에는 기수확한 과실비율과 수확기 경과비율의 차이에 해당하는 과실수를 정상과실로 한다. 여기에서 수확기 경과비율은 '1 - 수확기 잔존비율'을 의미한다.

4 오디 과실손해보험금 - 피해율이 자기부담비율을 초과하는 경우

과실손해보험금 = 보험가입금액 × (피해율 − 자기부담비율)

※ 피해율 = (평년결실수 − 조사결실수 − 미보상감수결실수) ÷ 평년결실수

(1) **조사결실수** : 품종별·수령별로 환산결실수에 조사 대상주수를 곱한 값에 주당 평년결실수에 미보상주수를 곱한 값을 더한 후 전체 실제결과주수로 나누어 산출한다.

(2) **미보상 감수 결실수** : 평년결실수에서 조사결실수를 뺀 값에 미보상비율을 곱하여 산출하며, 해당 값이 0보다 작을 때에는 0으로 한다.

(3) **환산결실수** : 품종별·수령별로 표본가지 결실수 합계를 표본가지 길이 합계로 나누어 산출한다.

(4) **조사 대상주수** : 품종별·수령별 실제결과주수에서 품종별·수령별 고사주수 및 품종별·수령별 미보상주수를 빼서 품종별·수령별 조사대상주수를 계산한다.

(5) **주당 평년결실수** : 품종별로 평년결실수를 실제결과주수로 나누어 산출한다.

5 감귤(온주밀감류) 과실손해보험금 - 손해액이 자기부담금을 초과하는 경우

과실손해보험금 = 손해액 − 자기부담금

※ 손해액 = 보험가입금액 × 피해율

※ 자기부담금 = 보험가입금액 × 자기부담비율

$$\text{피해율} = \left(\frac{\text{피해과실수}}{\text{기준과실수}}\right) \times (1 - \text{미보상비율})$$

※ 기준 과실수 = 표본주의 과실수 총 합계

※ 피해 과실수 = 등급 내 피해 과실수 + (등급 외 피해 과실수 × 50%)

※ 등급 내 피해 과실수 = (등급내30%형피해과실수합계×30%) + (등급내50%형피해과실수합계×50%) + (등급내80%형피해과실수합계×80%) + (등급내100%형피해과실수합계×100%)

※ 등급 외 피해 과실수 = (등급외30%형피해과실수합계×30%) + (등급외50%형피해과실수합계×50%) + (등급외80%형피해과실수합계×80%) + (등급외100%형피해과실수합계×100%)

6 두릅 과실손해보험금

과실손해보험금 = 보험가입금액 × (피해율 − 자기부담비율)

피해율 = (피해 정아지수 ÷ 총 정아지수) × (1 − 미보상비율)

7 블루베리 과실손해보험금 - 피해율 산출

과실손해보험금 = 보험가입금액 × (피해율 − 자기부담비율)

(1) 꽃 피해조사를 실시하지 않았을 경우

피해율 = 과실손해피해율 × (1 − 미보상비율)

(2) 꽃 피해조사를 실시한 경우

1) 피해율

피해율
= 최종 꽃 피해율 + {(1 − 최종 꽃 피해율) × 과실손해 피해율 × (1 − 미보상비율)}

※ 과실손해피해율 = (Σ재배종별 표본가지 피해과실 수 × 재배종별 잔여수확량비율) ÷ (Σ재배종별 표본가지 전체 과실 수)

※ 잔여 수확량 비율

- 수확개시 이전 = 1
- 수확개시 이후 = 1 − {(사고일자 − 수확개시일자) ÷ 표준수확일수}
  (단, 잔여 수확량 비율은 0보다 작을 수 없음)

※ 표준수확일수는 30일

2) **최종 꽃 피해율**

최종 꽃 피해율 = 최종 꽃 고사율 × 가중치

※ 최종 꽃 고사율 = 꽃눈 고사율 + (1 − 꽃눈 고사율) × 꽃 고사율

※ 꽃눈 고사율 = 피해 꽃눈 수 ÷ 조사 꽃눈 수

※ 꽃 고사율 = 피해 꽃 수 ÷ 조사 꽃 수

[최종 꽃 고사율 범위에 따른 가중치]

최종꽃 고사율	0~20% 미만	20~35% 미만	35~50% 미만	50~65% 미만	65~80% 미만	80~95% 미만	95~100%
가중치	0	0.5	0.6	0.7	0.8	0.9	1

8 감귤(온주밀감류) 수확개시 이후 동상해보장 특별약관 보험금

(1) 보험기간 내에 동상해로 인한 손해액이 자기부담금을 초과하는 경우

1) **동상해 과실손해보험금**

동상해 과실손해보험금 = 손해액 − 자기부담금

※ 손해액 = {보험가입금액 − (보험가입금액 × 기사고피해율)} × 수확기잔존비율 × 동상해피해율 × (1 − 미보상비율)

※ 자기부담금 = 절대값|보험가입금액 × 최솟값(주계약피해율 − 자기부담비율, 0)|

※ 단, 기사고 피해율은 주계약피해율의 미보상비율을 반영하지 않은 값과 이전 사고의 동상해 과실손해피해율을 합산한 값임

2) 동상해 피해율

동상해 피해율

$$= \frac{\{(\text{동상해80\%형 피해과실수 합계} \times 80\%) + (\text{동상해100\%형 피해과실수 합계} \times 100\%)\}}{\text{기준과실수}}$$

※ 기준과실수 = 정상과실수 + 동상해피해 80%형 과실수 + 동상해피해 100%형 과실수

[수확기 잔존비율]

사고발생 월	수확기 잔존비율(%)
12월	(100－37) － (0.9×사고발생일자)
1월	(100－66) － (0.8×사고발생일자)
2월	(100－92) － (0.3×사고발생일자)

I-6 과수작물(종합위험방식상품 - 2과목)

수확전 종합위험 과실손해보장방식 - 복분자, 무화과

1 복분자 과실손해 조사 시기 : 수정 완료 직후부터 최초 수확 전까지

2 복분자 표본조사

(1) 표본포기수 산정

가입포기수를 기준으로 품목별 표본구간수표에 따라 표본포기수를 산정한다. 다만, 실제경작면적 및 재식면적이 가입사항과 차이가 나서 계약 변경이 될 경우에는 변경될 가입포기수를 기준으로 표본 포기수를 산정한다.

(2) 표본포기 선정

산정한 표본포기수를 바탕으로 조사 농지의 특성이 골고루 반영될 수 있도록 표본포기를 선정한다.

(3) 표본구간 선정

선정한 표본포기 전후 2포기씩 추가하여 총 5포기를 표본구간으로 선정한다. 다만, 가입 전 고사한 포기 및 보장하는 재해 이외의 원인으로 피해를 입은 포기가 표본구간에 포함될 경우에는 해당 포기를 표본구간에서 제외하고 이웃한 포기를 표본구간

으로 선정하거나 표본포기를 변경한다.

(4) **살아있는 결과모지수 조사** : 각 표본구간별로 살아있는 결과모지수 합계를 조사한다.
(※ 결과모지 : 결과지보다 1년 더 묵은 가지)

(5) **수정불량(송이) 피해율 조사**
각 표본포기에서 임의의 6송이를 선정하여 1송이당 맺혀있는 전체 결실수와 피해(수정불량) 결실수를 조사한다. 다만, 현장 사정에 따라 조사할 송이 수는 가감할 수 있다.

3 무화과 과실손해 조사 시기 : 최초 수확 품종 수확기 이전까지

4 복분자 경작불능보험금

(1) **지급조건** : 경작불능조사 결과 식물체 피해율이 65% 이상이고, 계약자가 경작불능보험금을 신청한 경우

(2) **지급보험금**

지급보험금 = 보험가입금액 × 자기부담비율별 지급비율

[자기부담비율별 경작불능보험금 지급비율표]

자기부담비율	10%형	15%형	20%형	30%형	40%형
지급 비율	45%	42%	40%	35%	30%

5 복분자 과실손해보험금

(1) **과실손해보험금의 계산** : 보장하는 재해로 피해율이 자기부담비율을 초과하는 경우 과실손해보험금을 아래와 같이 산정한다.

과실손해보험금 = 보험가입금액 × (피해율 − 자기부담비율)
※ 피해율 = 고사결과모지수 ÷ 평년결과모지수

(2) **고사결과모지수**

5월 31일 이전에 사고가 발생한 경우
= (평년결과모지수 − 기준 살아있는 결과모지수) + 수정불량환산 고사결과모지수 − 미보상 고사결과모지수

6월 1일 이후에 사고가 발생한 경우
= 수확감소환산 고사결과모지수 − 미보상 고사결과모지수

※ 수정불량환산 고사결과모지수 = 기준 살아있는 결과모지수 × 수정불량환산계수

※ 수정불량환산계수 = $\frac{\text{수정불량결실수}}{\text{전체결실수}}$ − 자연수정불량률

※ 자연수정불량률 : 15% (2014 복분자 수확량 연구용역 결과반영)

(3) 수확감소환산 고사결과모지수

5월 31일 이전 사고로 인한 고사결과모지수가 존재하는 경우
= (기준 살아있는결과모지수 – 수정불량환산 고사결과모지수) × 누적수확감소환산계수

5월 31일 이전 사고로 인한 고사결과모지수가 존재하지 않는 경우
= 평년결과모지수 × 누적수확감소환산계수

※ 누적수확감소환산계수 = 수확감소환산계수의 누적 값

※ 수확감소환산계수 = 수확일자별 잔여수확량 비율 − 결실률

※ 수확일자별 잔여수확량비율

품목	사고일자	경과비율(%)
복분자	6월 1일 ~ 7일	98 − 사고발생일자
	6월 8일 ~ 20일	$\frac{(\text{사고발생일자}^2 - 43 \times \text{사고발생일자} + 460)}{2}$

※ 사고발생일자는 6월 중 사고발생 일자 의미

※ 경과비율은 잔여수확량 비율을 의미한다.

※ 결실률 = $\frac{\text{전체결실수}}{\text{전체개화수}}$

(4) 미보상 고사결과모지수

수확감소환산 고사결과모지수에 미보상비율을 곱하여 산출한다. 다수의 특정위험 과실손해조사가 이루어진 경우에는 제일 높은 미보상비율을 적용한다.

수확감소환산 고사결과모지수 × 최댓값(특정위험 과실손해조사별 미보상비율)

6 무화과 과실손해보험금

지급보험금 = 보험가입금액 × (피해율 − 자기부담비율)

※ 피해율은 7월 31일 이전 사고피해율과 8월 1일 이후 사고피해율을 합산한다.

(1) 피해율

1) **무화과의** 7월 31일 이전 사고피해율

(평년수확량 − 수확량 − 미보상감수량) ÷ 평년수확량

2) **무화과의** 8월 1일 이후 사고피해율

(1 − 수확전사고 피해율) × 잔여수확량비율 × 결과지피해율

① 수확전사고 피해율은 7월 31일 이전 발생한 기사고 피해율로 한다.

② 잔여수확량 비율은 아래와 같이 결정한다.

[사고발생일에 따른 잔여수확량 산정식]

품목	사고발생 월	잔여수확량 산정식(%)
무화과	8월	100 − 1.06 × 사고 발생일자
	9월	(100 − 33) − 1.13 × 사고 발생일자
	10월	(100 − 67) − 0.84 × 사고 발생일자

③ 결과지 피해율

$$결과지\ 피해율 = \frac{고사결과지수 + 미고사결과지수 \times 착과피해율 - 미보상고사결과지수}{기준결과지수}$$

※ 기준결과지수 = 고사결과지수 + 미고사결과지수

※ 고사결과지수 = 보상고사결과지수 + 미보상고사결과지수

II-1 논작물(종합위험방식 수확감소보장 논작물 - 1과목)

벼, 조사료용 벼, 밀, 보리, 귀리

1 보험기간

<table>
<tr><th colspan="3">구분</th><th rowspan="2">보험의 목적</th><th colspan="2">보험기간</th></tr>
<tr><th>약관</th><th>보장</th><th>대상재해</th><th>보장개시</th><th>보장종료</th></tr>
<tr><td rowspan="7">보통 약관</td><td>이앙·직파 불능 보장</td><td rowspan="7">종합 위험</td><td rowspan="2">벼 (조곡)</td><td>계약체결일 24시</td><td>판매개시연도 7월 31일</td></tr>
<tr><td>재이앙·재직파 보장</td><td>이앙(직파)완료일 24시 다만, 보험계약시 이앙(직파)완료일이 경과한 경우에는 계약체결일 24시</td><td>판매개시연도 7월 31일</td></tr>
<tr><td rowspan="2">경작불능 보장</td><td>벼(조곡), 조사료용 벼</td><td>이앙(직파)완료일 24시 다만, 보험계약시 이앙(직파)완료일이 경과한 경우에는 계약체결일 24시</td><td>출수기 전 다만, 조사료용 벼의 경우 판매개시연도 8월 31일</td></tr>
<tr><td>밀, 보리, 귀리</td><td>계약체결일 24시</td><td>수확 개시 시점</td></tr>
<tr><td>수확불능 보장</td><td>벼 (조곡)</td><td>이앙(직파)완료일 24시 다만, 보험계약시 이앙(직파)완료일이 경과한 경우에는 계약체결일 24시</td><td>수확기 종료 시점 다만, 판매개시연도 11월 30일을 초과할 수 없음</td></tr>
<tr><td rowspan="2">수확감소 보장</td><td>벼 (조곡)</td><td>이앙(직파)완료일 24시 다만, 보험계약시 이앙(직파)완료일이 경과한 경우에는 계약체결일 24시</td><td>수확기 종료 시점 다만, 판매개시연도 11월 30일을 초과할 수 없음</td></tr>
<tr><td>밀, 보리, 귀리</td><td>계약체결일 24시</td><td>수확기 종료 시점 다만, 이듬해 6월 30일을 초과할 수 없음</td></tr>
</table>

2 보험금

보장	보험의 목적	보험금 지급사유	보험금 계산(지급금액)
이앙·직파 불능 보장 (보통약관)	벼(조곡)	보장하는 재해로 농지 전체를 이앙·직파하지 못하게 된 경우	보험가입금액 × 15%
재이앙·재직파 보장 (보통약관)		보장하는 재해로 면적 피해율이 10%를 초과하고, 재이앙·재직파한 경우(단, 1회 지급)	보험가입금액 × 25% × 면적 피해율 ※ 면적 피해율 =(피해면적÷보험가입면적)
경작불능 보장 (보통약관)	벼(조곡), 밀, 보리, 조사료용 벼, 귀리	보장하는 재해로 식물체 피해율이 65% 이상(벼(조곡) 분질미는 60%)이고, 계약자가 경작불능보험금을 신청한 경우	보험가입금액 × 일정비율 단, 조사료용 벼의 경우 아래와 같다. 보험가입금액 × 보장비율 × 경과비율
수확불능 보장 (보통약관)	벼(조곡)	보장하는 재해로 벼(조곡) 제현율이 65% 미만(벼(조곡) 분질미는 70%)으로 떨어져 정상벼로서 출하가 불가능하게 되고, 계약자가 수확불능보험금을 신청한 경우	보험가입금액 × 일정비율
수확감소 보장 (보통약관)	벼(조곡), 밀, 보리, 귀리	보장하는 재해로 피해율이 자기부담비율을 초과하는 경우	보험가입금액 × (피해율 − 자기부담비율) ※ 피해율 = (평년수확량 − 수확량 − 미보상감수량) ÷ 평년수확량

※ 경작불능보험금의 보험기간 내 발생한 재해로 인해 식물체 피해율이 65% 이상(분질미는 60%)인 경우 수확불능보험금과 수확감소보험금은 지급이 불가능하다.

※ 식물체 피해율 : 식물체가 고사한 면적을 보험가입면적으로 나누어 산출한다.

※ 경작불능보험금 지급비율 (벼(조곡), 밀, 보리, 귀리) : 단, 자기부담비율 10%, 15%는 벼(조곡), 밀, 보리만 적용한다.

(1) 자기부담비율에 따른 경작불능보험금

자기부담비율	경작불능보험금
10%형	보험가입금액의 45%
15%형	보험가입금액의 42%
20%형	보험가입금액의 40%
30%형	보험가입금액의 35%
40%형	보험가입금액의 30%

※ 경작불능보험금 지급비율 (조사료용 벼) : 보장비율은 경작불능보험금 산정에 기초가 되는 비율로 보험가입을 할 때 계약자가 선택한 비율로 하며, 경과비율은 사고발생일이 속한 월에 따라 계산한다.

(2) 조사료용 벼의 경작불능보험금 보장비율

구분	45%형	42%형	40%형	35%형	30%형
보장비율	45%	42%	40%	35%	30%

※ 45%형 가입가능 자격 : 3년 연속 가입 및 3년간 수령보험금이 순보험료의 120% 미만
※ 42%형 가입가능 자격 : 2년 연속 가입 및 2년간 수령보험금이 순보험료의 120% 미만

(3) 사고발생일이 속한 월에 따른 경과비율

월별	5월	6월	7월	8월
경과비율	80%	85%	90%	100%

※ 수확불능보험금 지급비율 (벼(조곡))

(4) 자기부담비율에 따른 수확불능보험금

자기부담비율	수확불능보험금
10%형	보험가입금액의 60%
15%형	보험가입금액의 57%
20%형	보험가입금액의 55%
30%형	보험가입금액의 50%
40%형	보험가입금액의 45%

3 보상하는 병해충(7종)

구분	보상하는 병해충의 종류
병해	흰잎마름병, 줄무늬잎마름병, 도열병, 깨씨무늬병, 세균성벼알마름병
충해	벼멸구, 먹노린재

4 계약인수 관련 수확량

(1) **표준수확량** : 과거의 통계를 바탕으로 지역별 기준수량에 농지별 경작요소를 고려하여 산출한 예상 수확량이다.

(2) **평년수확량**

① 최근 5년 이내 보험가입실적 수확량 자료와 미가입 연수에 대한 표준수확량을 가중평균하여 산출한 해당 농지에 기대되는 수확량을 말한다.

② 평년수확량은 자연재해가 없는 이상적인 상황에서 수확할 수 있는 수확량이 아니라 평년 수준의 재해가 있다는 점을 전제로 한다.

③ 주요 용도로는 보험가입금액의 결정 및 보험사고 발생 시 감수량 산정을 위한 기준으로 활용된다.

④ 농지 단위로 산출하며, 가입년도 직전 5년 중 보험에 가입한 연도의 실제수확량과 표준수확량을 가입횟수에 따라 가중평균하여 산출한다.

⑤ 산출 방법은 가입 이력 여부로 구분된다.

(2) **산출방법**

1) 과거수확량 자료가 없는 경우(신규 가입) : 표준수확량의 100%를 평년수확량으로 결정한다.

2) 과거수확량 자료가 있는 경우(최근 5년 이내 가입 이력 존재) : 아래 표와 같이 산출하여 결정한다.

[벼 품목 평년수확량]

벼 품목 평년수확량 = { A + (B × D − A) × (1 − Y / 5) } × C / D

○ A(과거평균수확량) = ∑과거 5년간 수확량 ÷ Y

○ B = 가입연도 지역별 기준수확량

○ C(가입연도 보정계수) = 가입년도의 품종별, 이앙일자별, 재배방식(일반재배, 유기재배, 무농약재배)별 보정계수를 곱한 값

ㅇ D(과거평균보정계수) = Σ과거 5년간 보정계수 ÷ Y ㅇ Y = 과거수확량 산출연도 횟수(가입횟수) ※ 이때, 평년수확량은 보험가입연도 표준수확량의 130%를 초과할 수 없다. ※ 조사료용 벼 제외

[보리·밀·귀리 품목 평년수확량]

보리·밀·귀리 품목 평년수확량 = { A + (B − A) × (1 − Y / 5) } × C / B ㅇ A(과거평균수확량) = Σ과거 5년간 수확량 ÷ Y ㅇ B(평균표준수확량) = Σ과거 5년간 표준수확량 ÷ Y ㅇ C(표준수확량) = 가입연도 표준수확량 ㅇ Y = 과거수확량 산출연도 횟수(가입횟수) ※ 이때, 평년수확량은 보험가입연도 표준수확량의 130%를 초과할 수 없다.

[과거수확량 산출방법]

ㅇ 수확량조사 시행한 경우 : 조사수확량 〉 평년수확량의 50% → 조사수확량, 평년수확량의 50% ≧ 조사수확량 → 평년수확량의 50% ㅇ 무사고로 수확량조사 시행하지 않은 경우: 표준수확량의 1.1배와 평년수확량의 1.1배 중 큰 값을 적용한다.

(3) 가입수확량

보험에 가입한 수확량으로 범위는 평년수확량의 50% ~ 100% 사이에서 계약자가 결정한다. 벼는 5% 단위로 리(동)별로 선정 가능하다.

II-2 논작물 (종합위험방식 수확감소보장 논작물 - 2과목)

벼, 조사료용 벼, 밀, 보리, 귀리

1 벼 품목 이앙·직파불능 조사 조사시기 및 판정기준

(1) 벼 품목 이앙·직파불능 조사 조사시기 : 이앙 한계일(7월 31일) 이후

(2) 벼 품목 이앙·직파불능 판정 기준 : 보상하는 손해로 인하여 이앙 한계일(7월 31일)까지 해당 농지 전체를 이앙·직파하지 못한 경우 이앙·직파불능피해로 판단한다.

2 벼 품목 재이앙·재직파조사에서 피해면적의 판정기준

① 묘가 본답의 바닥에 있는 흙과 분리되어 물 위에 뜬 면적

② 묘가 토양에 의해 묻히거나 잎이 흙에 덮여져 햇빛이 차단된 면적

③ 묘는 살아 있으나 수확이 불가능할 것으로 판단된 면적

3 논작물 수확량조사(조사료용 벼 제외)

동일 농지에 대하여 복수의 조사 방법을 실시한 경우 피해율 산정의 우선 순위는 전수조사, 표본조사, 수량요소조사 순으로 적용

(1) 조사 대상에 따른 조사 방법

조사 대상	조사 방법
벼	수량요소조사
벼, 밀, 보리, 귀리	표본조사
	전수조사

(2) 조사 시기에 따른 조사 방법

조사 시기	조사 방법
수확 전 14일 전후	수량요소조사
알곡이 여물어 수확이 가능한 시기	표본조사
수확시	전수조사

4 수량요소조사 손해평가 방법

(1) **표본포기 수** : 4포기(가입면적과 무관함)

(2) **표본포기 선정**

재배 방법 및 품종 등을 감안하여 조사 대상 면적에 동일한 간격으로 골고루 배치될 수 있도록 표본 포기를 선정한다. 다만, 선정한 포기가 표본으로 부적합한 경우(해당 포기의 수확량이 현저히 많거나 적어서 표본으로 대표성을 가지기 어려운 경우 등)에는 가까운 위치의 다른 포기를 표본으로 선정한다.

(3) **표본포기 조사** : 선정한 표본 포기별로 이삭상태 점수 및 완전낟알상태 점수를 조사한다.

1) **이삭상태 점수 조사** : 표본 포기별로 포기당 이삭 수에 따라 아래 이삭상태 점수표를 참고하여 점수를 부여한다.

[이삭상태 점수표]

포기당 이삭수	점수
16 미만	1
16 이상	2

2) **완전낟알상태 점수 조사** : 표본 포기별로 평균적인 이삭 1개를 선정하여, 선정한 이삭별로 이삭당 완전낟알수에 따라 아래 완전낟알상태 점수표를 참고하여 점수를 부여한다.

[완전낟알상태 점수표]

이삭당 완전낟알수	점수
51개 미만	1
51개 이상 61개 미만	2
61개 이상 71개 미만	3
71개 이상 81개 미만	4
81개 이상	5

(4) 수확비율 산정

① 표본 포기별 이삭상태 점수(4개) 및 완전낟알상태 점수(4개)를 합산한다.
② 합산한 점수에 따라 조사수확비율 환산표에서 해당하는 수확비율 구간을 확인한다.
③ 해당하는 수확비율구간 내에서 조사 농지의 상황을 감안하여 적절한 수확비율을 산정한다.

[조사수확비율 환산표]

점수 합계	조사수확비율(%)	점수 합계	조사수확비율(%)
10점 미만	0% ~ 20%	16점 ~ 18점	61% ~ 70%
10점 ~ 11점	21% ~ 40%	19점 ~ 21점	71% ~ 80%

점수 합계	조사수확비율(%)	점수 합계	조사수확비율(%)
12점 ~ 13점	41% ~ 50%	22점 ~ 23점	81% ~ 90%
14점 ~ 15점	51% ~ 60%	24점 이상	91% ~ 100%

(5) **피해면적 보정계수 산정** : 피해정도에 따른 보정계수를 산정한다.

[피해면적 보정계수]

피해 정도	피해면적 비율	보정계수
매우 경미	10% 미만	1.2
경미	10% 이상 30% 미만	1.1
보통	30% 이상	1

(6) **병해충 단독사고 여부 확인(벼만 해당)**

농지의 피해가 자연재해, 조수해(鳥獸害) 및 화재와는 상관없이 보상하는 병해충만으로 발생한 병해충 단독사고인지 여부를 확인한다. 이때, 병해충 단독사고로 판단될 경우에는 가장 주된 병해충명을 조사한다.

5 전수조사 손해평가 방법

(1) **전수조사 대상 농지 여부 확인** : 전수조사는 기계수확(탈곡 포함)을 하는 농지에 한한다.

(2) **조곡의 중량 조사** : 대상 농지에서 수확한 전체 조곡의 중량을 조사하며, 전체 중량 측정이 어려운 경우에는 콤바인, 톤백, 콤바인용 포대, 곡물적재함 등을 이용하여 중량을 산출한다.

(3) **조곡의 함수율 조사** : 수확한 작물에 대하여 함수율 측정을 3회 이상 실시하여 평균값을 산출한다.

(4) **병해충 단독사고 여부 확인(벼만 해당)**

농지의 피해가 자연재해, 조수해(鳥獸害) 및 화재와는 상관없이 보상하는 병해충만으로 발생한 병해충 단독사고 여부를 확인한다. 이때, 병해충 단독사고로 판단될 경우에는 가장 주된 병해충명을 조사한다.

6 벼 품목 수확불능확인조사에서 수확포기 여부 확인

아래의 경우에 한하여 수확을 포기한 것으로 한다.

- 당해연도 11월 30일까지 수확을 하지 않은 경우
- 목적물을 수확하지 않고 갈아엎은 경우(로터리 작업 등)
- 대상 농지의 수확물 모두가 시장으로 유통되지 않은 것이 확인된 경우

7 보험금

(1) 이앙·직파불능 보험금 산정(벼만 해당)

1) 지급 사유

보험기간 내에 보장하는 재해로 농지 전체를 이앙·직파하지 못하게 된 경우 보험가입금액의 15%를 이앙·직파불능보험금으로 지급한다.

> 지급보험금 = 보험가입금액 × 15%

2) 지급 거절 사유

논둑 정리, 논갈이, 비료 시비, 제초제 살포 등 이앙 전의 통상적인 영농활동을 하지 않은 농지에 대해서는 이앙·직파불능 보험금을 지급하지 않는다.

3) 보험계약의 소멸(보험금지급효과)

이앙·직파불능보험금을 지급한 때에는 그 손해보상의 원인이 생긴 때로부터 해당 농지에 대한 보험계약은 소멸되며, 이 경우 환급보험료는 발생하지 않는다.

(2) 재이앙·재직파 보험금 산정 (벼만 해당)

1) 지급 사유

보험기간 내에 보장하는 재해로 면적 피해율이 10%를 초과하고, 재이앙(재직파)한 경우 다음과 같이 계산한 재이앙·재직파 보험금을 1회 지급한다.

> 지급보험금 = 보험가입금액 × 25% × 면적 피해율
> ※ 면적 피해율 = 피해면적 ÷ 보험가입면적

(3) 경작불능 보험금 산정

1) 지급 사유

보험기간 내에 보장하는 재해로 식물체 피해율이 65%(분질미의 경우 60%) 이상이

고, 계약자가 경작불능보험금을 신청한 경우 경작불능보험금은 자기부담비율에 따라 보험가입금액의 일정 비율로 계산한다.

① 적용 품목 : 벼·밀·보리·귀리

[자기부담비율별 경작불능보험금 지급비율표]

자기부담비율	10%형	15%형	20%형	30%형	40%형
지급 비율	45%	42%	40%	35%	30%

※ 귀리는 20%, 30%, 40% 적용

② 적용 품목 : 조사료용 벼

지급보험금 = 보험가입금액 × 보장비율 × 경과비율

※ 보장비율은 조사료용 벼 가입 시 경작불능보험금 산정에 기초가 되는 비율을 말하며, 보험가입을 할 때 계약자가 선택한 비율로 한다.

※ 경과비율은 사고발생일이 속한 월에 따라 아래와 같이 계산한다.

구분	보장비율	월별	경과비율
45%형	45%	5월	80%
42%형	42%	6월	85%
40%형	40%	7월	90%
35%형	35%	8월	100%
30%형	30%	-	-

2) 지급거절 사유

보험금 지급 대상 농지 벼가 산지폐기 등의 방법을 통해 시장으로 유통되지 않게 된 것이 확인되지 않으면 경작불능보험금을 지급하지 않는다.

3) 보험계약의 소멸(보험금지급효과)

경작불능보험금을 지급한 때에는 그 손해보상의 원인이 생긴 때로부터 해당 농지에 대한 보험계약은 소멸되며, 이 경우 환급보험료는 발생하지 않는다.

(4) 수확감소보험금 산정(조사료용 벼 제외)

1) 지급 사유

보험기간 내에 보장하는 재해로 피해율이 자기부담비율을 초과하는 경우 아래와 같이 계산한 수확감소보험금을 지급한다.

> 지급보험금 = 보험가입금액 × (피해율 − 자기부담비율)
> ※ 피해율 = (평년수확량 − 수확량 − 미보상감수량) ÷ 평년수확량

① 평년수확량은 과거 조사 내용, 해당 농지의 식재 내역, 현황 및 경작 상황 등에 따라 정한 수확량을 활용하여 산정한다.

② 자기부담비율은 보험가입할 때 선택한 비율로 한다.

2) 지급거절사유 (벼만 해당)

① 경작불능보험금 및 수확불능보험금의 규정에 따른 보험금을 지급하여 계약이 소멸된 경우에는 수확감소보험금을 지급하지 않는다.

② 경작불능보험금의 보험기간 내에 발생한 재해로 인해 식물체 피해율이 65% 이상인 경우 수확감소보험금을 지급하지 않는다.

(5) 수확불능보험금 산정(벼만 해당)

1) 지급 사유

보험기간 내에 보장하는 재해로 보험의 목적인 벼(조곡) 제현율이 65%(분질미의 경우 70%) 미만으로 떨어져 정상 벼로서 출하가 불가능하게 되고, 계약자가 수확불능보험금을 신청한 경우 산정된 보험가입금액의 일정 비율을 수확불능보험금으로 지급한다.

[자기부담비율별 수확불능보험금표]

자기부담비율	수확불능보험금
10%형	보험가입금액 × 60%
15%형	보험가입금액 × 57%
20%형	보험가입금액 × 55%
30%형	보험가입금액 × 50%
40%형	보험가입금액 × 45%

2) 지급거절 사유

① 경작불능보험금의 보험기간 내에 발생한 재해로 인해 식물체 피해율이 65%(분질미의 경우 60%) 이상인 경우에는 수확불능보험금 지급이 불가능하다.

② 보험금 지급 대상 농지 벼가 산지폐기 등으로 시장 유통 안 된 것이 확인되지 않으면 수확불능보험금을 지급하지 않는다.

3) 보험계약의 소멸(보험금지급효과)

수확불능보험금을 지급한 때에는 그 손해보상의 원인이 생긴 때로부터 해당 농지에 대한 보험계약은 소멸되며, 환급보험료는 발생하지 않는다.

III-1 밭작물 - 1과목

1. 종합위험 수확감소보장방식 : 마늘, 양파, 감자(고랭지재배, 봄재배, 가을재배), 고구마, 옥수수(사료용 옥수수), 양배추, 콩, 팥, 차(茶), 수박
2. 종합위험 생산비보장방식 : 고추, 브로콜리, 메밀, 단호박, 당근, 배추(고랭지 배추, 월동배추, 가을배추, 봄배추), 무(고랭지무, 월동무, 가을무), 시금치(노지), 파(대파, 쪽파·실파), 양상추
3. 작물특정 및 시설종합위험 인삼손해보장방식 : 인삼

1 감자 품목 보장하는 병충해

구분	병충해
병해	역병, 갈쭉병, 모자이크병, 무름병, 둘레썩음병, 가루더뎅이병, 잎말림병, 홍색부패병, 시들음병, 마른썩음병, 풋마름병, 줄기검은병, 더뎅이병, 균핵병, 검은무늬썩음병, 줄기기부썩음병, 반쪽시들음병, 흰비단병, 잿빛곰팡이병, 탄저병, 겹둥근무늬병, 기타
충해	감자뿔나방, 진딧물류, 아메리카잎굴파리, 방아벌레류, 오이총채벌레, 뿌리혹선충, 파밤나방, 큰28점박이무당벌레, 기타

2 고추 품목 보장하는 병충해

구분	병충해
병해	역병, 풋마름병, 바이러스병, 세균성점무늬병, 탄저병, 잿빛곰팡이병, 시들음병, 흰가루병, 균핵병, 무름병, 기타
충해	담배가루이, 담배나방, 진딧물, 기타

3 인삼(작물) 품목 보장하는 재해

(1) **태풍(강풍)** : 기상청에서 태풍에 대한 특보(태풍주의보, 태풍경보)를 발령한 때 해당 지역의 바람과 비 또는 최대순간풍속 14m/s 이상의 강풍. 이때 강풍은 해당 지역에서 가장 가까운 3개 기상관측소(기상청 설치 또는 기상청이 인증하고 실시간 관측 자료를 확인할 수 있는 관측소)에 나타난 측정자료 중 가장 큰 수치의 자료로 판정

(2) **폭설** : 기상청에서 대설에 대한 특보(대설주의보, 대설경보)를 발령한 때 해당 지역의 눈 또는 24시간 신적설이 해당 지역에서 가장 가까운 3개 기상관측소(기상청 설치 또는 기상청이 인증하고 실시간 관측 자료를 확인할 수 있는 관측소)에 나타난 측정자료 중 가장 큰 수치의 자료가 5cm 이상인 상태

(3) **집중호우** : 기상청에서 호우에 대한 특보(호우주의보, 호우경보)를 발령한 때 해당 지역의 비 또는 해당 지역에서 가장 가까운 3개소의 기상관측장비(기상청 설치 또는 기상청이 인증하고 실시간 관측 자료를 확인할 수 있는 관측소)로 측정한 24시간 누적 강수량이 80mm이상인 강우상태

(4) **침수** : 태풍, 집중호우 등으로 인하여 인삼 농지에 다량의 물(고랑 바닥으로부터 침수 높이 최소 15cm 이상)이 유입되어 상면에 물이 잠긴 상태

(5) **우박** : 적란운과 봉우리 적운 속에서 성장하는 얼음알갱이나 얼음덩이가 내려 발생하는 피해

(6) **냉해** : 출아 및 전엽기(4~5월) 중에 해당 지역에 가장 가까운 3개소의 기상관측장비(기상청 설치 또는 기상청이 인증하고 실시간 관측 자료를 확인할 수 있는 관측소)에서 측정한 최저기온 0.5℃ 이하의 찬 기온으로 인하여 발생하는 피해를 말하며, 육안으로 판별 가능한 냉해 증상이 있는 경우에 피해를 인정

(7) **폭염** : 해당 지역에 최고기온 30℃ 이상이 7일 이상 지속되는 상태를 말하며, 잎에 육안으로 판별 가능한 타들어간 증상이 50% 이상 있는 경우에 인정

(8) **화재** : 화재로 인하여 발생하는 피해

(9) **조수해(鳥獸害)** : 새나 짐승으로 인하여 발생하는 피해

4 보험기간

(1) 보통약관

<table>
<tr><th colspan="2">구분</th><th rowspan="2">보험의 목적</th><th colspan="2">보험기간</th></tr>
<tr><th>약관</th><th>보장</th><th>보장개시</th><th>보장종료</th></tr>
<tr><td rowspan="5">보통약관</td><td>종합위험 재파종 보장</td><td>마늘</td><td>계약체결일 24시
다만, 조기파종 보장 특약 가입 시 해당 특약 보장 종료 시점</td><td>판매개시연도 10월 31일</td></tr>
<tr><td>종합위험 재정식 보장</td><td>양배추</td><td>정식완료일 24시
다만, 보험계약시 정식완료일이 경과한 경우에는 계약체결일 24시이며 정식완료일은 판매개시연도 9월 30일을 초과할 수 없음</td><td>재정식 완료일
다만, 판매개시연도 10월 15일을 초과할 수 없음</td></tr>
<tr><td rowspan="3">종합위험 경작불능 보장</td><td>마늘</td><td>계약체결일 24시
다만, 조기파종 보장 특약 가입 시 해당 특약 보장 종료 시점</td><td>수확 개시 시점</td></tr>
<tr><td>콩, 팥</td><td rowspan="2">계약체결일 24시</td><td>종실비대기 전</td></tr>
<tr><td>양파, 감자(고랭지재배), 고구마, 옥수수, 사료용 옥수수</td><td>수확 개시 시점
다만, 사료용 옥수수는 판매개시연도 8월 31일을 초과할 수 없음</td></tr>
</table>

<table>
<tr><th colspan="2">구분</th><th rowspan="2">보험의 목적</th><th colspan="2">보험기간</th></tr>
<tr><th>약관</th><th>보장</th><th>보장개시</th><th>보장종료</th></tr>
<tr><td rowspan="3">보통
약관</td><td rowspan="3">종합위험
수확감소
보장</td><td>마늘, 양파, 감자(고랭지재배), 고구마, 옥수수, 콩, 팥</td><td>계약체결일 24시
다만, 마늘의 경우 조기 파종 보장 특약 가입 시 해당 특약 보장종료 시점</td><td>수확기 종료 시점
단, 아래 날짜를 초과할 수 없음
- 마늘 : 이듬해 6월 30일
- 양파 : 이듬해 6월 30일
- 감자(고랭지재배) : 판매개시연도 10월 31일
- 고구마 : 판매개시연도 10월 31일
- 옥수수 : 판매개시연도 9월 30일
- 콩 : 판매개시연도 11월 30일
- 팥 : 판매개시연도 11월 13일</td></tr>
<tr><td>감자
(봄재배)</td><td rowspan="2">파종완료일 24시
다만, 보험계약시 파종완료일이 경과한 경우에는 계약체결일 24시</td><td>수확기 종료 시점
다만, 판매개시연도 7월 31일을 초과할 수 없음</td></tr>
<tr><td>감자
(가을재배)</td><td>수확기 종료 시점
다만, 제주는 판매개시연도 12월 15일, 제주 이외는 판매개시연도 11월 30일을 초과할 수 없음</td></tr>
</table>

구분		보험의 목적	보험기간	
약관	보장		보장개시	보장종료
보통약관	종합위험 수확감소 보장	양배추	정식완료일 24시 다만, 보험계약시 정식완료일이 경과한 경우에는 계약체결일 24시이며 정식 완료일은 판매개시연도 9월 30일을 초과할 수 없음	수확기 종료 시점 다만, 아래의 날짜를 초과할 수 없음 - 극조생, 조생 : 이듬해 2월 말일 - 중생 : 이듬해 3월 15일 - 만생 : 이듬해 3월 31일
		차(茶)	계약체결일 24시	햇차 수확종료시점 다만, 이듬해 5월 10일을 초과할 수 없음
		수박	정식완료일 24시 다만, 보험계약시 정식완료일이 경과한 경우에는 계약체결일 24시이며 정식 완료일은 판매개시연도 5월 31일을 초과할 수 없음	수확 개시 시점 다만, 판매개시연도 8월 10일을 초과할 수 없음

(2) 특별약관

구분		보험의 목적	보험기간	
약관	보장		보장개시	보장종료
특별약관	종합위험 조기파종 보장	마늘(남도종)	계약체결일 24시	한지형 마늘 보험상품 최초 판매개시일 24시

(3) 종합위험생산비보장

<table>
<tr><th rowspan="2">보장</th><th rowspan="2">보험의 목적</th><th colspan="2">보험기간</th></tr>
<tr><th>보장개시</th><th>보장종료</th></tr>
<tr><td rowspan="9">종합위험
생산비보장</td><td>고추</td><td>계약체결일 24시</td><td>정식일부터 150일째
되는 날 24시</td></tr>
<tr><td>고랭지무</td><td rowspan="8">파종완료일 24시
다만, 보험계약 시 파종완료일이 경과한 경우에는 계약체결일 24시
단, 파종완료일은 아래의 일자를 초과할 수 없음
- 고랭지무 : 판매개시연도 7월 31일
- 월동무 : 판매개시연도 10월 15일
- 가을무: 판매개시연도 9월 15일
- 당근 : 판매개시연도 8월 31일
- 쪽파(실파)[1·2형] : 판매개시연도 10월 15일
- 시금치(노지) : 판매개시연도 10월 31일
- 메밀 : 판매개시연도 9월 15일</td><td>파종일부터 80일째
되는 날 24시</td></tr>
<tr><td>월동무</td><td>최초 수확 직전
다만, 이듬해 3월 31일을
초과할 수 없음</td></tr>
<tr><td>가을무</td><td>파종완료일부터 80일째
되는 날 24시</td></tr>
<tr><td>당근</td><td>최초 수확 직전
다만, 이듬해 2월 말일을
초과할 수 없음</td></tr>
<tr><td>쪽파(실파)
[1형]</td><td>최초 수확 직전
다만, 판매개시연도 12월
31일을 초과할 수 없음</td></tr>
<tr><td>쪽파(실파)
[2형]</td><td>최초 수확 직전
다만, 이듬해 5월 31일을
초과할 수 없음</td></tr>
<tr><td>시금치
(노지)</td><td>최초 수확 직전
다만, 이듬해 1월 15일을
초과할 수 없음</td></tr>
<tr><td>메밀</td><td>최초 수확 직전
다만, 판매개시연도 11월
20일을 초과할 수 없음</td></tr>
</table>

보장	보험의 목적	보험기간	
		보장개시	보장종료
종합위험 생산비보장	고랭지 배추	정식완료일 24시 다만, 보험계약 시 정식완료일이 경과한 경우에는 계약체결일 24시 단, 정식완료일은 아래의 일자를 초과할 수 없음 - 고랭지배추 : 판매개시연도 7월 31일 - 가을배추 : 판매개시연도 9월 10일 - 월동배추 : 판매개시연도 9월 25일 - 봄배추: 판매개시연도 4월 20일 - 대파 : 판매개시연도 6월 15일 - 단호박 : 판매개시연도 5월 29일 - 브로콜리 : 판매개시연도 9월 30일 - 양상추 : 판매개시연도 8월 31일	정식일부터 70일째 되는 날 24시
	가을배추		정식일부터 110일째 되는 날 24시 다만, 판매개시 연도 12월 15일을 초과할 수 없음
	월동배추		최초 수확 직전 다만, 이듬해 3월 31일을 초과할 수 없음
	봄배추		정식완료일부터 70일째 되는 날 24시
	대파		정식일부터 200일째 되는 날 24시
	단호박		정식일부터 90일째 되는 날 24시
	브로콜리		정식일로부터 160일이 되는 날 24시
	양상추		정식일부터 70일째 되는 날 24시 다만, 판매개시연도 11월 10일을 초과할 수 없음

(4) 종합위험경작불능보장

<table>
<tr><th rowspan="2">보장</th><th rowspan="2">보험의 목적</th><th colspan="2">보험기간</th></tr>
<tr><th>보장개시</th><th>보장종료</th></tr>
<tr><td rowspan="15">종합위험
경작불능
보장</td><td>고랭지무</td><td rowspan="7">파종완료일 24시
다만, 보험계약시 파종완료일이 경과한 경우에는 계약체결일 24시
단, 파종완료일은 아래의 일자를 초과할 수 없음
- 고랭지무 : 판매개시연도 7월 31일
- 월동무 : 판매개시연도 10월 15일
- 가을무: 판매개시연도 9월 15일
- 당근 : 판매개시연도 8월 31일
- 쪽파(실파)[1·2형] : 판매개시연도 10월 15일
- 시금치(노지) : 판매개시연도 10월 31일
- 메밀 : 판매개시연도 9월 15일</td><td rowspan="15">최초 수확 직전
다만, 종합위험 생산비 보장에서 정하는 보장종료일을 초과할 수 없음</td></tr>
<tr><td>월동무</td></tr>
<tr><td>가을무</td></tr>
<tr><td>당근</td></tr>
<tr><td>쪽파
(실파)
[1형,2형]</td></tr>
<tr><td>시금치
(노지)</td></tr>
<tr><td>메밀</td></tr>
<tr><td>고랭지배추</td><td rowspan="8">정식완료일 24시
다만, 보험계약시 정식완료일이 경과한 경우에는 계약체결일 24시
단, 정식완료일은 아래의 일자를 초과할 수 없음
- 고랭지배추 : 판매개시연도 7월 31일
- 가을배추 : 판매개시연도 9월 10일
- 월동배추 : 판매개시연도 9월 25일
- 봄배추: 판매개시연도 4월 20일
- 대파 : 판매개시연도 6월 15일
- 단호박 : 판매개시연도 5월 29일
- 양상추 : 판매개시연도 8월 31일</td></tr>
<tr><td>가을배추</td></tr>
<tr><td>월동배추</td></tr>
<tr><td>봄배추</td></tr>
<tr><td>대파</td></tr>
<tr><td>단호박</td></tr>
<tr><td>양상추</td></tr>
</table>

(5) 종합위험재파종보장

보장	보험의 목적	보험기간	
		보장개시	보장종료
종합위험 재파종 보장	메밀 시금치 고랭지무 월동무 가을무 당근 쪽파(실파)[1·2형]	파종완료일 24시 다만, 보험계약 시 파종완료일이 경과한 경우에는 계약체결일 24시. 단, 파종완료일은 아래의 일자를 초과할 수 없음 - 메밀 : 판매개시연도 9월 15일 - 시금치(노지) : 판매개시연도 10월 31일 - 고랭지무: 판매개시연도 7월31일 - 월동무 : 판매개시연도 10월15일 - 가을무: 판매개시연도 9월 15일 - 당근: 판매개시연도 8월 31일 - 쪽파(실파)[1·2형] : 판매개시연도 10월 15일	재파종완료일 다만, 아래의 일자를 초과할 수 없음 - 메밀 : 판매개시연도 9월 25일 - 시금치(노지) : 판매개시연도 11월 10일 - 고랭지무: 판매개시연도 8월 10일 - 월동무 : 판매개시연도 10월 25일 - 가을무: 판매개시연도 9월 25일 - 당근: 판매개시연도 8월 31일 - 쪽파(실파)[1·2형] : 판매개시연도 10월 25일

(6) 종합위험재정식보장

보장	보험의 목적	보험기간	
		보장개시	보장종료
종합위험 재정식 보장	월동배추 고랭지 배추 가을배추 봄배추 브로콜리 양상추 대파 단호박	정식완료일 24시 다만, 보험계약 시 정식완료일이 경과한 경우에는 계약체결일 24시 단, 정식완료일은 아래의 일자를 초과할 수 없음 - 월동배추 : 판매개시연도 9월 25일 - 고랭지배추: 판매개시연도 7월 31일 - 가을배추 : 판매개시연도 9월 10일 - 봄배추 : 판매개시연도 4월 20일 - 브로콜리 : 판매개시연도 9월 30일 - 양상추 : 판매개시연도 8월 31일 - 대파 : 판매개시연도 6월 15일 - 단호박 : 판매개시연도 5월 29일	재정식완료일 다만, 아래의 일자를 초과할 수 없음 - 월동배추 : 판매개시연도 10월 5일 - 고랭지배추: 판매개시연도 8월 10일 - 가을배추 : 판매개시연도 9월 20일 - 봄배추: 판매개시연도 5월 15일 - 브로콜리 : 판매개시연도 10월 10일 - 양상추 : 판매개시연도 9월 10일 - 대파: 판매개시연도 6월 21일 - 단호박: 판매개시연도 5월 31일
	고추	계약체결일 24시	재정식 완료일. 다만, 판매개시연도 6월 10일을 초과할 수 없음

5 인삼(작물) 연근별 보상가액

구분	2년근	3년근	4년근	5년근	6년근
인삼	10,200원	11,600원	13,400원	15,000원	17,600원

※ 1형의 경우 보험가입연도의 연근, 2형의 경우 보험가입연도의 연근+1년 적용하여 가입금액 산정

6 해가림시설 보험가입금액

(1) 산출방법

재조달가액에 (100% - 감가상각율)을 곱하여 산출하며 천원 단위에서 절사한다.

(2) 보험가입금액 산정을 위한 감가상각

1) 해가림시설 설치시기와 감가상각방법

① 계약자에게 설치시기를 고지 받아 해당일자를 기초로 감가상각 하되, 최초 설치시기를 특정하기 어려운 때에는 인삼의 정식시기와 동일한 시기로 한다.

② 해가림시설 구조체를 재사용하여 설치를 하는 경우에는 해당 구조체의 최초 설치시기를 기초로 감가상각하며, 최초 설치시기를 알 수 없는 경우에는 해당 구조체의 최초 구입시기를 기준으로 감가상각한다.

2) 해가림시설 설치재료에 따른 감가상각방법

① 동일한 재료(목재 또는 철재)로 설치하였으나 설치시기 경과년수가 각기 다른 해가림시설 구조체가 상존하는 경우, 가장 넓게 분포하는 해가림시설 구조체의 설치시기를 동일하게 적용한다.

② 1개의 농지 내 감가상각률이 상이한 재료(목재+철재)로 해가림시설을 설치한 경우, 재료별로 설치구획이 나뉘어 있는 경우에만 인수 가능하며, 각각의 면적만큼 구분하여 가입한다.

3) 경년감가율 적용시점과 연단위 감가상각

① 감가상각은 보험가입시점을 기준으로 적용하며, 보험가입금액은 보험기간 동안 동일하다.

② 연 단위 감가상각을 적용하며 경과기간이 1년 미만은 미적용한다.

[예시]

- 시설년도 : 2021년 5월
- 가입시기 : 2022년 11월일 때
- 경과기간 : 1년 6개월 → 경과기간 1년 적용

③ 잔가율 : 잔가율 20%와 자체 유형별 내용연수를 기준으로 경년감가율 산출. 단, 내용연수가 경과한 경우라도 현재 정상 사용 중인 시설의 경제성을 고려하여 잔가율을 최대 30%로 수정할 수 있다.

유형	내용연수	경년감가율
목재	6년	13.33%
철재	18년	4.44%

4) **재조달가액** : 단위면적($1m^2$)당 시설비에 재배면적(m^2)을 곱하여 산출한다.

유형	시설비(원)/m^2
07-철인-A형	7,200
07-철인-A-1형	6,600
07-철인-A-2형	6,000
07-철인-A-3형	5,100
13-철인-W	9,500
목재A형	5,900
목재A-1형	5,500
목재A-2형	5,000
목재A-3형	4,600
목재A-4형	4,100
목재B형	6,000
목재B-1형	5,600
목재B-2형	5,200
목재B-3형	4,100
목재B-4형	4,100
목재C형	5,500
목재C-1형	5,100
목재C-2형	4,700

유형	시설비(원)/m²
목재C-3형	4,300
목재C-4형	3,800

7 해가림시설 종별 보험료율 차등적용표

종구분	상세	요율상대도
2종	허용적설심 및 허용풍속이 지역별 내재해형 설계기준 120% 이상인 인삼재배시설	0.9
3종	허용적설심 및 허용풍속이 지역별 내재해형 설계기준 100% 이상~120% 미만인 인삼재배시설	1.0
4종	허용적설심 및 허용풍속이 지역별 내재해 설계기준 100% 미만이면서, 허용적설심 7.9cm이상이고, 허용풍속이 10.5m/s 이상인 인삼재배시설	1.1
5종	허용적설심 7.9cm 미만이거나, 허용풍속이 10.5m/s 미만인 인삼재배시설	1.2

8 보험금

(1) 종합위험수확감소보장(보통약관)

보장	보험의 목적	보험금 지급사유	보험금 계산(지급금액)
종합위험 수확감소 보장 (보통약관)	마늘, 양파, 고구마, 양배추, 콩, 팥, 차(茶), 수박	보장하는 재해로 피해율이 자기부담비율을 초과하는 경우	보험가입금액 × (피해율 − 자기부담비율) ※ 피해율=(평년수확량 − 수확량 − 미보상감수량) ÷ 평년수확량
	감자 (고랭지, 봄, 가을)	보장하는 재해로 피해율이 자기부담비율을 초과하는 경우	보험가입금액 × (피해율 − 자기부담비율) ※ 피해율 = {(평년수확량 − 수확량 − 미보상감수량) + 병충해감수량} ÷ 평년수확량

보장	보험의 목적	보험금 지급사유	보험금 계산(지급금액)
종합위험 수확감소 보장 (보통약관)	옥수수	보장하는 재해로 손해액이 자기부담금을 초과하는 경우	MIN[보험가입금액, 손해액] − 자기부담금 ※ 손해액 = 피해수확량 × 가입가격 ※ 자기부담금 = 보험가입금액 × 자기부담비율

1) 감자의 병충해감수량

병충해감수량 = 병충해 입은 괴경의 무게 × 손해정도비율 × 인정비율

[손해정도에 따른 손해정도비율]

품목	손해정도	손해정도비율
감자 (봄재배, 가을배재, 고랭지재배)	1~20%	20%
	21~40%	40%
	41~60%	60%
	61~80%	80%
	81~100%	100%

[감자 병충해 등급별 인정비율]

급수	종류	인정비율
1급	역병, 갈쭉병, 모자이크병, 무름병, 둘레썩음병, 가루더뎅이병, 잎말림병, 감자뿔나방	90%
2급	홍색부패병, 시들음병, 마른썩음병, 풋마름병, 줄기검은병, 더뎅이병, 균핵병, 검은무늬썩음병, 줄기기부썩음병, 진딧물류, 아메리카잎굴파리, 방아벌레류	70%
3급	반쭉시들음병, 흰비단병, 잿빛곰팡이병, 탄저병, 겹둥근무늬병, 오이총채벌레, 뿌리혹선충, 파밤나방, 큰28점박이무당벌레, 기타	50%

2) 옥수수

옥수수의 피해수확량은 피해주수에 표준중량을 곱하여 산출하되 재식시기 및 재식밀도를 감안한 값으로 한다.

> • 피해주수 조사 시, 하나의 주(株)에서 가장 착립장(알달림 길이)이 긴 옥수수를 기준으로 산정한다.
> • 동 피해수확량은 약관상 기재된 표현으로서 미보상감수량을 제외하여 산정한 값을 뜻한다.

※ 재식시기 지수 : 지역별 및 재식시기별 0.85 ~ 1.03의 값으로 피해수확량에 곱하는 가중치

※ 재식밀도 지수 : 지역별 및 10a당 재식주수별 0.73 ~ 1.09의 값으로 피해수확량에 곱하는 가중치

(2) 종합위험재파종보장(보통약관)

보장	보험의 목적	보험금 지급사유	보험금 계산(지급금액)
종합위험 재파종 보장 (보통약관)	마늘	보장하는 재해로 10a당 식물체의 주수가 30,000주보다 적어지고, 10a당 30,000주 이상으로 재파종한 경우(단, 1회 지급)	보험가입금액×35%×표준 피해율 ※표준 피해율(10a 기준) = (30,000 − 식물체 주수) ÷ 30,000
	무(월동, 고랭지, 가을), 쪽파·실파, 시금치(노지), 메밀, 당근	보장하는 재해로 면적피해율이 자기부담비율을 초과하고 재파종한 경우(단, 1회 지급)	보험가입금액×20%×면적피해율 ※면적피해율 = 피해면적 ÷ 보험가입면적

(3) 조기파종보장(특별약관)

보장	보험의 목적	보험금 지급사유	보험금 계산(지급금액)
조기파종 보장 (특별약관)	제주도 지역 농지에서 재배하는 남도종 마늘	**[재파종보험금]** 한지형 마늘 최초 판매개시일 24시 이전에 보장하는 재해로 10a당 식물체 주수가 30,000주 보다 적어지고, 10월 31일 이전 10a당 30,000주 이상으로 재파종한 경우	보험가입금액×25%×표준피해율 ※ 표준 피해율(10a 기준) =(30,000－식물체 주수) ÷ 30,000
		[경작불능보험금] 한지형 마늘 최초 판매개시일 24시 이전에 보장하는 재해로 식물체 피해율이 65% 이상 발생한 경우	보험가입금액×일정비율
		[수확감소보험금] 보장하는 재해로 피해율이 자기부담비율을 초과하는 경우	보험가입금액×(피해율 － 자기부담비율) ※ 피해율＝(평년수확량－수확량－미보상감수량) ÷평년수확량

(4) 종합위험재정식보장(보통약관)

보장	보험의 목적	보험금 지급사유	보험금 계산(지급금액)
종합위험 재정식 보장 (보통약관)	양배추, 배추(월동·가을·고랭지·봄), 브로콜리, 양상추, 대파, 단호박, 고추	보장하는 재해로 면적피해율이 자기부담비율을 초과하고 재정식한 경우(단, 1회 지급)	보험가입금액 × 20% × 면적피해율 ※ 면적피해율 ＝ 피해면적 ÷ 보험가입면적

(5) 자기부담비율에 따른 경작불능보험금 - 조기파종특약 시

자기부담비율	경작불능보험금
10%형	보험가입금액의 32%
15%형	보험가입금액의 30%

자기부담비율	경작불능보험금
20%형	보험가입금액의 28%
30%형	보험가입금액의 25%
40%형	보험가입금액의 25%

(6) 종합위험생산비보장(보통약관)

보장	보험의 목적	보험금 지급사유	보험금 계산(지급금액)
종합위험 생산비 보장 (보통약관)	고추	보장하는 재해로 약관에 따라 계산한 생산비보장보험금이 자기부담금을 초과하는 경우	• 병충해가 없는 경우 생산비보장보험금＝(잔존보험가입금액×경과비율×피해율)－자기부담금 • 병충해가 있는 경우 생산비보장보험금＝(잔존보험가입금액×경과비율×피해율×병충해등급별 인정비율)－자기부담금
	브로콜리		(잔존보험가입금액×경과비율×피해율)－자기부담금

1) 고추

잔존보험가입금액 ＝ 보험가입금액 － 보상액(기발생 생산비보장보험금 합계액)

① 경과비율

㉮ 수확기 이전에 보험사고가 발생한 경우

준비기생산비계수 ＋ (1 － 준비기생산비계수) × (생장일수 ÷ 표준생장일수)

※ 준비기생산비계수는 49.5%로 한다.

※ 생장일수는 정식일로부터 사고발생일까지 경과일수로 한다.

※ 표준생장일수(정식일로부터 수확개시일까지 표준적인 생장일수)는 사전에 설정된 값으로 100일로 한다.

※ 생장일수를 표준생장일수로 나눈 값은 1을 초과할 수 없다.

㉯ 수확기 중에 보험사고가 발생한 경우

1 − (수확일수 ÷ 표준수확일수)

※ 수확일수는 수확개시일로부터 사고발생일까지 경과일수로 한다.

※ 표준수확일수는 수확개시일로부터 수확종료일까지의 일수로 한다.

② 피해율

피해율 = 면적피해율 × 평균손해정도비율 × (1 − 미보상비율)

※ 면적피해율 : 피해면적(주수) ÷ 재배면적(주수)

※ 평균손해정도비율 : 피해면적을 일정 수의 표본구간으로 나누어 각 표본구간의 손해정도비율을 조사한 뒤 평균한 값

[고추 손해정도에 따른 손해정도비율]

손해정도	1~20%	21~40%	41~60%	61~80%	81~100%
손해정도 비율	20%	40%	60%	80%	100%

[고추 병충해 등급별 인정비율]

등급	종류	인정비율
1등급	역병, 풋마름병, 바이러스병, 세균성점무늬병, 탄저병	70%
2등급	잿빛곰팡이병, 시들음병, 담배가루이, 담배나방	50%
3등급	흰가루병, 균핵병, 무름병, 진딧물 및 기타	30%

2) 브로콜리

잔존보험가입금액 = 보험가입금액 − 보상액(기 발생 생산비보장보험금 합계액)

① 경과비율 : 아래와 같이 산출한다.

㉮ 수확기 이전에 보험사고가 발생한 경우

준비기생산비계수 + {(1 − 준비기생산비계수) × (생장일수 ÷ 표준생장일수)}

※ 준비기생산비계수는 55.9%로 한다.

※ 생장일수는 정식일로부터 사고발생일까지 경과일수로 한다.

※ 표준생장일수(정식일로부터 수확개시일까지 표준적인 생장일수)는 사전에 설정된 값으로 130일로 한다.

※ 생장일수를 표준생장일수로 나눈 값은 1을 초과할 수 없다.

㉯ 수확기 중에 보험사고가 발생한 경우

$$1 - (\text{수확일수} \div \text{표준수확일수})$$

※ 수확일수는 수확개시일로부터 사고발생일까지 경과일수로 한다.

※ 표준수확일수는 수확개시일로부터 수확종료일까지의 일수로 한다.

② 피해율

$$\text{피해율} = \text{면적피해율} \times \text{작물피해율} \times (1 - \text{미보상비율})$$

※ 면적피해율 : 피해면적(m^2) ÷ 재배면적(m^2)

※ 작물피해율은 피해면적 내 피해송이 수를 총 송이 수로 나누어 산출한다. 이때 피해송이는 송이별 피해 정도에 따라 피해인정계수를 정하며, 피해송이 수는 피해송이별 피해인정계수의 합계로 산출한다.

(7) 인삼손해보장(보통약관)

보장	보험의 목적	보험금 지급사유	보험금 계산(지급금액)
인삼손해 보장 (보통약관)	인삼	보장하는 재해로 피해율이 자기부담비율을 초과하는 경우	보험가입금액×(피해율−자기부담비율) ※ 피해율＝(1−수확량 ÷ 연근별 기준수확량)×(피해면적 ÷ 재배면적) ※ 2회 이상 보험사고 발생시 지급보험금은 기발생지급보험금을 차감하여 계산

(8) 해가림시설보장(보통약관, 재조달가액보장 특별약관)

보장	보험의 목적	보험금 지급사유	보험금 계산(지급금액)
해가림시설 보장 (보통약관)	해가림 시설	보장하는 재해로 손해액이 자기부담금을 초과하는 경우	① 보험가입금액이 보험가액과 같거나 클 때 보험가입금액을 한도로 손해액에서 자기부담금을 차감한 금액. 그러나 보험가입금액이 보험가액보다 클 때에는 보험가액을 한도로 함 ② 보험가입금액이 보험가액보다 작을 때 보험가입금액을 한도로 비례보상 = (손해액 - 자기부담금) × (보험가입금액 ÷ 보험가액) ※ 손해액이란 그 손해가 생긴 때와 곳에서의 보험가액을 말함. 단, 재조달가액보장 특약에 가입하고 보험의 목적이 손해를 입은 장소에서 실제로 수리 또는 복구된 때에는 재조달가액을 보험가액으로 함
해가림시설 보장 (재조달가액 보장 특별약관)	해가림 시설	보장하는 재해로 손해액이 자기부담금을 초과하는 경우	보통약관과 동일. 다만, 보험가입금액이 보험가액보다 작을 때 보험금 = (손해액 − 자기부담금) × 보험가입금액 ÷ 재조달가액 ※ 손해액이란 보험의 목적과 동형, 동질의 신품을 재조달하는데 소요되는 재조달가액을 말함 ※ 보험의 목적이 손해를 입은 장소에서 실제로 수리 또는 복구되지 않은 때에는 재조달가액에 의한 보상을 하지 않고 감가상각이 적용된 시가로 보상

9 인삼 해가림시설 자기부담금

① 인삼손해보장의 해가림시설의 자기부담금은 최소자기부담금(10만 원)과 최대자기부담금(100만 원) 범위 안에서 보험사고로 인하여 발생한 손해액의 10%에 해당하

는 금액으로 한다.

② 자기부담금은 1사고 단위로 적용한다.

10 계약인수 관련 수확량

(1) 표준수확량 : 과거의 통계를 바탕으로 지역별 기준수량에 농지별 경작요소를 고려하여 산출한 예상 수확량이다.

(2) 평년수확량

① 농지의 기후가 평년 수준이고 비배관리 등 영농활동을 평년수준으로 실시하였을 때 기대할 수 있는 수확량을 말한다.

② 평년수확량은 자연재해가 없는 이상적인 상황에서 수확할 수 있는 수확량이 아니라 평년 수준의 재해가 있다는 점을 전제로 한다.

③ 주요 용도로는 보험가입금액의 결정 및 보험사고 발생 시 감수량 산정을 위한 기준으로 활용된다.

④ 농지(과수원) 단위로 산출하며, 가입년도 직전 5년 중 보험에 가입한 연도의 실제 수확량과 표준수확량을 가입 횟수에 따라 가중평균하여 산출한다.

⑤ 산출 방법은 가입 이력 여부로 구분된다.

(3) 산출 방법

1) **과거수확량 자료가 없는 경우(신규 가입)** : 표준수확량의 100%를 평년수확량으로 결정한다.

※ 팥의 경우 표준수확량의 70%를 평년수확량으로 결정

2) **과거수확량 자료가 있는 경우(최근 5년 이내 가입 이력 존재)** : 아래 표와 같이 산출하여 결정한다.

[평년수확량]

평년수확량 = { A + (B − A) × (1 − Y / 5) } × C / B
○ A(과거평균수확량) = Σ과거 5년간 수확량 ÷ Y
○ B(평균표준수확량) = Σ과거 5년간 표준수확량 ÷ Y
○ C(표준수확량) = 가입연도 표준수확량
○ Y = 과거수확량 산출연도 횟수(가입횟수)
※ 이때, 평년수확량은 보험가입연도 표준수확량의 130%를 초과할 수 없다.

※ 차(茶)의 경우 상기 식에 따라 구한 기준평년수확량에 수확면적률을 곱한 값을 평년수확량으로 한다.
※ 수확면적률: 포장면적 대비 수확면면적 비율로 산출하며, 차(茶)를 재배하지 않는 면적(고랑, 차 미식재면적 등)의 비율을 제외한 가입면적 대비 실제 수확면적의 비율
※ 옥수수, 사료용 옥수수 품목 제외

[과거수확량 산출방법]

○ 수확량조사 시행한 경우: 조사수확량 〉 평년수확량의 50% → 조사수확량, 평년수확량의 50%≥조사수확량 → 평년수확량의 50%
※ 차(茶)의 경우 환산조사수확량 〉 기준평년수확량의 50% → 환산조사수확량, 기준평년수확량의 50%≥환산조사수확량 → 기준평년수확량의 50%
※ 환산조사수확량 = 조사수확량 ÷ 수확면적률
○ 무사고로 수확량조사 시행하지 않은 경우: 표준수확량의 1.1배와 평년수확량의 1.1배 중 큰 값을 적용한다.
※ 차(茶)의 경우 MAX(표준수확량, 기준평년수확량) × 1.1

(4) 가입수확량

보험에 가입한 수확량으로 범위는 평년수확량의 50%~100% 사이에서 계약자가 결정한다. (단, 옥수수는 표준수확량의 80~130% 사이)

III-2 밭작물 - 2과목 ❶

종합위험 수확감소보장 - 마늘, 양파, 양배추, 감자(봄재배, 가을재배, 고랭지재배), 고구마, 옥수수, 사료용 옥수수, 콩, 팥, 차(茶), 수박

1 품목별 수확량조사 적기

품목	수확량조사 적기
양파	양파의 비대가 종료된 시점 (식물체의 도복이 완료된 때)
마늘	마늘의 비대가 종료된 시점 (잎과 줄기가 1/2~2/3 황변하여 말랐을 때와 해당 지역의 통상 수확기가 도래하였을 때)

품목	수확량조사 적기
고구마	고구마의 비대가 종료된 시점 (삽식일로부터 120일 이후에 농지별로 적용) ※ 삽식 : 고구마의 줄기를 잘라 흙속에 꽂아 뿌리내리는 방법
감자 (고랭지재배)	감자의 비대가 종료된 시점 (파종일로부터 110일 이후)
감자 (봄재배)	감자의 비대가 종료된 시점 (파종일로부터 95일 이후)
감자 (가을재배)	감자의 비대가 종료된 시점 (파종일로부터 제주지역은 110일 이후, 이외 지역은 95일 이후)
옥수수	옥수수의 수확 적기(수염이 나온 후 25일 이후)
차(茶)	조사 가능일 직전 (조사 가능일은 대상 농지에 식재된 차나무의 대다수 신초가 1심2엽의 형태를 형성하며 수확이 가능할 정도의 크기(신초장 4.8cm 이상, 엽장 2.8cm 이상, 엽폭 0.9cm 이상)로 자란 시기를 의미하며, 해당 시기가 수확연도 5월 10일을 초과하는 경우에는 수확년도 5월 10일을 기준으로 함)
콩	콩의 수확 적기 (콩잎이 누렇게 변하여 떨어지고 꼬투리의 80~90% 이상이 고유한 성숙(황색)색깔로 변하는 시기인 생리적 성숙기로부터 7~14일이 지난 시기)
팥	팥의 수확 적기(꼬투리가 70~80% 이상이 성숙한 시기)
양배추	양배추의 수확 적기(결구 형성이 완료된 때)
수박	수확적기(꽃가루받이 후 또는 착과후 35~45일)

2 품목별 표본구간 면적조사 방법

품목	표본구간 면적 조사 방법
양파, 마늘	이랑폭 2m미만 : 이랑길이(5주 이상) 및 이랑폭 조사 이랑폭 2m이상 : 이랑길이(3주 이상) 및 이랑폭 조사
고구마, 양배추, 감자, 옥수수	이랑길이(5주 이상) 및 이랑폭 조사
차(茶)	규격의 테(0.04m²) 사용
콩, 팥	점파 : 이랑길이(4주 이상) 및 이랑폭 조사 산파 : 규격의 원형(1m²) 이용 또는 표본구간의 가로·세로 길이 조사
수박(노지)	이랑길이(10주 이상) 및 이랑폭 조사

3 전수조사 방법

(1) 적용 품목 : 콩, 팥

(2) 전수조사 대상 농지 여부 확인

전수조사는 기계수확(탈곡 포함)을 하는 농지 또는 수확 직전 상태가 확인된 농지 중 자른 작물을 농지에 그대로 둔 상태에서 기계탈곡을 시행하는 농지에 한한다.

(3) 콩(종실)의 중량 조사

대상 농지에서 수확한 전체 콩(종실), 팥(종실)의 무게를 조사하며, 전체 무게 측정이 어려운 경우에는 10포대 이상의 포대를 임의로 선정하여 포대당 평균 무게를 구한 후 해당 수치에 수확한 전체 포대 수를 곱하여 전체 무게를 산출한다.

(4) 콩(종실)의 함수율 조사

10회 이상 종실의 함수율을 측정 후 평균값을 산출한다. 단, 함수율을 측정할 때에는 각 횟수마다 각기 다른 포대에서 추출한 콩, 팥을 사용한다.

4 보험금

(1) 조기파종 보험금 산정(대상품목 : 마늘)

1) **지급 대상** : 조기파종보장 특별약관 판매시기 중 가입한 남도종 마늘을 재배하는 제주도 지역 농지

2) 지급 사유

① 한지형 마늘 최초 판매개시일 24시 이전에 보장하는 재해로 10a당 식물체 주수가 30,000주보다 적어지고, 10월 31일 이전 10a당 30,000주 이상으로 재파종한 경우 아래와 같이 계산한 재파종보험금을 지급한다.

> 지급보험금 = 보험가입금액 × 25% × 표준 피해율
> ※ 표준 피해율(10a 기준) = (30,000 − 식물체 주수) ÷ 30,000

② 한지형 마늘 최초 판매개시일 24시 이전에 보장하는 재해로 식물체 피해율이 65% 이상 발생한 경우 경작불능 보험금의 신청시기와 관계없이 아래와 같이 계산한 경작불능보험금을 지급한다(단, 산지폐기가 확인된 경우 지급).

[조기파종특약의 자기부담비율별 경작불능보험금 보장비율]

구분	자기부담비율				
	10%형	15%형	20%형	30%형	40%형
경작불능보험금 (마늘 조기파종특약)	보험가입금액의 32%	보험가입금액의 30%	보험가입금액의 28%	보험가입금액의 25%	보험가입금액의 25%

(2) 재파종보험금 산정 (대상품목 : 마늘)

1) 지급 사유

보험기간 내에 보장하는 재해로 10a당 식물체 주수가 30,000주보다 적어지고, 10a당 30,000주 이상으로 재파종한 경우 재파종보험금은 아래에 따라 계산하며 1회에 한하여 보상한다.

> 지급보험금 = 보험가입금액 × 35% × 표준 피해율
> ※ 표준 피해율(10a 기준) = (30,000 − 식물체 주수) ÷ 30,000

(3) 재정식보험금 산정 (대상품목 : 양배추)

1) 지급 사유

보험기간 내에 보장하는 재해로 면적 피해율이 자기부담비율을 초과하고, 재정식한 경우 재정식보험금은 아래에 따라 계산하며 1회 지급한다.

> 지급보험금 = 보험가입금액 × 20% × 면적 피해율
> ※ 면적 피해율 = 피해면적 ÷ 보험 가입면적

(4) 경작불능보험금 산정

1) 지급 사유

보험기간 내에 보장하는 재해로 식물체 피해율이 65% 이상이고, 계약자가 경작불능보험금을 신청한 경우 경작불능보험금은 자기부담비율에 따라 보험가입금액의 일정 비율로 계산한다. ※ 단, 산지폐기가 확인된 경우 지급

① 적용 품목 : 마늘, 양파, 양배추, 감자(봄재배, 가을재배, 고랭지재배), 고구마, 옥수수, 콩, 팥, 수박

지급보험금 = 보험가입금액 × 자기부담비율별 보장비율

[품목별 자기부담비율별 경작불능보험금 보장비율]

품목	자기부담비율				
	10%형	15%형	20%형	30%형	40%형
감자, 고구마, 옥수수, 마늘, 양파, 콩, 팥, 양배추	45%	42%	40%	35%	30%
수박(노지)	-	-	40%	35%	30%

② 사료용 옥수수의 경작불능보험금은 경작불능조사 결과 보장하는 재해로 식물체 피해율이 65% 이상이고, 계약자가 경작불능보험금을 신청한 경우에 지급하며, 보험금은 보험가입금액에 보장비율과 경과비율을 곱하여 산출한다.

지급보험금 = 보험가입금액 × 보장비율 × 경과비율

㉮ 보장비율

구분	45%형	42%형	40%형	35%형	30%형
보장비율	45%	42%	40%	35%	30%

㉯ 경과비율

월별	5월	6월	7월	8월
경과비율	80%	80%	90%	100%

2) 계약의 소멸

경작불능보험금을 지급한 때에는 그 손해보상의 원인이 생긴 때로부터 해당 농지에

대한 보험계약은 소멸되며, 이 경우 환급보험료는 발생하지 않는다.

(5) 수확감소보험금 산정

1) 지급 사유

보험기간 내에 보장하는 재해로 피해율이 자기부담비율을 초과하는 경우 수확감소보험금은 아래에 따라 계산한다.

지급보험금 = 보험가입금액 × (피해율 − 자기부담비율)
※ 피해율 = (평년수확량 − 수확량 − 미보상감수량) ÷ 평년수확량

2) 적용 품목

① 적용 품목은 마늘, 양파, 양배추, 감자(봄재배, 가을재배, 고랭지재배), 고구마, 옥수수, 콩, 팥, 차(茶), 수박(노지)이다.

② 경작불능보험금 지급대상인 경우 수확감소보험금 산정 대상에서 제외된다. (콩, 팥에 한함)

③ 감자의 경우 평년수확량에서 수확량과 미보상감수량을 뺀 값에 병충해감수량을 더한 후 평년수확량으로 나누어 산출된 피해율을 적용한다.

감자 피해율 = {(평년수확량 − 수확량 - 미보상감수량) + 병충해감수량} ÷ 평년수확량

④ 옥수수 품목의 수확감소보험금 산정은 아래와 같다.

지급보험금 = MIN[보험가입금액, 손해액] − 자기부담금
※ 손해액 = 피해수확량 × 가입가격
※ 자기부담금 = 보험가입금액 × 자기부담비율

※ 동 피해수확량은 약관상 기재된 표현으로서 미보상감수량을 제외하여 산정한 값을 뜻함.

5 품목별 표본구간 수확량 합계 산정 방법

품목	표본구간 수확량 합계 산정 방법
감자, 수박(노지)	표본구간별 작물 무게의 합계

<table>
<tr><th>품목</th><th>표본구간 수확량 합계 산정 방법</th></tr>
<tr><td>양배추</td><td>표본구간별 정상 양배추 무게의 합계에 80%형 양배추의 무게에 0.2를 곱한 값을 더하여 산정</td></tr>
<tr><td>차(茶)</td><td>표본구간별로 수확한 새싹 무게를 수확한 새싹수로 나눈 값에 기수확 새싹수와 기수확지수를 곱하고, 여기에 수확한 새싹 무게를 더하여 산정
※ 기수확지수는 기수확비율(기수확 새싹수를 전체 새싹수(기수확 새싹수와 수확한 새싹수를 더한 값)로 나눈값)에 따라 산출</td></tr>
<tr><td>양파, 마늘</td><td>표본구간별 작물 무게의 합계에 누적비대추정지수에 1을 더한 값(누적비대추정지수 + 1)을 곱하여 산정
[품목별 비대추정지수]
<table>
<tr><th>양파</th><th>마늘</th></tr>
<tr><td>2.2%/1일</td><td>0.8%/1일</td></tr>
</table>
단, 마늘의 경우 이 수치에 품종별 환산계수를 곱하여 산정, (품종별 환산계수 : 난지형·홍산 0.72 / 한지형 0.7)</td></tr>
<tr><td>고구마</td><td>표본구간별 정상 고구마의 무게 합계에 50%형 고구마의 무게에 0.5, 80%형 고구마의 무게에 0.2를 곱한 값을 더하여 산정</td></tr>
<tr><td>옥수수</td><td>표본구간 내 수확한 옥수수 중 “하” 항목의 개수에 “중” 항목 개수의 0.5를 곱한 값을 더한 후 품종별 표준중량, 재식시기지수, 재식밀도지수를 각각 곱하여 표본구간 피해수확량을 산정
[품종별 표준중량(g)]
<table>
<tr><th>미백2호</th><th>대학찰(연농2호)</th><th>미흑찰 등</th></tr>
<tr><td>180</td><td>160</td><td>190</td></tr>
</table></td></tr>
<tr><td>콩, 팥</td><td>표본구간별 종실중량에 1에서 함수율을 뺀 값을 곱한 후 다시 0.86을 나누어 산정한 중량의 합계</td></tr>
</table>

III-3 밭작물 - 2과목 ❷

종합위험 생산비보장방식 - 고추, 배추(고랭지·월동·가을·봄), 무(고랭지·월동·가을), 단호박, 메밀, 브로콜리, 당근, 시금치(노지), 대파, 쪽파·실파[1형], 쪽파·실파[2형], 양상추

1 보험금

(1) 재파종·재정식보험금 산정

1) 지급사유 : 보장하는 재해로 면적 피해율이 자기부담비율을 초과하고, 재파종·재정식을 한 경우 보험금을 1회 지급한다.

2) 지급금액

보험가입금액 × 20% × 면적피해율
※ 면적피해율 = 피해면적 ÷ 보험 가입면적

(2) 경작불능보험금의 산정

1) 지급사유
보험기간 내에 보장하는 재해로 식물체 피해율이 65% 이상이고, 계약자가 경작불능보험금을 신청한 경우 경작불능보험금은 자기부담비율에 따라 아래 표와 같이 보험가입금액의 일정 비율을 곱하여 계산한다.

[자기부담비율별 경작불능보험금표]

자기부담비율	경작불능보험금
10%형	보험가입금액 × 45%
15%형	보험가입금액 × 42%
20%형	보험가입금액 × 40%
30%형	보험가입금액 × 35%
40%형	보험가입금액 × 30%

2) 지급거절 사유
보험금 지급 대상 농지 품목이 산지폐기 등의 방법을 통해 시장으로 유통되지 않게 된 것이 확인되지 않으면 경작불능보험금을 지급하지 않는다.

3) 보험계약의 소멸

경작불능보험금을 지급한 때에는 그 손해보상의 원인이 생긴 때로부터 해당 농지에 대한 보험계약은 소멸되며, 이 경우 환급보험료는 발생하지 않는다.

(3) 생산비보장보험금 산정

보험기간 내에 보장하는 재해로 피해가 발생한 경우 아래와 같이 계산한 생산비보장보험금을 지급한다.

1) 고추

① 생산비보장보험금 : 보험기간 내에 보장하는 재해로 피해가 발생한 경우 아래와 같이 계산한 생산비보장보험금을 지급한다.

㉮ 병충해가 없는 경우

(잔존보험가입금액 × 경과비율 × 피해율) − 자기부담금

※ 잔존보험가입금액 = 보험가입금액 − 보상액(기 발생 생산비보장 보험금 합계액)

※ 자기부담금 = 잔존보험가입금액 × 보험 가입을 할 때 계약자가 선택한 비율

㉯ 병충해가 있는 경우

잔존보험가입금액×경과비율×피해율×병충해 등급별 인정비율)−자기부담금

※ 잔존보험가입금액 = 보험가입금액 - 보상액(기 발생 생산비보장 보험금 합계액)

② 경과비율

㉮ 수확기 이전에 보험사고가 발생한 경우

$$준비기생산비계수 + \{(1 - 준비기생산비계수) \times \frac{생장일수}{표준생장일수}\}$$

※ 준비기생산비계수는 49.5%로 한다.

※ 생장일수는 정식일로부터 사고발생일까지 경과일수로 한다.

※ 정식일 당일 사고의 경우 "0"일, 다음날 사고의 경우 "1일"

※ 표준생장일수(정식일로부터 수확개시일까지 표준적인 생장일수)는 사전에 설정된 값으로 100일로 한다.

※ 생장일수를 표준생장일수로 나눈 값은 1을 초과할 수 없다.

㉯ 수확기 중에 보험사고가 발생한 경우

1 − (수확일수 ÷ 표준수확일수)

※ 수확일수는 수확개시일부터 사고발생일까지 경과일수로 한다.

※ 표준수확일수는 수확개시일부터 수확종료일까지의 일수로 한다.

③ 피해율

피해율 = 면적피해율 × 평균손해정도비율 × (1 − 미보상비율)

※ 면적피해율 : 피해면적(주수) ÷ 재배면적(주수)

※ 평균손해정도비율: 피해면적을 일정 수의 표본구간으로 나누어 각 표본구간의 손해정도비율을 조사한 뒤 평균한 값

④ 손해정도비율

2) 브로콜리

① 생산비보장보험금 : 보험기간 내에 보장하는 재해로 피해가 발생한 경우 아래와 같이 계산한 생산비보장보험금을 지급한다.

생산비보장보험금 = (잔존보험가입금액 × 경과비율 × 피해율) − 자기부담금
※ 잔존보험가입금액 = 보험가입금액 − 보상액(기 발생 생산비보장 보험금 합계액)
※ 자기부담금 = 잔존보험가입금액 × 보험 가입을 할 때 계약자가 선택한 비율

② 경과비율

㉮ 수확기 이전에 보험사고가 발생한 경우

$$준비기생산비계수 + \{(1 - 준비기생산비계수) \times \frac{생장일수}{표준생장일수}\}$$

※ 준비기생산비계수는 55.9%로 한다.

※ 생장일수는 정식일로부터 사고발생일까지 경과일수로 한다.

※ 표준생장일수(정식일로부터 수확개시일까지 표준적인 생장일수) 사전에 설정된 값으로 130일로 한다.

※ 생장일수를 표준생장일수로 나눈 값은 1을 초과할 수 없다.

㉯ 수확기 중에 보험사고가 발생한 경우

1 − (수확일수 ÷ 표준수확일수)

※ 수확일수는 수확개시일부터 사고발생일까지 경과일수로 한다.

※ 표준수확일수는 수확개시일부터 수확종료일까지의 일수로 한다

③ 피해율

피해율 = 면적피해율 × 작물피해율 × (1 − 미보상비율)

※ 면적피해율 = 피해면적(m^2) ÷ 재배면적(m^2)

※ 작물피해율은 피해면적 내 피해송이 수를 총 송이 수로 나누어 산출한다.

※ 피해송이는 송이별로 피해 정도에 따라 피해인정계수를 정하며, 피해송이 수는 피해송이별 피해인정계수의 합계로 산출

[브로콜리 피해정도에 따른 피해인정계수]

구분	정상밭작물	50%형 피해밭작물	80%형 피해밭작물	100%형 피해밭작물
피해인정계수	0	0.5	0.8	1

3) 메밀

① 생산비보장보험금은 보험가입금액에 피해율에서 자기부담비율을 뺀 값을 곱하여 산출한다.

생산비보장보험금 = 보험가입금액 × (피해율 − 자기부담비율)

② 피해율은 면적피해율 × (1 − 미보상비율)로 정한다.

피해율 = 면적피해율 × (1 − 미보상비율)

③ 면적피해율은 피해면적(m^2) ÷ 재배면적(m^2)으로 산출한다.

면적피해율 = 피해면적 ÷ 재배면적

※ 피해면적 = (도복으로 인한 피해면적 × 70%) + (도복 이외 피해면적 × 평균손해정도비율)

④ 자기부담비율은 보험 가입을 할 때 계약자가 선택한 비율로 한다.

⑤ 평균손해정도비율은 도복 이외 피해면적을 일정 수의 표본구간으로 나누어 각 표본구간의 손해정도비율을 조사한 뒤 평균한 값으로, 각 표본구간별 손해정도비율은 손해정도에 따라 결정한다.

4) 배추, 무, 파, 시금치, 단호박, 당근, 양상추

① 생산비보장보험금은 보험가입금액에 피해율에서 자기부담비율을 뺀 값을 곱하여 산출한다.

> 생산비보장보험금 = 보험가입금액 × (피해율 − 자기부담비율)

② 피해율은 면적피해율에 평균손해정도비율, (1 − 미보상비율)을 곱하여 산정하며, 각 요소는 아래 목과 같이 산출한다.

> 피해율 = 면적피해율 × 평균손해정도비율 × (1 − 미보상비율)

㉮ 면적피해율

> 면적피해율 = 피해면적(주수) ÷ 재배면적(주수)

※ 면적피해율 산정 시 보상하지 않는 손해에 해당하는 피해면적(주수)는 제외하여 산출한다.

㉯ 평균손해정도비율

피해면적을 일정 수의 표본구간으로 나누어 각 표본구간의 손해정도비율을 조사한 뒤 평균한 값으로, 각 표본구간별 손해정도비율은 손해정도에 따라 결정한다.

III-4 밭작물 - 2과목 ❸

작물특정 및 시설종합위험 인삼손해보장방식

1 칸 넓이

> 칸 넓이 = 지주목 간격 × (두둑 폭 + 고랑 폭)

2 해가림시설 손해액 산정

① 단위면적당 시설가액표, 파손 칸수 및 파손 정도 등을 참고하여 실제 피해에 대한 복구비용을 기평가한 재조달가액으로 산출한 피해액을 산정한다.

② 산출된 피해액에 대하여 감가상각(월 단위)을 적용하여 손해액을 산정한다. 다만, 피해액이 보험가액의 20% 이하인 경우에는 감가를 적용하지 않고, 피해액이 보험가액의 20%를 초과하면서 감가 후 피해액이 보험가액의 20% 미만인 경우에는 보험가액의 20%를 손해액으로 산출한다.

[인삼 해가림시설 감가율]

유형	내용연수	경년감가율
목재	6년	13.33%
철재	18년	4.44%

※ 월 단위 감가상각을 적용하며 적용방식은 경과월수(=사고연월－최초구조체구입연월)를 산출하여 월 감가 적용한다.

③ 재조달가액 보장 특별약관에 가입한 경우에는 재조달가액(보험의 목적과 동형, 동질의 신품을 재조달하는데 소요되는 금액) 기준으로 계산한 손해액을 산출한다. 단, 보험의 목적이 손해를 입은 장소에서 실제로 수리 또는 복구되지 않은 때에는 재조달가액에 의한 보상을 하지 않고 시가(감가상각된 금액)로 보상한다.

3 보험금

(1) 인삼보험금 산정

1) 지급 사유

보험기간 내에 보장하는 재해로 피해율이 자기부담비율을 초과하는 경우 보험금은 아래에 따라 계산한다.

$$\text{지급보험금} = \text{보험가입금액} \times (\text{피해율} - \text{자기부담비율})$$

2) 2회 이상 보험사고가 발생하는 경우의 지급보험금 : 1)에 따라 산정된 보험금에서 기발생지급보험금을 차감하여 계산한다.

3) 피해율

보장하는 재해로 피해가 발생한 경우 연근별기준수확량에서 수확량을 뺀 후 연근별기준수확량으로 나눈 값에 피해면적을 재배면적으로 나눈 값을 곱하여 산출한다.

$$\text{피해율} = \left(1 - \frac{\text{수확량}}{\text{연근별기준수확량}}\right) \times \frac{\text{피해면적}}{\text{재배면적}}$$

[연근별 기준수확량(가입 당시 년근 기준)]

(단위 : kg/m^2)

구분	2년근	3년근	4년근	5년근
불량	0.45	0.57	0.64	0.66

구분	2년근	3년근	4년근	5년근
표준	0.50	0.64	0.71	0.73
우수	0.55	0.70	0.78	0.81

※ 수확량 계산방법 : 단위면적당 조사수확량과 단위면적당 미보상감수량을 합하여 계산한다. 단위면적당 조사수확량은 총수확량을 금차수확면적(금차수확칸수 × 조사칸넓이)으로 나누어 계산한다. 단위면적당 미보상감수량은 기준수확량에서 단위면적당 조사수확량을 뺀 값과 미보상비율을 곱하여 계산한다.

4) **자기부담비율** : 자기부담비율은 보험 가입을 할 때 계약자가 선택한 비율로 한다.

5) **보험금 등의 지급한도**

① 재해보험사업자가 지급하여야 할 보험금은 상기 1)·2)·3)·4)를 적용하여 계산하며 보험증권에 기재된 인삼의 보험가입금액을 한도로 한다.

② 손해방지비용, 대위권 보전비용, 잔존물 보전비용※1은 보험가입금액을 초과하는 경우에도 지급한다※2. 단, 농지별 손해방지비용은 20만 원을 한도로 지급한다.

※ 1 : 잔존물 보전비용 : 단, 재해보험사업자가 잔존물을 취득할 의사표시를 하고 잔존물을 취득한 경우에 한하여 지급한다.

※ 2 : 보험의 목적이 인삼일 경우, 잔존물 제거비용은 지급하지 않는다.

③ 비용손해 중 기타 협력비용은 보험가입금액을 초과한 경우에도 전액 지급한다.

(2) 인삼 해가림시설 보험금 산정

1) **지급 사유**

보험기간 내에 보상하는 손해로 손해액이 자기부담금을 초과하는 경우 보험금은 아래에 따라 계산한다.

① 보험가입금액이 보험가액과 같거나 클 때 : 보험가입금액을 한도로 손해액에서 자기부담금을 차감한 금액. 그러나 보험가입금액이 보험가액보다 클 때에는 보험가액을 한도로 한다.

② 보험가입금액이 보험가액보다 작을 때 : 보험가입금액을 한도로 다음과 같이 비례보상한다.

㉮ 재조달가액 보장 특별약관에 가입하지 아니한 경우

$$\text{지급보험금} = (\text{손해액} - \text{자기부담금}) \times (\text{보험가입금액} \div \text{보험가액})$$

㉯ 재조달가액 보장 특별약관에 가입한 경우

$$\text{지급보험금} = (\text{손해액} - \text{자기부담금}) \times (\text{보험가입금액} \div \text{재조달가액})$$

※ 자기부담금은 최소자기부담금(10만 원)과 최대자기부담금(100만 원)을 한도로 손해액의 10%에 해당하는 금액을 적용한다.

③ 위 ①과 ②에서 손해액이란 그 손해가 생긴 때와 곳에서의 보험가액을 말한다.

2) 동일한 계약의 목적과 동일한 사고에 관하여 보험금을 지급하는 다른 계약[공제계약(각종 공제회에 가입되어 있는 계약)을 포함한다]이 있고 이들의 보험가입금액의 합계액이 보험가액보다 클 경우에는 〈별표8〉에 따라 보험금을 계산한다. 이 경우 보험자 1인에 대한 보험금 청구를 포기한 경우에도 다른 보험자의 보험금 결정에는 영향을 미치지 않는다.

3) 보험금 등의 지급한도

① 보장하는 재해로 재해보험사업자가 지급할 보험금과 잔존물 제거비용은 각각 상기 1)·2)를 적용하여 계산하며, 그 합계액은 보험증권에 기재된 해가림시설의 보험가입금액을 한도로 한다. 단, 잔존물 제거비용은 손해액의 10%를 초과할 수 없다.

② 비용손해 중 손해방지비용, 대위권 보전비용, 잔존물 보전비용※1은 상기 1)·2)를 적용하여 계산한 금액이 보험가입금액을 초과하는 경우에도 지급한다. 단, 농지별 손해방지비용은 20만 원을 한도로 지급한다.

※ 1 : 단, 재해보험사업자가 잔존물을 취득할 의사표시를 하고 잔존물을 취득한 경우에 한하여 지급한다.

③ 비용손해 중 기타 협력비용은 보험가입금액을 초과한 경우에도 전액 지급한다.

IV-1 원예시설 및 시설작물(버섯재배사 및 버섯작물 포함) - 1과목

- 농업용 시설물(버섯재배사 포함) 및 부대시설, 시설작물 23품목 : 딸기, 토마토, 오이, 참외, 고추, 파프리카, 호박, 국화, 수박, 멜론, 상추, 가지, 배추, 백합, 카네이션, 미나리, 시금치, 파, 무, 쑥갓, 장미, 부추, 감자
- 버섯작물 4품목 : 표고버섯, 느타리버섯, 새송이버섯, 양송이버섯
- (농업용 시설물 및 부대시설) 종합위험 원예시설 손해보장방식
- (버섯재배사 및 부대시설) 종합위험 버섯재배사 손해보장방식
- (시설작물, 버섯작물) 종합위험 생산비보장방식

1 인수가능 품종

품목	인수가능 품종
고추(시설재배)	청양고추, 오이고추, 피망, 꽈리, 하늘고추, 할라피뇨, 홍고추
호박(시설재배)	애호박, 주키니호박, 단호박
토마토(시설재배)	방울토마토, 대추토마토, 대저토마토, 송이토마토
배추(시설재배)	안토시아닌 배추(빨간배추)
무(시설재배)	조선무, 알타리무, 열무
파(시설재배)	실파
국화(시설재배)	거베라
수박(시설재배)	일반형 과종, 중소형 과종(애플수박, 미니수박, 복수박)

2 시설작물 및 버섯작물 보장하는 재해

아래의 각목 중 하나에 해당하는 것이 있는 경우에만 위 자연재해나 조수해(鳥獸害)로 입은 손해를 보상한다.

① 구조체, 피복재 등 농업용 시설물(버섯재배사)에 직접적인 피해가 발생한 경우

② 농업용 시설물에 직접적인 피해가 발생하지 않은 자연재해로서 작물 피해율이 70% 이상 발생하여 농업용 시설물 내 전체 작물의 재배를 포기하는 경우(시설작물에만 해당)

③ 기상청에서 발령하고 있는 기상특보 발령지역의 기상특보 관련 재해로 인해 작물에 피해가 발생한 경우(시설작물에만 해당)

④ 시설재배 농작물에 조수해 피해가 발생한 경우 조수해로 입은 손해(시설작물에만 해당)

3 보험의 목적

(1) 종합위험 원예시설 손해보장

구분	보험의 목적	
농업용 시설물	단동하우스(광폭형하우스를 포함), 연동하우스 및 유리(경질판)온실의 구조체 및 피복재	
부대시설	모든 부대시설(단, 동산시설은 제외)	
시설작물	화훼류	국화, 장미, 백합, 카네이션
	비화훼류	딸기, 오이, 토마토, 참외, 고추, 호박, 수박, 멜론, 파프리카, 상추, 부추, 시금치, 가지, 배추, 파(대파·쪽파), 무, 미나리, 쑥갓, 감자

① 농업용 시설물의 경우, 목재·죽재로 시공된 하우스는 제외되며, 선별장·창고·농막 등도 가입 대상에서 제외된다.

② 농업용 시설물 및 부대시설의 경우, 아래의 물건은 보험의 목적에서 제외된다.

- 시설작물을 제외한 온실 내의 동산
- 시설작물 재배 이외의 다른 목적이나 용도로 병용하고 있는 경우, 다른 목적이나 용도로 사용되는 부분

③ 보험의 목적인 부대시설은 아래의 물건을 말한다.

- 시설작물의 재배를 위하여 농업용 시설물 내부 구조체에 연결, 부착되어 외부에 노출되지 않는 시설물
- 시설작물의 재배를 위하여 농업용 시설물 내부 지면에 고정되어 이동 불가능한 시설물
- 시설작물의 재배를 위하여 지붕 및 기둥 또는 외벽을 갖춘 외부 구조체 내에 고정·부착된 시설물

④ 아래의 물건은 시설물에 고정, 연결 또는 부착되어 있다하더라도보험의 목적에 포함되지 않는다.

• 소모품 및 동산시설 : 멀칭비닐, 터널비닐, 외부 제초비닐, 매트, 바닥재, 배지, 펄라이트, 상토, 이동식 또는 휴대할 수 있는 무게나 부피를 가지는 농기계, 육묘포트, 육묘기, 모판, 화분, 혼합토, 컨베이어, 컴프레셔, 적재기기 및 이와 비슷한 것
• 피보험자의 소유가 아닌 리스, 렌탈 등 임차시설물 및 임차부대시설(단, 농업용 시설물 제외)
• 저온저장고, 저온창고, 냉동고, 선별기, 방범용 CCTV, 소프트웨어 및 이와 비슷한 것
• 보호장치 없이 농업용 시설물 외부에 위치한 시설물. 단, 농업용 시설물 외부에 직접 부착되어 있는 차양막과 보온재는 제외

※ 보호장치란 창고 또는 이와 유사한 것으로 시설물이 외부에 직접적으로 노출되는 것을 방지하는 장치를 말한다.

⑤ 시설작물의 경우 품목별 표준생장일수와 현저히 차이 나는 생장일수(정식일(파종일)로부터 수확개시일까지의 일수)를 가지는 품종은 보험의 목적에서 제외된다.

[제외 품종]

품목	제외 품종
배추(시설재배)	얼갈이 배추, 쌈배추, 양배추
딸기(시설재배)	산딸기
오이(시설재배)	노각
상추(시설재배)	양상추, 프릴라이스, 버터헤드(볼라레), 오버레드, 이자벨, 멀티레드, 카이피라, 아지르카, 이자트릭스, 크리스피아노

(2) 종합위험 버섯 손해보장

구분	보험의 목적
농업용 시설물 (버섯재배사)	단동하우스(광폭형하우스를 포함), 연동하우스 및 경량철골조 등 버섯작물 재배용으로 사용하는 구조체, 피복재 또는 벽으로 구성된 시설
부대시설	버섯작물 재배를 위하여 농업용시설물(버섯재배사)에 부대하여 설치한 시설 (단, 동산시설은 제외)
버섯작물	농업용시설물(버섯재배사) 및 부대시설을 이용하여 재배하는 느타리버섯(균상재배,병재배), 표고버섯(원목재배※1, 톱밥배지재배), 새송이버섯(병재배), 양송이버섯(균상재배) ※1 : 원목재배 표고버섯은 2020년 이후 종균접종한 표고버섯에 한한다.

① 농업용 시설물(버섯재배사)의 경우, 목재·죽재로 시공된 하우스는 제외되며, 선별장·창고·농막 등도 가입 대상에서 제외된다.

② 농업용 시설물(버섯재배사) 및 부대시설의 경우, 아래의 물건은 보험의 목적에서 제외된다.

> • 버섯작물을 제외한 온실 내의 동산
> • 버섯재배 이외의 다른 목적이나 용도로 병용하고 있는 경우, 다른 목적이나 용도로 사용되는 부분

(3) 보험의 목적인 부대시설 : 아래의 물건을 말한다.

① 버섯 작물의 재배를 위하여 농업용 시설물 내부 구조체에 연결, 부착되어 외부에 노출되지 않는 시설물

② 버섯 작물의 재배를 위하여 농업용 시설물 내부 지면에 고정되어 이동 불가능한 시설물

③ 버섯 작물의 재배를 위하여 지붕 및 기둥 또는 외벽을 갖춘 외부 구조체 내에 고정·부착된 시설물

(4) 아래의 물건 : 시설물에 고정, 연결 또는 부착되어 있다 하더라도 보험의 목적에 포함되지 않는다.

① 소모품 및 동산시설 : 멀칭비닐, 터널비닐, 외부 제초비닐, 매트, 바닥재, 배지, 펄라이트, 상토, 이동식 또는 휴대할 수 있는 무게나 부피를 가지는 농기계, 육묘포트, 육묘기, 모판, 화분, 혼합토, 컨베이어, 컴프레셔, 적재기기 및 이와 비슷한 것

② 피보험자의 소유가 아닌 임차시설물 및 임차부대시설(단, 농업용 시설물 제외)

③ 저온저장고, 저온창고, 냉동고, 선별기, 방범용 CCTV, 소프트웨어 및 이와 비슷한 것

④ 보호장치 없이 농업용 시설물 외부에 위치한 시설물. 단, 농업용 시설물 외부에 직접 부착되어 있는 차양막과 보온재는 제외

※ 보호장치란 창고 또는 이와 유사한 것으로 시설물이 외부에 직접적으로 노출되는 것을 방지하는 장치를 말한다.

4 보험기간

(1) 종합위험 원예시설 손해보장

구분	보험의 목적		보험기간	
			보장개시	보장종료
농업용 시설물	단동하우스(광폭형하우스를 포함), 연동하우스 및 유리(경질판)온실의 구조체 및 피복재		청약을 승낙하고 제1회 보험료를 납입한 때	보험증권에 기재된 보험 종료일 24시
부대시설	모든 부대시설(단, 동산시설 제외)			
시설작물	화훼류	국화, 장미, 백합, 카네이션		
	비화훼류	딸기, 오이, 토마토, 참외, 고추, 호박, 수박, 멜론, 파프리카, 상추, 부추, 시금치, 가지, 배추, 파(대파·쪽파), 무, 미나리, 쑥갓, 감자		

① 딸기, 오이, 토마토, 참외, 고추, 호박, 국화, 장미, 수박, 멜론, 파프리카, 상추, 부추, 가지, 배추, 파(대파), 백합, 카네이션, 미나리, 감자 품목은 '해당 농업용 시설물 내에 농작물을 정식한 시점'과 '청약을 승낙하고 제1회 보험료를 납입한 때' 중 늦은 때를 보장개시일로 한다.

② 시금치, 파(쪽파), 무, 쑥갓 품목은 '해당 농업용 시설물 내에 농작물을 파종한 시점'과 '청약을 승낙하고 제1회 보험료를 납입한 때' 중 늦은 때를 보장개시일로 한다.

(2) 종합위험 버섯 손해보장

구분	보험의 목적	보험기간	
		보장개시	보장종료
농업용 시설물 (버섯재배사)	단동하우스(광폭형하우스를 포함), 연동하우스 및 경량철골조 등 버섯작물 재배용으로 사용하는 구조체, 피복재 또는 벽으로 구성된 시설	청약을 승낙하고 제1회 보험료 납입한 때	보험증권에 기재된 보험 종료일 24시
부대시설	버섯작물 재배를 위하여 농업용시설물(버섯재배사)에 부대하여 설치한 시설(단, 동산시설은 제외함)		
버섯작물	농업용시설물(버섯재배사) 및 부대시설을 이용하여 재배하는 느타리버섯(균상재배, 병재배), 표고버섯(원목재배, 톱밥배지재배), 새송이버섯(병재배), 양송이버섯(균상재배)		

5 보험가입금액

(1) 원예시설

① 농업용 시설물 : 전산(電算)으로 산정된 기준 보험가입금액의 90% ~ 130% 범위 내에서 결정한다.

② 부대시설 : 계약자 고지사항을 기초로 보험가액을 추정하여 보험가입금액 결정한다.

③ 시설작물 : 하우스별 연간 재배 예정인 시설작물 중 생산비가 가장 높은 작물 가액의 50% ~ 100% 범위 내에서 계약자가 가입금액을 결정(10% 단위)한다.

(2) 버섯

① 버섯재배사 : 전산(電算)으로 산정된 기준 보험가입금액의 90% ~ 130% 범위 내에서 결정한다.

② 부대시설 : 계약자 고지사항을 기초로 보험가액을 추정하여 보험가입금액 결정한다.

③ 버섯작물 : 하우스별 연간 재배 예정인 버섯 중 생산비가 가장 높은 버섯 가액의 50% ~ 100% 범위 내에서 계약자가 가입금액을 결정(10% 단위)한다.

6 보험료

(1) 보험료의 구성

영업보험료는 순보험료와 부가보험료를 더하여 산출한다. 순보험료는 지급보험금의 재원이 되는 보험료이며 부가보험료는 보험회사의 경비 등으로 사용되는 보험료이다.

(2) 보험료의 산출

1) 농업용시설물·부대시설

① 주계약(보통약관)

적용보험료
= {(농업용시설물 보험가입금액 × 지역별 농업용시설물 종별 보험료율) + (부대시설 보험가입금액 × 지역별 부대시설 보험료율)} × 단기요율 적용지수

※ 단, 수재위험 부보장 특약에 가입한 경우에는 위 보험료의 90% 적용한다.

② 화재위험 보장 특별약관

적용보험료 = 보험가입금액 × 화재위험보장특약보험료율 × 단기요율적용지수

2) 시설작물

① 주계약(보통약관)

적용보험료 = 보험가입금액 × 지역별·종별보험료율 × 단기요율 적용지수

※ 단, 수재위험 부보장 특약에 가입한 경우에는 위 보험료의 90% 적용한다.

② 화재위험 보장 특별약관

적용보험료 = 보험가입금액 × 화재위험보장특약영업요율 × 단기요율적용지수

3) 화재대물배상책임 보장 특별약관(농업용시설물)

적용보험료
= 산출기초금액(12,025,000원) × 화재위험보장특약영업요율(농업용시설물, 부대시설) × 대물인상계수(LOL계수) × 단기요율 적용지수

4) 버섯재배사·부대시설

① 주계약(보통약관)

적용보험료
= {(버섯재배사 보험가입금액 × 지역별 버섯재배사 종별 보험료율) + (부대시설 보험가입금액 × 지역별 부대시설 보험료율)} × 단기요율 적용지수

※ 단, 수재위험 부보장 특약에 가입한 경우에는 위 보험료의 90% 적용한다.

② 화재위험 보장 특별약관

적용보험료 = 보험가입금액 × 화재위험보장특약보험료율 × 단기요율적용지수

5) 버섯작물

① 주계약(보통약관)

적용보험료 = 보험가입금액 × 지역별·종별보험료율 × 단기요율 적용지수

※ 단, 수재위험 부보장 특약에 가입한 경우에는 위 보험료의 90% 적용한다.

② 화재위험 보장 특별약관

적용보험료 = 보험가입금액 × 화재위험보장특약영업요율 × 단기요율적용지수

③ 표고버섯 확장위험보장 특별약관

적용보험료 = 보험가입금액 × 지역별·종별보험요율 × 단기요율적용지수 × 할증적용계수

6) 화재대물배상책임 보장 특약(버섯재배사)

① 적용보험료

적용보험료
= 산출기초금액(12,025,000원) × 화재위험보장특약영업요율 × 대물인상계수(LOL계수) × 단기요율 적용지수

② 종별 보험료율 차등적용에 관한 사항

종구분	상세	요율상대도
1종	(원예시설) 철골유리온실, 철골펫트온실, (버섯재배사) 경량철골조	0.70
2종	허용 적설심 및 허용 풍속이 지역별 내재해형 설계기준의 120% 이상인 하우스	0.80

종구분	상세	요율상대도
3종	허용 적설심 및 허용 풍속이 지역별 내재해형 설계기준의 100% 이상 ~ 120% 미만인 하우스	0.90
4종	허용 적설심 및 허용 풍속이 지역별 내재해형 설계기준의 100% 미만이면서, 허용 적설심 7.9cm 이상이고, 허용 풍속이 10.5m/s 이상인 하우스	1.00
5종	허용 적설심 7.9cm 미만이거나, 허용 풍속이 10.5m/s 미만인 하우스	1.10

③ 단기요율 적용지수

- 보험기간이 1년 미만인 단기계약에 대하여는 아래의 단기요율 적용
- 보험기간을 연장하는 경우에는 원기간에 통산하지 아니하고 그 연장기간에 대한 단기요율 적용
- 보험기간 1년 미만의 단기계약을 체결하는 경우 보험기간에 6월, 7월, 8월, 9월, 11월, 12월, 1월, 2월, 3월이 포함될 때에는 단기요율에 각월마다 10%p씩 가산. 다만, 화재위험 보장 특약은 가산하지 않음
- 그러나, 이 요율은 100%를 초과할 수 없음

④ 단기요율표

보험기간	15일까지	1개월까지	2개월까지	3개월까지	4개월까지	5개월까지	6개월까지	7개월까지	8개월까지	9개월까지	10개월까지	11개월까지
단기요율	15%	20%	30%	40%	50%	60%	70%	75%	80%	85%	90%	95%

⑤ 대물인상계수(LOL계수)

(단위 : 백만 원)

배상한도액	10	20	50	100	300	500	750	1,000	1,500	2,000	3,000
인상계수	1.00	1.56	2.58	3.45	4.70	5.23	5.69	6.12	6.64	7.00	7.12

7 보험금

(1) 농업용 시설물(버섯재배사 포함) 및 부대시설

보장	보험의 목적	보험금 지급사유	보험금 계산(지급금액)
농업용 시설물 손해보장 (보통약관)	농업용 시설물 (버섯재배사 포함) 및 부대시설	보장하는 재해로 손해액이 자기부담금을 초과 하는 경우(1사고당)	- 손해액의 계산 • 손해가 생긴 때와 곳에서의 가액에 따라 계산함 - 보험금 산출 방법 • 보험금 = 손해액 − 자기부담금

※ 재조달가액 보장 특약을 가입하지 않거나, 보험의 목적이 손해를 입은 장소에서 실제로 수리 또는 복구를 하지 않는 경우 경년감가율을 적용한 시가(감가상각된 금액)로 보상

(2) 시설작물

1) 생산비보장(보통약관)

보장	보험의 목적	보험금 지급사유	보험금 계산(지급금액)
생산비 보장 (보통 약관)	딸기, 토마토, 오이, 참외, 고추, 파프리카, 호박, 국화, 수박, 멜론, 상추, 가지, 배추, 백합, 카네이션, 미나리, 감자, 파(대파)	보장하는 재해로 1사고마다 1동 단위로 생산비보장 보험금이 10만 원을 초과할 때	피해작물 재배면적×피해작물 단위면적당 보장생산비×경과비율×피해율 ※ 경과비율은 다음과 같이 산출한다. • 수확기 이전에 보험사고 발생 = 준비기생산비계수 + {(1 − 준비기생산비계수)×(생장일수÷표준생장일수)} • 수확기 중에 보험사고 발생 = 1 − (수확일수÷표준수확일수) - 산출된 경과비율이 10% 미만인 경우 경과비율을 10%로 한다. (단, 오이, 토마토, 고추, 호박, 상추 제외)

<table>
<tr><th>보장</th><th>보험의 목적</th><th>보험금 지급사유</th><th>보험금 계산(지급금액)</th></tr>
<tr><td rowspan="3">생산비 보장 (보통 약관)</td><td>장미</td><td rowspan="3">보장하는 재해로 1사고마다 1동 단위로 생산비보장 보험금이 10만 원을 초과할 때</td><td>• 나무가 죽지 않은 경우
장미 재배면적×장미 단위면적당 나무 생존시 보장생산비×피해율
• 나무가 죽은 경우
장미 재배면적×장미 단위면적당 나무 고사 보장생산비×피해율</td></tr>
<tr><td>부추</td><td>부추 재배면적×부추 단위면적당보장생산비×피해율×70%</td></tr>
<tr><td>시금치, 파(쪽파), 무, 쑥갓</td><td>피해작물 재배면적×피해작물 단위면적당 보장생산비×경과비율×피해율
※ 경과비율은 다음과 같이 산출한다.
• 수확기 이전에 보험사고 발생 : 준비기생산비계수+[(1−준비기생산비계수)×(생장일수 ÷ 표준생장일수)]
• 수확기 중에 보험사고 발생 : 1−(수확일수÷표준수확일수)
−산출된 경과비율이 10% 미만인 경우 경과비율을 10%로 한다. (단, 표준수확일수보다 실제수확개시일부터 수확종료일까지의 일수가 적은 경우 제외)</td></tr>
</table>

※ 단, 일부보험일 경우 비례보상 적용

※ 준비기생산비계수 (딸기, 토마토, 오이, 참외, 고추, 파프리카, 호박, 국화, 수박, 멜론, 상추, 가지, 배추, 백합, 카네이션, 미나리, 감자, 파(대파)) : 40%, 다만, 국화 및 카네이션 재절화재배는 20%

※ 준비기생산비계수 (시금치, 파(쪽파), 무, 쑥갓) : 10%

※ 생장일수는 정식·파종일로부터 사고발생일까지 경과일수로 하며, 표준생장일수(정식·파종일로부터 수확개시일까지 표준적인 생장일수)는 아래 〈표준생장일수 및 표준수확일수〉 표를 따른다. 이때 (생장일수 ÷ 표준생장일수)는 1을 초과할 수 없다.

※ 수확일수는 수확개시일로부터 사고발생일까지 경과일수로 하며, 표준수확일수(수확개시일로부터 수확종료일까지 표준적인 생장일수)는 아래 〈표준생장일수 및 표준수확일수〉 표를 따른다. 단, 국화·수박·멜론의 경과비율은 1로 한다.

2) 시설작물별 표준생장일수 및 표준수확일수

품목	품종	표준생장일수	표준수확일수
딸기(시설재배)		90일	182일
오이(시설재배)		45일(75일)	-
토마토(시설재배)		80일(120일)	-
참외(시설재배)		90일	224일
고추 (시설재배)	풋고추	55일	-
	홍고추	90일	-
호박(시설재배)		40일	-
수박 (시설재배)	일반	100일	-
	중소형	85일	-
멜론(시설재배)		100일	-
파프리카(시설재배)		100일	223일
상추(시설재배)		30일	-
시금치(시설재배)		40일	30일
국화 (시설재배)	스탠다드형	120일	-
	스프레이형	90일	-
가지(시설재배)		50일	262일
배추(시설재배)		70일	50일
파 (시설재배)	대파	120일	64일
	쪽파	60일	19일
무 (시설재배)	일반	80일	28일
	기타	50일	28일

품목	품종	표준생장일수	표준수확일수
백합(시설재배)		100일	23일
카네이션(시설재배)		150일	224일
미나리(시설재배)		130일	88일
쑥갓(시설재배)		50일	51일
감자(시설재배)		110일	9일

※ 단, 괄호안의 표준생장일수는 9월~11월에 정식하여 겨울을 나는 재배일정으로 3월 이후에 수확을 종료하는 경우에 적용한다.

※ 무 품목의 기타 품종은 알타리무, 열무 등 큰 무가 아닌 품종의 무를 가리킨다.

※ 피해율 : 피해비율 × 손해정도비율 × (1 − 미보상비율)

3) 손해정도에 따른 손해정도비율

손해정도	1~20%	21~40%	41~60%	61~80%	81~100%
손해정도비율	20%	40%	60%	80%	100%

※ 피해비율 : 피해면적(주수) ÷ 재배면적(주수)

※ 위 산출식에도 불구하고 피해작물 재배면적에 피해작물 단위면적당 보장생산비를 곱한 값이 보험가입금액보다 큰 경우에는 상기 산출식에 따라 계산된 생산비보장보험금을 다음과 같이 다시 계산하여 지급한다.

상기 산출식에 따라 계산된 생산비보장보험금 × 보험가입금액 ÷ (피해작물 단위면적당 보장생산비 × 피해작물 재배면적)
※ 장미의 경우 (장미 단위면적당 나무고사 보장생산비 × 장미 재배면적) 적용

(3) 버섯작물

보장	보험의 목적	보험금 지급사유	보험금 계산(지급금액)
생산비 보장 (보통 약관)	표고버섯 (원목재배)	보장하는 재해로 1사고마다 생산비보장 보험금이 10만원을 초과할 때	재배원목(본)수×원목(본)당 보장생산비×피해율
	표고버섯 (톱밥배지 재배)		재배배지(봉)수×배지(봉)당 보장생산비×경과비율×피해율 ※ 경과비율은 다음과 같이 산출한다. • 수확기 이전에 보험사고 발생 : 준비기생산비계수+[(1 − 준비기생산비계수)×(생장일수 ÷ 표준생장일수)] • 수확기 중에 보험사고 발생 : 1−(수확일수 ÷ 표준수확일수)
	느타리버섯 (균상재배)		재배면적 × 느타리버섯(균상재배) 단위면적당 보장생산비 × 경과비율 × 피해율 ※ 경과비율은 다음과 같이 산출한다. • 수확기 이전에 보험사고 발생 : 준비기생산비계수+[(1−준비기생산비계수)×(생장일수÷표준생장일수)] • 수확기 중에 보험사고 발생 : 1−(수확일수÷표준수확일수)
	느타리버섯 (병재배)		재배병수×병당보장생산비×경과비율×피해율 ※ 경과비율은 일자와 관계없이 88.7%를 적용한다.
	새송이버섯 (병재배)		재배병수×병당보장생산비×경과비율×피해율 ※ 경과비율은 일자와 관계없이 91.7%를 적용한다.
	양송이버섯 (균상재배)		재배면적×단위면적당 보장생산비×경과비율×피해율 ※경과비율은 다음과 같이 산출한다. •수확기 이전에 보험사고 발생 : 준비기생산비계수+[(1−준비기생산비계수)×(생장일수 ÷ 표준생장일수)] •수확기 중에 보험사고 발생 : 1−(수확일수 ÷ 표준수확일수)

※ 단, 일부보험일 경우 비례보상 적용

1) **표고버섯(원목재배)**

① 피해율

피해율 = 피해비율 × 손해정도비율 × (1 − 미보상비율)
※ 피해비율 = 피해원목(본)수 ÷ 재배원목(본)수
※ 손해정도비율 = 원목(본)의 피해면적 ÷ 원목의 면적

※ 위 산출식에도 불구하고 재배원목(본)수에 원목(본)당 보장생산비를 곱한 값이 보험가입금액보다 큰 경우에는 상기 산출식에 따라 계산된 생산비보장보험금을 다음과 같이 다시 계산하여 지급한다.

상기 산출식에 따라 계산된 생산비보장보험금 × 보험가입금액 ÷ (원목(본)당 보장생산비 × 재배원목(본)수)

2) **표고버섯(톱밥배지재배)**

① 준비기생산비계수 : 66.3%

② 생장일수는 종균접종일로부터 사고발생일까지 경과일수로 하며, 표준생장일수(종균접종일로부터 수확개시일까지 표준적인 생장일수)는 아래 〈표준생장일수〉 표를 따른다. 이때 (생장일수 ÷ 표준생장일수)는 1을 초과할 수 없다.

③ 수확일수는 수확개시일로부터 사고발생일까지 경과일수로 하며, 표준수확일수는 수확개시일로부터 수확종료일까지 일수로 한다.

④ 피해율

피해율 = 피해비율 × 손해정도비율 × (1 − 미보상비율)
※ 피해비율 = 피해배지(봉)수 ÷ 재배배지(봉)수

※ 손해정도비율 : 손해정도에 따라 50%, 100%에서 결정한다.

※ 위 산출식에도 불구하고 재배배지(봉)수에 피해작물 배지(봉)당 보장생산비를 곱한 값이 보험가입금액보다 큰 경우에는 상기 산출식에 따라 계산된 생산비보장보험금을 다음과 같이 다시 계산하여 지급한다.

상기 산출식에 따라 계산된 생산비보장보험금 × 보험가입금액 ÷ (배지(봉)당 보장생산비 × 재배배지(봉)수)

3) 느타리버섯, 양송이버섯(균상재배)

① 준비기생산비계수 : (느타리버섯) 67.6%, (양송이버섯) 75.3%

② 생장일수는 종균접종일로부터 사고발생일까지 경과일수로 하며, 표준생장일수(종균접종일로부터 수확개시일까지 표준적인 생장일수)는 아래 〈표준생장일수〉 표를 따른다. 이때 (생장일수 ÷ 표준생장일수)는 1을 초과할 수 없다.

③ 수확일수는 수확개시일로부터 사고발생일까지 경과일수로 하며, 표준수확일수는 수확개시일로부터 수확종료일까지 일수로 한다.

④ 피해율

> 피해율 : 피해비율 × 손해정도비율 × (1 − 미보상비율)
> ※ 피해비율 = 피해면적(m^2) ÷ 재배면적(균상면적, m^2)

※ 손해정도비율 : 아래 〈손해정도에 따른 손해정도비율〉 표를 따른다.

※ 위 산출식에도 불구하고 피해작물 재배면적에 피해작물 단위면적당 보장생산비를 곱한 값이 보험가입금액보다 큰 경우에는 상기 산출식에 따라 계산된 생산비보장보험금을 다음과 같이 다시 계산하여 지급한다.

> 상기 산출식에 따라 계산된 생산비보장보험금 × 보험가입금액 ÷ (단위면적당 보장생산비 × 재배면적)

4) 느타리버섯, 새송이버섯(병재배)

① 피해율

> 피해율 = 피해비율 × 손해정도비율 × (1 − 미보상비율)

※ 피해비율 : 피해병수 ÷ 재배병수

※ 손해정도비율 : 아래 〈손해정도에 따른 손해정도비율〉 표를 따른다.

※ 위 산출식에도 불구하고 재배병수에 병당 보장생산비를 곱한 값이 보험가입금액보다 큰 경우에는 상기 산출식에 따라 계산된 생산비보장보험금을 다음과 같이 다시 계산하여 지급한다.

> 상기 산출식에 따라 계산된 생산비보장보험금 × 보험가입금액 ÷ (병당 보장생산비 × 재배병수)

② 표준생장일수

품목	품종	표준생장일수(일)
느타리버섯(균상재배)	전체	28
표고버섯(톱밥배지재배)	전체	90
양송이버섯(균상재배)	전체	30

③ 손해정도에 따른 손해정도비율

손해정도	1~20%	21~40%	41~60%	61~80%	81~100%
손해정도비율	20%	40%	60%	80%	100%

8 자기부담금

최소자기부담금(30만 원)과 최대자기부담금(100만 원)을 한도로 보험사고로 인하여 발생한 손해액의 10%에 해당하는 금액을 자기부담금으로 한다. 단, 피복재단독사고는 최소자기부담금(10만 원)과 최대자기부담금(30만 원)을 한도로 한다.

① 농업용 시설물(버섯재배사 포함)과 부대시설 모두를 보험의 목적으로 하는 보험계약은 두 보험의 목적의 손해액 합계액을 기준으로 자기부담금을 산출한다.

② 자기부담금은 단지 단위, 1사고 단위로 적용한다.

③ 화재손해는 자기부담금을 미적용한다.(농업용 시설물 및 버섯재배사, 부대시설에 한함)

④ 소손해면책금 (시설작물 및 버섯작물에 적용) : 보장하는 재해로 1사고당 생산비보험금이 10만원 이하인 경우 보험금이 지급되지 않고, 소손해면책금을 초과하는 경우 손해액 전액을 보험금으로 지급한다.

9 화재대물배상책임 특별약관(농업용시설물 및 버섯재배사, 부대시설)

(1) 가입대상 : 이 특별약관은 '화재위험보장 특별약관'에 가입한 경우에 한하여 가입할 수 있다.

(2) 지급사유 : 피보험자가 보험증권에 기재된 농업용시설물 및 부대시설 내에서 발생한 화재사고로 인하여 타인의 재물을 망가트려 법률상의 배상책임이 발생한 경우

(3) 지급한도 : 화재대물배상책임특약 가입금액 한도

10 표고버섯 확장위험 담보 특별약관(표고버섯)

(1) 보장하는 재해

보통약관의 보장하는 재해에서 정한 규정에도 불구하고, 다음 각 호 중 하나 이상에 해당하는 경우에 한하여 자연재해 및 조수해(鳥獸害)로 입은 손해를 보상한다.

① 농업용 시설물(버섯재배사)에 직접적인 피해가 발생하지 않은 자연재해로서 작물피해율이 70% 이상 발생하여 농업용 시설물 내 전체 시설재배 버섯의 재배를 포기하는 경우

② 기상청에서 발령하고 있는 기상특보 발령지역의 기상특보 관련 재해로 인해 작물에 피해가 발생한 경우

IV-2 원예시설 및 시설작물(버섯재배사 및 버섯작물 포함) - 2과목

- 농업용 시설물(버섯재배사 포함) 및 부대시설, 시설작물 23품목 : 딸기, 토마토, 오이, 참외, 고추, 파프리카, 호박, 국화, 수박, 멜론, 상추, 가지, 배추, 백합, 카네이션, 미나리, 시금치, 파, 무, 쑥갓, 장미, 부추, 감자
- 버섯작물 4품목 : 표고버섯, 느타리버섯, 새송이버섯, 양송이버섯
- (농업용 시설물 및 부대시설) 종합위험 원예시설 손해보장방식
- (버섯재배사 및 부대시설) 종합위험 버섯재배사 손해보장방식
- (시설작물, 버섯작물) 종합위험 생산비보장방식

1 농업용 시설물 감가율

(1) 고정식 하우스

구분		내용연수	경년감가율
구조체	단동하우스	10년	8%
	연동하우스	15년	5.3%
피복재	장수PE, 삼중EVA, 기능성필름, 기타	1년	40% 고정감가
	장기성Po	5년	16%

(2) 이동식 하우스(최초 설치년도 기준)

구분	경과기간			
	1년 이하	2~4년	5~8년	9년 이상
구조체 (고정감가)	0%	30%	50%	70%
피복재	40%(고정감가)			

(3) 유리온실 부대시설

구분		내용연수	경년감가율
부대시설		8년	10%
유리온실	철골조/석조/연와석조	60년	1.33%
	블록조/경량철골조/단열판넬조	40년	2.0%

※ 유리온실은 손해보험협회가 발행한 「보험가액 및 손해액의 평가기준」 건물의 추정 내용 연수 및 경년감가율표를 준용

※ 경년감가율은 월단위로 적용(경과 연수=사고년월－취득년월)하여 월단위 감가를 적용한다. 다만, 고정식하우스의 피복재(내용 연수 1년)와 이동식하우스의 구조체, 피복재는 고정감가를 적용

2 보험금

(1) 농업용 시설물 및 부대시설 보험금 산정

1) **시설하우스의 손해액** : 시설하우스의 손해액은 구조체(파이프, 경량철골조) 손해액에 피복재 손해액을 합하여 산정하고 부대시설 손해액은 별도로 산정한다.

2) **손해액 산출 기준**

① 손해가 생긴 때와 곳에서의 가액에 따라 농업용 시설물 감가율을 적용한 손해액을 산출한다.

② 재조달가액 보장 특별약관에 가입한 경우에는 감가율을 적용하지 않고 재조달가액 기준으로 계산한 손해액을 산출한다. 단, 보험의 목적이 손해를 입은 장소에서 실제로 수리 또는 복구되지 않은 때에는 재조달가액에 의한 보상을 하지 않고 시가(감가상각된 금액)로 보상한다.

3) **보장하는 재해로 인하여 손해가 발생한 경우** : 보장하는 재해로 인하여 손해가 발생한 경우 계약자 또는 피보험자가 지출한 아래의 비용을 추가로 지급한다. 단, 보험의 목적 중 농작물의 경우 잔존물 제거비용은 지급하지 않는다.

① 잔존물 제거비용 : 사고현장에서의 잔존물의 해체비용, 청소비용 및 차에 싣는 비용 보험금과 잔존물 제거비용의 합계액은 보험증권에 기재된 보험가입금액을 한도로 하며 잔존물 제거비용은 손해액의 10%를 초과할 수 없다.

② 손해방지비용 : 손해의 방지 또는 경감을 위하여 지출한 필요 또는 유익한 비용

③ 대위권 보전비용 : 제3자로부터 손해의 배상을 받을 수 있는 경우에는 그 권리를 지키거나 행사하기 위하여 지출한 필요 또는 유익한 비용

④ 잔존물 보전비용 : 잔존물을 보전하기 위하여 지출한 필요 또는 유익한 비용. 다만, 재해보험사업자가 보험금을 지급하고 잔존물의 취득한 경우에 한함

⑤ 기타 협력비용 : 회사의 요구에 따르기 위하여 지출한 필요 또는 유익한 비용

4) **지급보험금의 계산**

① 1사고마다 손해액이 자기부담금을 초과하는 경우 보험가입금액을 한도로 손해액에서 자기부담금을 차감하여 계산한다.

지급보험금 = (손해액 − 자기부담금)

※ 손해액은 그 손해가 생긴 때와 곳에서의 가액에 따라 계산한다.

② 동일한 계약의 보험목적과 동일한 사고에 관하여 보험금을 지급하는 다른 계약(공제 계약을 포함한다)이 있고 이들의 보험가입금액의 합계액이 보험가액보다 클 경우에는 〈별표8〉에 따라 계산한다. 이 경우 보험자 1인에 대한 보험금 청구를 포기한 경우에도 다른 보험자의 지급보험금 결정에는 영향을 미치지 않는다.

- 이 보험계약이 타인을 위한 보험계약이면서 보험계약자가 다른 계약으로 인하여 상법 제682조에 따른 대위권 행사의 대상이 된 경우에는 실제 그 다른 계약이 존재함에도 불구하고 그 다른 계약이 없다는 가정하에 계산한 보험금을 그 다른 보험계약에 우선하여 이 보험계약에서 지급한다.
- 이 보험계약을 체결한 재해보험사업자가 타인을 위한 보험에 해당하는 다른 계약의 보험계약자에게 상법 제682조에 따른 대위권을 행사할 수 있는 경우에는 이 보험계약이 없다는 가정하에 다른 계약에서 지급받을 수 있는 보험금을 초과한 손해액을 이 보험계약에서 보상한다.

③ 하나의 보험가입금액으로 둘 이상의 보험의 목적을 계약한 경우에는 전체가액에 대한 각 가액의 비율로 보험가입금액을 비례배분하여 상기 ①과 ②의 규정에 따라 지급보험금을 계산한다.

5) 자기부담금

① 최소자기부담금(30만 원)과 최대자기부담금(100만 원)을 한도로 보험사고로 인하여 발생한 손해액의 10%에 해당하는 금액을 적용한다.

② 피복재단독사고는 최소자기부담금(10만 원)과 최대자기부담금(30만 원)을 한도로 한다.

③ 농업용 시설물과 부대시설 모두를 보험의 목적으로 하는 보험계약은 두 보험의 목적의 손해액 합계액을 기준으로 자기부담금을 산출하고 두 목적물의 손해액 비율로 자기부담금을 적용한다.

④ 자기부담금은 단지 단위, 1사고 단위로 적용한다.

⑤ 화재로 인한 손해는 자기부담금을 적용하지 않는다.

6) 보험금 등의 지급한도

① 재해보험사업자가 지급하여야 할 보험금과 잔존물 제거비용은 상기 4)의 ①, ②, ③을 적용하여 계산하며, 그 합계액은 보험증권에 기재된 농업용시설물 및 부대시설의 보험가입금액을 한도로 한다. 단, 잔존물 제거비용은 손해액의 10%를 초과할 수 없다.

② 비용손해 중 손해방지비용, 대위권 보전비용 및 잔존물 보전비용※1은 상기 4)의 ①, ②, ③을 적용하여 계산한 금액이 농업용 시설물 및 부대시설의 보험가입금액을 초과하는 경우에도 지급한다. 단, 이 경우에 자기부담금은 차감하지 않는다.

※ 1 : 단, 재해보험사업자가 잔존물을 취득할 의사표시를 하고 잔존물을 취득한 경우에 한하여 지급

③ 비용손해 중 기타 협력비용은 보험가입금액을 초과한 경우에도 전액 지급한다.

(2) 원예시설작물 및 시설재배 버섯 보험금 산정

1) 보험금 지급기준

① 보장하는 재해로 1사고마다 1동 단위로 생산비보장보험금이 10만 원을 초과하는 경우에 그 전액을 보험가입금액 내에서 보상한다.

② 동일 작기에서 2회 이상 사고가 난 경우 동일 작기 작물의 이전 사고의 피해를

감안하여 산출한다.

2) 보험금 등의 지급한도

① 생산비보장보험금은 다음 3)의 품목별 보험금 산출 계산식을 적용하여 계산하며 하나의 작기(한 작물의 생육기간)에서 지급하는 보험금은 보험증권에 기재된 시설재배 농작물의 보험가입금액을 한도로 한다.

② 비용손해 중 손해방지비용, 대위권 보전비용 및 잔존물 보존비용※1은 다음 품목별 보험금 산출 계산식을 적용하여 계산한 금액이 해당 작기(작물의 생육기간)에서 재배하는 보험증권 기재 농작물의 보험가입금액을 초과하는 경우에도 지급한다.※2 단, 손해방지비용은 20만 원을 초과할 수 없다.

※ 1 단, 재해보험사업자가 잔존물을 취득할 의사표시를 하고 잔존물을 취득한 경우에 한하여 지급한다.

※ 2 농작물의 경우 잔존물 제거비용은 지급하지 않는다.

③ 비용손해 중 기타 협력비용은 보험가입금액을 초과한 경우에도 전액 지급한다.

3) **보험금 산출방법 ❶ - 적용품목** : 딸기, 오이, 토마토, 참외, 고추, 호박, 수박, 멜론, 파프리카, 상추, 가지, 배추, 파(대파), 미나리, 감자, 국화, 백합, 카네이션

① 생산비보장보험금

보장하는 재해로 1사고마다 1동 단위로 생산비보장보험금이 10만 원을 초과하는 경우에 그 전액을 보험가입금액 내에서 보상한다.

생산비보장보험금
= 피해작물 재배면적 × 피해작물 단위 면적당 보장생산비 × 경과비율 × 피해율

② 경과비율

구분	내용
수확기 이전 사고	• 경과비율 = α + {(1 − α) × (생장일수 ÷ 표준생장일수)} • 준비기 생산비 계수 = α (40%, 단, 국화·카네이션 재절화재배는 20%) ※ 재절화재배 : 절화를 채취하고 난 뒤 모주에서 곧바로 싹을 키워 절화하는 방법 • 생장일수 : 정식(파종)일로부터 사고발생일까지 경과일수 • 표준생장일수 : 정식일로부터 수확개시일까지 표준적인 생장일수 • 생장일수를 표준생장일수로 나눈 값은 1을 초과할 수 없음

구분	내용
수확기 중 사고	• 경과비율 = 1 − (수확일수 ÷ 표준수확일수) • 수확일수 : 수확개시일부터 사고발생일까지 경과일수 • 표준수확일수 : 수확개시일부터 수확종료일까지의 일수 ※ 사전에 설정된 값이며 오이, 토마토, 고추, 호박, 상추의 표준수확일수는 수확개시일로부터 수확종료일까지의 일수 • 위 계산식에도 불구하고 국화·수박·멜론의 경과비율은 1 • 위 계산식에 따라 계산된 경과비율이 10% 미만인 경우 경과비율을 10%로 한다. ※ 단, 표준수확일수보다 실제 수확개시일부터 수확종료일 까지의 일수가 적은 경우는 제외한다. ※ 오이·토마토·고추·호박·상추 제외

③ 피해율

피해율 = 피해비율 × 손해정도비율 × (1 − 미보상비율)

※ 피해비율 = 피해면적(주수) ÷ 재배면적(주수)

※ 손해정도에 따른 손해정도비율〈별표6〉

④ 단, 위 ①의 경우에도 불구하고 피해작물 재배면적에 피해작물 단위면적당 보장생산비를 곱한 값이 보험가입금액보다 큰 경우에는 위에서 계산된 생산비보장보험금을 아래와 같이 다시 계산하여 지급

$$\text{위 ①에서 계산된 생산비보장보험금} \times \frac{\text{보험가입금액}}{\text{피해작물단위면적당 보장생산비} \times \text{피해작물 재배면적}}$$

4) 보험금 산출방법 ❷ - 적용 품목 : 장미

① 생산비보장보험금 : 보장하는 재해로 1사고마다 1동 단위로 생산비보장보험금이 10만 원을 초과하는 경우에 그 전액을 보험가입금액 내에서 보상한다.

구분	내용
보장하는 재해로 인하여 줄기, 잎, 꽃 등에 손해가 발생하였으나 나무는 죽지 않은 경우	• 생산비보장보험금 = 장미 재배면적 × 장미 단위면적당 나무생존시 보장생산비 × 피해율 • 피해율 = 피해비율 × 손해정도비율 × (1 − 미보상비율) ※ 피해비율 = 피해면적(주수) ÷ 재배면적(주수) ※ 손해정도에 따른 손해정도비율〈별표6〉

구분	내용
보장하는 재해로 인하여 나무가 죽은 경우	• 생산비보장보험금 = 장미 재배면적 × 장미 단위면적당 나무고사 보장생산비 × 피해율 • 피해율 = 피해비율 × 손해정도비율 × (1 − 미보상비율) ※ 피해비율 = 피해면적(주수) ÷ 재배면적(주수) ※ 손해정도비율은 100로 함

② 단, 위 ①의 경우에도 불구하고 장미 재배면적에 장미 단위면적당 나무고사 보장생산비를 곱한 값이 보험가입금액보다 큰 경우에는 위에서 계산된 생산비보장보험금을 아래와 같이 다시 계산하여 지급

$$\text{위 ①에서 계산된 생산비보장보험금} \times \frac{\text{보험가입금액}}{\text{장미단위면적당 나무고사 보장생산비} \times \text{장미재배면적}}$$

5) **보험금 산출방법 ❸ - 적용품목** : 부추

① 생산비보장보험금

보장하는 재해로 1사고마다 1동 단위로 아래와 같이 계산한 생산비보장 보험금이 10만 원을 초과하는 경우에 한하여 그 전액을 보험증권에 기재된 보험가입금액의 70% 내에서 보상한다.

생산비보장보험금 = 부추 재배면적 × 부추 단위면적당 보장생산비 × 피해율 × 70%

② 피해율

피해율 = 피해비율 × 손해정도비율 × (1−미보상비율)

※ 피해비율 = 피해면적(주수) ÷ 재배면적(주수)

※ 손해정도에 따른 손해정도비율〈별표6〉

③ 단, 위 ①의 경우에도 불구하고 부추 재배면적에 부추 단위면적당 보장생산비를 곱한 값이 보험가입금액보다 큰 경우에는 위에서 계산된 생산비보장보험금을 아래와 같이 다시 계산하여 지급

$$\text{위 ①에서 계산된 생산비보장보험금} \times \frac{\text{보험가입금액}}{\text{부추단위면적당 보장생산비} \times \text{부추 재배면적}}$$

6) **보험금 산출방법 ❹ - 적용 품목** : 시금치, 파(쪽파), 무, 쑥갓

① 생산비보장보험금 : 보장하는 재해로 1사고마다 1동 단위로 생산비보장보험금이 10만 원을 초과하는 경우에 그 전액을 보험가입금액 내에서 보상한다.

> 생산비보장보험금
> = 피해작물 재배면적 × 피해작물 단위 면적당 보장생산비 × 경과비율 × 피해율

② 경과비율

구분	내용
수확기 이전 사고	• 경과비율 = α + {(1 − α) × (생장일수 ÷ 표준생장일수)} • 준비기 생산비 계수 = α (10%) • 생장일수 : 파종일로부터 사고발생일까지 경과일수 • 표준생장일수 : 파종일로부터 수확개시일까지 표준적인 생장일수 • 생장일수를 표준생장일수로 나눈 값은 1을 초과할 수 없음
수확기 중 사고	• 경과비율 = 1 − (수확일수 ÷ 표준수확일수) • 수확일수 : 수확개시일부터 사고발생일까지 경과일수 • 표준수확일수 : 수확개시일부터 수확종료일까지의 일수 • 위 계산식에 따라 계산된 경과비율이 10% 미만인 경우 경과비율을 10%로 한다. 단, 표준수확일수보다 실제수확개시일부터 수확종료일가지의 일수가 적은 경우는 제외로 한다.

③ 피해율

> 피해율 = 피해비율 × 손해정도비율 × (1 − 미보상비율)
> ※ 피해비율 = 피해면적(주수) ÷ 재배면적(주수)

※ 손해정도에 따른 손해정도비율〈별표6〉

④ 단, 위 ①의 경우에도 불구하고 피해작물 재배면적에 피해작물 단위면적당 보장생산비를 곱한 값이 보험가입금액보다 큰 경우에는 위에서 계산된 생산비보장보험금을 아래와 같이 다시 계산하여 지급

$$\text{위 ①에서 계산된 생산비보장보험금} \times \frac{\text{보험가입금액}}{\text{피해작물단위면적당 보장생산비} \times \text{피해작물 재배면적}}$$

⑤ 시설작물별 표준생장일수 및 표준수확일수

품목	품종	표준생장일수	표준수확일수
딸기(시설재배)		90일	182일
오이(시설재배)		45일(75일)	-
토마토(시설재배)		80일(120일)	-
참외(시설재배)		90일	224일
고추(시설재배)	풋고추	55일	-
	홍고추	90일	-
호박(시설재배)		40일	-
수박(시설재배)	일반	100일	-
	중소형	85일	-
멜론(시설재배)		100일	-
파프리카(시설재배)		100일	223일
상추(시설재배)		30일	-
시금치(시설재배)		40일	30일
국화(시설재배)	스탠다드형	120일	-
	스프레이형	90일	-
가지(시설재배)		50일	262일
배추(시설재배)		70일	50일
파(시설재배)	대파	120일	64일
	쪽파	60일	19일
무(시설재배)	일반	80일	28일
	기타	50일	28일
백합(시설재배)		100일	23일
카네이션(시설재배)		150일	224일
미나리(시설재배)		130일	88일
쑥갓(시설재배)		50일	51일
감자(시설재배)		110일	9일

※ 단, 괄호안의 표준생장일수는 9월~11월에 정식하여 겨울을 나는 재배일정으로 3월 이후에 수확을 종료하는 경우에 적용함

※ 무 품목의 기타 품종은 알타리무, 열무 등 큰 무가 아닌 품종의 무임

7) 보험금 산출방법 ❺ – 표고버섯(원목재배)

① 생산비보장보험금 : 보장하는 재해로 1사고마다 생산비보장보험금이 10만 원을 초과하는 경우에 그 전액을 보험가입금액 내에서 보상한다.

> 재배원목(본)수 × 원목(본)당 보장생산비 × 피해율

② 원목(본)당 보장생산비는 별도 정하는 바에 따른다.

③ 피해율

> 피해율 = 피해비율 × 손해정도비율 × (1－미보상비율)
> ※ 피해비율 = 피해원목(본)수 ÷ 재배원목(본)수
> ※ 손해정도비율 = 원목(본)의 피해면적 ÷ 원목의 면적

④ 표본원목수 표

피해 원목수	1,000본 이하	1,300본 이하	1,500본 이하	1,800본 이하	2,000본 이하	2,300본 이하	2,300본 초과
조사 표본수	10	14	16	18	20	24	26

⑤ 단, 위 ①의 경우에도 불구하고 재배원목(본)수에 원목(본)당 보장생산비를 곱한 값이 보험가입금액보다 큰 경우에는 위에서 계산된 생산비보장보험금을 아래와 같이 다시 계산하여 지급한다.

> 위 ①에서 계산된 생산비보장보험금 × $\frac{\text{보험가입금액}}{\text{원본(본)당 보장생산비} \times \text{재배원목(본)수}}$

8) 보험금 산출방법 ❻ – 적용 품목 : 표고버섯(톱밥배지재배)

① 생산비보장보험금 : 보장하는 재해로 1사고마다 생산비보장보험금이 10만 원을 초과하는 경우에 그 전액을 보험가입금액 내에서 보상한다.

> 생산비보장보험금 = 재배배지(봉)수 × 배지(봉)당 보장생산비 × 경과비율 × 피해율

② 배지(봉)당 보장생산비는 별도 정하는 바에 따른다.

③ 경과비율

구분	내용
수확기 이전 사고	• 경과비율 = α + {(1 − α) × (생장일수 ÷ 표준생장일수)} • 준비기 생산비 계수 = α (66.3%) • 생장일수 = 종균접종일로부터 사고발생일까지 경과일수 • 표준생장일수 : 종균접종일로부터 수확개시일까지 표준적인 생장일수 • 생장일수를 표준생장일수로 나눈 값은 1을 초과 할 수 없음
수확기 중 사고	• 경과비율 = 1 − (수확일수 ÷ 표준수확일수) • 수확일수 = 수확개시일로부터 사고발생일까지 경과일수 • 표준수확일수 = 수확개시일부터 수확종료일까지의 일수 • 배지(봉)당 보장생산비는 별도로 정하는 바에 따름

④ 피해율

피해율 = 피해비율 × 손해정도비율 × (1−미보상비율)

※ 피해비율 = 피해배지(봉)수 ÷ 재배배지(봉)수

※ 손해정도비율은 손해정도에 따라 50%, 100%에서 결정

⑤ 단, 위 ①의 경우에도 불구하고 재배배지(봉)수에 배지(봉)당 보장생산비를 곱한 값이 보험가입금액보다 큰 경우에는 위에서 계산된 생산비보장보험금을 아래와 같이 다시 계산하여 지급

$$\text{위 ①에서 계산된 생산비보장보험금} \times \frac{\text{보험가입금액}}{\text{배지(봉)당보장생산비} \times \text{재배배지(봉)수}}$$

9) **보험금 산출방법 ❼ - 적용 품목** : 느타리버섯(균상재배)

① 생산비보장보험금

보장하는 재해로 1사고마다 생산비보장보험금이 10만 원을 초과하는 경우에 그 전액을 보험가입금액 내에서 보상한다.

생산비보장보험금 = 재배면적 × 단위 면적당 보장생산비 × 경과비율 × 피해율

② 단위 면적당 보장생산비는 별도 정하는 바에 따른다.

③ 경과비율

구분	내용
수확기 이전 사고	• 경과비율 = α + {(1 − α) × (생장일수 ÷ 표준생장일수)} • 준비기 생산비 계수 = α (67.6%) • 생장일수 = 종균접종일로부터 사고발생일까지 경과일수 • 표준생장일수 : 종균접종일로부터 수확개시일까지 표준적인 생장일수 • 생장일수를 표준생장일수로 나눈 값은 1을 초과 할 수 없음
수확기 중 사고	• 경과비율 = 1 − (수확일수 ÷ 표준수확일수) • 수확일수 = 수확개시일로부터 사고발생일까지 경과일수 • 표준수확일수 = 수확개시일부터 수확종료일까지의 일수

④ 피해율

피해율 = 피해비율 × 손해정도비율 × (1−미보상비율)

※ 피해비율 = 피해면적(m^2) ÷ 재배면적(균상면적, m^2)

※ 손해정도에 따른 손해정도비율〈별표6〉

⑤ 단, 위 ①의 경우에도 불구하고 재배면적에 단위면적당 보장생산비를 곱한 값이 보험가입금액보다 큰 경우에는 위에서 계산된 생산비보장보험금을 아래와 같이 다시 계산하여 지급

$$\text{위 ①에서 계산된 생산비보장보험금} \times \frac{\text{보험가입금액}}{\text{단위면적당 보장생산비} \times \text{재배면적}}$$

10) 보험금 산출방법 ❽ – 적용 품목 : 느타리버섯(병재배)

① 생산비보장보험금

생산비보장보험금 = 재배병수 × 병당 보장생산비 × 경과비율 × 피해율

② 경과비율

경과비율 = 일자와 관계없이 88.7%

③ 피해율

피해율 = 피해비율 × 손해정도비율 × (1－미보상비율)
※ 피해비율 = 피해병수 ÷ 재배병수

※ 손해정도에 따른 손해정도비율〈별표6〉

④ 단, 위 ①의 경우에도 불구하고 재배병수에 병당 보장생산비를 곱한 값이 보험가입금액보다 큰 경우에는 위에서 계산된 생산비보장보험금을 아래와 같이 다시 계산하여 지급한다.

$$\text{위 ①에서 계산된 생산비보장보험금} \times \frac{\text{보험가입금액}}{\text{병당 보장생산비} \times \text{재배병수}}$$

⑤ 병당 보장생산비는 별도 정하는 바에 따른다.

11) 보험금 산출방법 ❾ - 적용 품목 : 새송이버섯(병재배)

① 생산비보장보험금

생산비보장보험금 = 재배병수 × 병당 보장생산비 × 경과비율 × 피해율

② 병당 보장생산비는 별도 정하는 바에 따른다.

③ 경과비율

경과비율 = 일자와 관계없이 91.7%

④ 피해율

피해율 = 피해비율 × 손해정도비율 × (1－미보상비율)
※ 피해비율 = 피해병수 ÷ 재배병수

※ 손해정도에 따른 손해정도비율〈별표6〉

⑤ 단, 위 ①의 경우에도 불구하고 재배병수에 병당 보장생산비를 곱한 값이 보험가입금액보다 큰 경우에는 위에서 계산된 생산비보장보험금을 아래와 같이 다시 계산하여 지급한다.

$$\text{위 ①에서 계산된 생산비보장보험금} \times \frac{\text{보험가입금액}}{\text{병당 보장생산비} \times \text{재배병수}}$$

12) **보험금 산출방법 ⑩ – 적용 품목** : 양송이버섯(균상재배)

① 생산비보장보험금

보장하는 재해로 1사고마다 생산비보장보험금이 10만 원을 초과하는 경우에 그 전액을 보험가입금액 내에서 보상한다.

생산비보장보험금 = 재배면적 × 단위 면적당 보장생산비 × 경과비율 × 피해율

② 단위 면적당 보장생산비는 별도 정하는 바에 따른다.

③ 경과비율

구분	내용
수확기 이전 사고	• 경과비율 = $\alpha + \{(1 - \alpha) \times$ (생장일수 ÷ 표준생장일수)} • 준비기 생산비 계수 = α (75.3%) • 생장일수 = 종균접종일로부터 사고발생일까지 경과일수 • 표준생장일수 : 종균접종일로부터 수확개시일까지 표준적인 생장일수 • 생장일수를 표준생장일수로 나눈 값은 1을 초과 할 수 없음
수확기 중 사고	• 경과비율 = 1 − (수확일수 ÷ 표준수확일수) • 수확일수 = 수확개시일로부터 사고발생일까지 경과일수 • 표준수확일수 = 수확개시일부터 수확종료일까지의 일수

④ 피해율

피해율 = 피해비율 × 손해정도비율 × (1−미보상비율)
※ 피해비율 = 피해면적(m^2) ÷ 재배면적(m^2)

※ 손해정도에 따른 손해정도비율〈별표6〉

⑤ 단, 위 ①의 경우에도 불구하고 재배면적에 단위면적당 보장생산비를 곱한 값이 보험가입금액보다 큰 경우에는 위에서 계산된 생산비보장보험금을 아래와 같이 다시 계산하여 지급

$$\text{위 ①에서 계산된 생산비보장보험금} \times \frac{\text{보험가입금액}}{\text{단위면적당 보장생산비} \times \text{재배면적}}$$

[버섯작물별 표준생장일수]

품목	품종	표준생장일수
표고버섯(톱밥배지재배)	전체	90일
느타리버섯(균상재배)	전체	28일
양송이버섯(균상재배)	전체	30일

V-1 농업수입안정보험 - 1과목

과수(포도, 비가림시설)
논·밭작물(마늘, 양파, 감자(가을재배), 고구마, 양배추, 콩, 옥수수, 보리)

1 보장하는 재해 및 가격하락

가입대상 품목	보장하는 재해 및 가격하락
포도	자연재해, 조수해(鳥獸害), 화재, 가격하락 (비가림시설 화재의 경우, 특약 가입시 보상)
마늘, 양파, 고구마, 양배추, 콩, 옥수수, 보리	자연재해, 조수해(鳥獸害), 화재, 가격하락
감자(가을재배)	자연재해, 조수해(鳥獸害), 화재, 병충해, 가격하락

2 수입감소보장 자기부담비율

① 보험계약 시 계약자가 선택한 비율(20%, 30%, 40%)

② 자기부담금 선택 조건 : 제한 없음

3 가격 조항

기준가격과 수확기 가격은 농림축산식품부의 농업수입안정보험 사업시행지침에 따라 산출한다.

(1) 품목 : 콩

1) 기준가격과 수확기 가격의 산출

① 기준가격과 수확기 가격은 콩의 용도 및 품종에 따라 장류 및 두부용(백태), 밥밑용

(서리태), 밥밑용(흑태 및 기타), 나물용으로 구분하여 산출한다.

② 가격산출을 위한 기초통계와 기초통계 기간은 다음과 같다.

용도	품종	기초통계	기초통계 기간
장류 및 두부용	전체	서울 양곡도매시장의 백태(국산) 가격	수확년도 11월 1일부터 익년 1월 31일까지
밥밑용	서리태	서울 양곡도매시장의 서리태 가격	
	흑태 및 기타	서울 양곡도매시장의 흑태 가격	
나물용	전체	사업 대상 시·군의 지역농협의 평균 수매가격	

③ 기준가격의 산출

구분	내용
장류 및 두부용, 밥밑용	• 보험가입 직전 서울 양곡도매시장의 과거 5년※1 연도별 중품과 상품 평균가격의 올림픽 평균값※2에 과거 5년 농가수취비율※3의 올림픽 평균값을 곱하여 산출한다. 평균가격 산정 시 중품 및 상품 중 어느 하나의 자료가 없는 경우, 있는 자료만을 이용하여 평균가격을 산정한다. 양곡 도매시장의 가격이 존재하지 않는 경우, 전국 지역농협의 평균 수매가격을 활용하여 산출한다. • 연도별 평균가격은 연도별 기초통계 기간의 일별 가격을 평균하여 산출한다.
나물용	• 보험가입 직전 사업 대상 시·군의 지역농협의 과거 5년 연도별 평균 수매가격의 올림픽 평균값으로 산출한다. • 연도별 평균 수매가는 지역농협별 수매량과 수매금액을 각각 합산하고, 수매금액의 합계를 수매량 합계로 나누어 산출한다.

※ 1 : 가입시점 현재 농가수취비율 등이 산출된 경우를 포함하여 과거 5개년 자료

※ 2 : 연도별 평균가격 중 최대값과 최소값을 제외하고 남은 값들의 산술평균

※ 3 : 도매시장 가격에서 유통비용 등을 차감한 농가수취가격이 차지하는 비율로 사전에 결정된 값

④ 수확기 가격의 산출

구분	내용
장류 및 두부용, 밥밑용	• 수확연도의 기초통계기간 동안 서울 양곡도매시장 중품과 상품 평균가격에 과거 5년 농가수취비율의 올림픽 평균값을 곱하여 산출한다. • 양곡 도매시장의 가격이 존재하지 않는 경우, 전국 지역농협의 평균 수매가격을 활용하여 산출한다.
나물용	• 수확연도의 기초통계 기간 동안 사업 대상 시·군 지역농협의 평균 수매가격으로 한다.

⑤ 하나의 농지에 2개 이상 용도(또는 품종)의 콩이 식재된 경우에는 기준가격과 수확기 가격을 해당 용도(또는 품종)의 면적의 비율에 따라 가중 평균하여 산출한다.

(2) 품목 : 양파

1) 기준가격과 수확기 가격의 산출

① 기준가격과 수확기 가격은 보험에 가입한 양파 품종의 숙기에 따라 조생종, 중만생종으로 구분하여 산출한다.

② 가격산출을 위한 기초통계와 기초통계 기간은 아래와 같다.

가격 구분	기초통계	기초통계 기간
조생종	서울시농수산식품공사 가락도매시장 가격	4월 1일부터 5월 10일까지
중만생종		6월 1일부터 7월 10일까지

③ 기준가격의 산출

• 보험가입 직전 서울시농수산식품공사 가락도매시장의 과거 5년 연도별 중품과 상품 평균가격의 올림픽 평균값에 과거 5년 농가수취비율의 올림픽 평균값을 곱하여 산출한다.
• 연도별 평균가격은 연도별 기초통계 기간의 일별 가격을 평균하여 산출한다.

④ 수확기 가격의 산출

수확연도의 가격 구분별 기초통계 기간 동안 서울시농수산식품공사 가락도매시장의 중품과 상품 평균가격에 과거 5년 농가수취비율의 올림픽 평균값을 곱하여 산출한다.

(3) 품목 : 고구마

1) 기준가격과 수확기 가격의 산출

① 기준가격과 수확기 가격은 고구마의 품종에 따라 호박고구마, 밤고구마로 구분하여 산출한다.

② 가격산출을 위한 기초통계와 기초통계 기간은 아래와 같다.

품종	기초통계	기초통계 기간
밤고구마	서울시농수산식품공사 가락도매시장 가격	8월 1일부터 9월 30일까지
호박고구마		

③ 기준가격의 산출

- 보험가입 직전 서울시농수산식품공사 가락도매시장의 과거 5년 연도별 중품과 상품 평균가격의 올림픽 평균값에 과거 5년 농가수취비율의 올림픽 평균값을 곱하여 산출한다.
- 연도별 평균가격은 연도별 기초통계 기간의 일별 가격을 평균하여 산출한다.

④ 수확기 가격의 산출

- 수확연도의 서울농수산식품공사 가락도매시장의 중품과 상품 평균가격에 과거 5년 농가수취비율의 올림픽 평균값을 곱하여 산출한다.
- 하나의 농지에 2개 이상 용도(또는 품종)의 고구마가 식재된 경우 기준가격과 수확기 가격을 해당 용도(또는 품종)의 면적의 비율에 따라 가중평균하여 산출한다.

(4) 품목 : 감자(가을재배)

1) 기준가격과 수확기 가격의 산출

① 기준가격과 수확기 가격은 보험에 가입한 감자(가을재배) 품종 중 대지마를 기준으로 하여 산출한다.

② 가격산출을 위한 기초통계와 기초통계 기간은 아래와 같다.

구분	기초통계	기초통계 기간
대지마	서울시농수산식품공사 가락도매시장 가격	12월 1일부터 1월 31일까지

③ 기준가격의 산출

- 보험가입 직전 서울시농수산식품공사 가락도매시장의 과거 5년 연도별 중품과 상품 평균가격의 올림픽 평균값에 과거 5년 농가수취비율의 올림픽 평균값을 곱하여 산출한다.
- 연도별 평균가격은 연도별 기초통계 기간의 일별 가격을 평균하여 산출한다.

④ 수확기 가격의 산출

수확연도의 서울농수산식품공사 가락도매시장의 중품과 상품 평균가격에 과거 5년 농가수취비율의 올림픽 평균값 곱하여 산출한다.

(5) 품목 : 마늘

1) 기준가격과 수확기 가격의 산출

① 기준가격과 수확기 가격은 보험에 가입한 마늘 품종에 따라 난지형(대서종, 남도종)과 한지형으로 구분하여 산출한다.

② 가격산출을 위한 기초통계와 기초통계 기간은 아래와 같다.

구분		기초통계	기초통계 기간
난지형	대서종	사업 대상 시·군 지역농협의 수매가격 *농협경제지주에 수매정보 등이 존재하는 지역농협	7월 1일부터 8월 31일까지
	남도종		전남지역 : 6월 1일부터 7월 31일까지 제주지역 : 5월 1일부터 6월 30일까지
한지형			7월 1일부터 8월 31일까지

③ 기준가격의 산출

- 기초통계의 과거 5년 연도별 평균 수매가격의 올림픽 평균값으로 산출한다.
- 연도별 평균값은 연도별 기초통계 기간의 일별 가격을 평균하여 산출한다.

④ 수확기 가격의 산출

위 ②에서 정한 기초통계의 수확연도의 평균 수매가격으로 산출한다.

(6) 품목 : 양배추

1) 기준가격과 수확기 가격의 산출

① 기준가격과 수확기 가격은 보험에 가입한 양배추를 기준으로 하여 산출한다.

② 가격산출을 위한 기초통계와 기초통계 기간은 아래와 같다.

가격 구분	기초통계	기초통계 기간
양배추	서울시농수산식품공사 가락도매시장 가격	2월 1일부터 3월 31일까지

③ 기준가격의 산출

> • 서울농수산식품공사 가락도매시장의 과거 5년 연도별 중품과 상품 평균가격의 올림픽 평균값에 과거 5년 농가수취비율의 올림픽 평균값을 곱하여 산출한다.
> • 연도별 평균가격은 연도별 기초통계 기간의 일별 가격을 평균하여 산출한다.

④ 수확기 가격의 산출 : 수확연도의 서울시농수산식품공사 가락도매시장의 중품과 상품 평균가격에 과거 5년 농가수취비율의 올림픽 평균값을 곱하여 산출한다.

(7) **품목** : 포도

1) **기준가격과 수확기 가격의 산출**

① 기준가격과 수확기 가격은 보험에 가입한 포도 품종과 시설재배 여부에 따라 캠벨얼리(시설), 캠벨얼리(노지), 거봉(시설), 거봉(노지), MBA 및 델라웨어, 샤인머스켓(시설), 샤인머스켓(노지)로 구분하여 산출한다.

② 가격산출을 위한 기초통계와 기초통계 기간은 아래와 같다.

가격 구분	기초통계	기초통계 기간
캠벨얼리(시설)	서울시 농수산식품공사 가락도매시장 가격	6월 1일부터 7월 31일까지
캠벨얼리(노지)		9월 1일부터 10월 31일까지
거봉(시설)		6월 1일부터 7월 31일까지
거봉(노지)		9월 1일부터 10월 31일까지
MBA		9월 1일부터 10월 31일까지
델라웨어		5월 21일부터 7월 20일까지
샤인머스켓(시설)		8월 1일부터 8월 31일까지
샤인머스켓(노지)		9월 1일부터 10월 31일까지

③ 기준가격의 산출

> • 서울시농수산식품공사 가락도매시장의 과거 5년 중품과 상품 평균가격의 올림픽 평균값에 과거 5년 농가수취비율의 올림픽 평균값을 곱하여 산출한다.
> • 연도별 평균가격은 연도별 기초통계 기간의 일별 가격을 평균하여 산출한다.

④ 수확기 가격의 산출 : 수확연도의 가격 구분별 기초통계기간 동안 서울시농수산식품공사 가락도매시장 중품과 상품 평균가격에 과거 5년 농가수취비율의 올림픽 평균값을 곱하여 산출한다.

⑤ 위 ②의 가격구분 이외 품종의 가격은 가격 구분에 따라 산출된 가격 중 가장 낮은 가격을 적용한다.

(8) 품목 : 옥수수

1) 기준가격과 수확기 가격의 산출

① 기준가격과 수확기 가격은 보험에 가입한 옥수수를 기준으로 하여 산출한다.

② 가격산출을 위한 기초통계와 기초통계 기간은 아래와 같다.

가격 구분	기초통계 기간
강원도를 제외한 전국	7월 1일 ~ 9월 15일
강원도	7월 1일 ~ 9월 15일

③ 기준가격의 산출

- 보험가입 직전 서울시농수산식품공사 가락도매시장의 과거 5년 연도별 평균가격의 올림픽 평균값에 과거 5년 농가수취비율의 올림픽 평균값을 곱하여 산출한다.
- 연도별 평균가격은 연도별 기초통계 기간의 총거래액을 총출하량으로 나누어 산출한다.

④ 수확기 가격의 산출 : 수확연도의 서울시농수산식품공사 가락도매시장의 평균가격에 과거 5년 농가수취비율의 올림픽 평균값을 곱하여 산출한다.

(9) 품목 : 보리

1) 기준가격과 수확기 가격의 산출

① 기준가격과 수확기 가격은 보험에 가입한 보리 품종에 따라 겉보리, 맥주보리, 쌀보리, 기타로 구분하여 산출한다.

② 가격산출을 위한 기초통계와 기초통계 기간은 아래와 같다.

가격 구분	기초통계	기초통계 기간
겉보리, 맥주보리, 쌀보리	농협경제지주의 회원농협 보리 매입 가격	6월 1일 ~ 7월 31일

③ 기준가격의 산출

- 보험가입 직전 농협경제지주의 회원농협 보리 매입 가격의 과거 5년 연도별 평균가격의 올림픽 평균값으로 산출한다.
- 연도별 평균값은 기초통계 기간 회원 농협의 총 거래액을 총 출하량으로 나누어 산출한다.

④ 수확기가격의 산출 : 수확년도의 가격 구분별 기초통계 기간 동안 농협경제지주의 회원농협 보리 매입 평균가격으로 산출한다.

V-2 농업수입안정보험 - 2과목

과수(포도, 비가림시설)

1 보험금

(1) 농업수입감소보험금

① 보험기간 내에 보장하는 재해로 피해율이 자기부담비율을 초과하는 경우 아래와 같이 계산한 농업수입감소보험금을 지급한다.

농업수입감소보험금 = 보험가입금액 × (피해율 − 자기부담비율)

※ 피해율 = (기준수입 − 실제수입) ÷ 기준수입

② 기준수입은 평년수확량에 농지별 기준가격을 곱하여 산출한다.

③ 실제 수입은 수확기에 조사한 수확량에 미보상감수량을 더한 값 또는 수확량조사를 하지 아니한 경우에는 평년수확량에 농지별 기준가격과 농지별 수확기가격 중 작은 값을 곱하여 산출한다.

④ 계약자 또는 피보험자의 고의 또는 중대한 과실로 수확량조사를 하지 못하여 수확량을 확인할 수 없는 경우에는 농업수입감소보험금을 지급하지 않는다.

⑤ 포도의 경우 착색 불량인 송이는 상품성 저하로 인한 손해로 보아 감수량에 포함되지 않는다.

V-3 농업수입안정보험 - 2과목

논·밭작물(마늘, 양파, 양배추, 감자(가을재배), 고구마, 콩, 옥수수, 보리)

1 보험금

(1) 농업수입감소보험금 산정(옥수수 외 품목)

① 보험기간 내에 보장하는 재해로 피해율이 자기부담비율을 초과하는 경우 아래와 같이 계산한 농업수입감소보험금을 지급한다. 다만, 콩품목은 경작불능보험금 지급대상인 경우 농업수입감소보험금을 지급하지 아니한다.

농업수입감소보험금 = 보험가입금액 × (피해율 − 자기부담비율)
※ 피해율 = (기준수입 − 실제수입) ÷ 기준수입

② 기준수입은 평년수확량에 농지별 기준가격을 곱하여 산출한다.

③ 실제 수입은 수확기에 조사한 수확량에 미보상감수량을 더한 값 또는 수확량조사를 하지 아니한 경우에는 평년수확량에 농지별 기준가격과 농지별 수확기가격 중 작은 값을 곱하여 산출한다.

④ 미보상감수량은 평년수확량에서 수확량을 뺀 값에 미보상비율을 곱하여 산출하며, 평년수확량 보다 수확량이 감소하였으나 보장하는 재해로 인한 감소가 확인되지 않는 경우에는 감소한 수량을 모두 미보상감수량으로 한다.

⑤ 계약자 또는 피보험자의 고의 또는 중대한 과실로 수확량조사를 하지 못하여 수확량을 확인할 수 없는 경우에는 농업수입감소보험금을 지급하지 않는다.

(2) 농업수입감소보험금 산정(옥수수)

① 농업수입감소보험금은 보험가입금액에 피해율에서 자기부담비율을 차감한 비율을 곱하여 산정한다.

농업수입감소보험금 = 보험가입금액 × (피해율 − 자기부담비율)
※ 피해율 = (기준수입 − 실제수입) ÷ 기준수입

② 피해율은 기준수입에서 실제수입을 뺀 값을 기준수입으로 나누어 산출한다.

③ 기준수입은 평년수확량에 농지별 기준가격을 곱하여 산출한다.

※ 기존 옥수수(수확감소보장)의 상품구조상 과거수확량 데이터가 존재하지 않으므로, 2024년도 옥수수(농업수입안정) 가입 농지의 평년수확량은 표준수확량의 100%를 일괄적용 함.

④ 실제수입은 해당 농지의 기준수입과 실제 조사한 농지의 손해액의 차이로 한다.

⑤ 손해액은 기준가격과 수확기가격을 비교하여 아래와 같이 산출한다.

- 기준가격 ≥ 수확기가격

  손해액 = (기준가격 − 수확기가격) × (평년수확량−피해수확량) + 기준가격 × 피해수확량
- 기준가격 〈 수확기가격

  손해액 = 기준가격 × 피해수확량
- 피해수확량은 종합위험 수확감소보장방식 옥수수 품목과 같은 방법으로 산출한다.
- 수확량조사를 실시하지 않아 조사한 피해수확량이 없는 경우 피해수확량은 0으로 한다.
- 계약자 또는 피보험자의 고의 또는 중대한 과실로 수확량조사를 하지 못하여 수확량을 확인할 수 없는 경우에는 농업수입감소보험금을 지급하지 않는다.

제3절 | 계약 관리

1 보험가입기준

(1) **과수 품목** : 사과·배·단감·떫은감(과수4종), 감귤(온주밀감류,만감류), 포도(수입보장 포함), 복숭아, 자두, 살구, 유자, 오미자, 무화과, 오디, 복분자, 대추, 밤, 호두, 매실, 참다래, 두릅, 블루베리

1) **계약인수**

계약인수는 과수원 단위로 가입하고 개별 과수원당 최저 보험가입금액은 200만 원이다. 단, 하나의 리, 동에 있는 각각 보험가입금액 200만 원 미만의 두 개의 과수원은 하나의 과수원으로 취급하여 계약 가능하다. (단, 2개 과수원 초과 구성 가입은 불가하다.)

※ 2개의 과수원(농지)을 합하여 인수한 경우 1개의 과수원(농지)으로 보고 손해평가를 한다.

2) **과수원 구성 방법**

① 과수원이라 함은 한 덩어리의 토지의 개념으로 필지(지번)와는 관계없이 실제 경작하는 단위이므로 한 덩어리 과수원이 여러 필지로 나누어져 있더라도 하나의 농지로 취급한다.

② 계약자 1인이 서로 다른 2개 이상 품목을 가입하고자 할 경우에는 별개의 계약으로 각각 가입·처리하며, 개별 과수원을 가입하고자 하는 경우 동일 증권 내 각각의 목적물로 가입·처리한다.

③ 사과 품목의 경우, 알프스오토메, 루비에스 등 미니사과 품종을 심은 경우에는 별도 과수원으로 가입·처리한다.

④ 감귤(온주밀감류,만감류) 품목의 경우, 계약자 1인이 온주밀감류와 만감류를 가입하고자 하는 경우 각각의 과수원 및 해당 상품으로 가입한다.

⑤ 대추 품목의 경우, 사과대추 가입가능 지역에서 계약자 1인이 재래종과 사과대추를 가입하고자 할 때는 각각의 과수원으로 가입한다.

⑥ 포도, 대추, 참다래의 비가림시설은 단지 단위로 가입(구조체 + 피복재)하고 최소 가입면적은 $200m^2$이다.

⑦ 과수원 전체를 벌목하여 새로운 유목을 심은 경우에는 신규 과수원으로 가입·처리한다.

⑧ 농협은 농협 관할구역에 속한 과수원에 한하여 인수할 수 있으며, 계약자가 동일한 관할구역 내에 여러 개의 과수원을 경작하고 있는 경우에는 하나의 농협에 가입하는 것이 원칙이다.

(2) 논작물 품목 : 벼, 조사료용 벼, 밀, 보리, 귀리

1) **벼, 밀, 보리, 귀리의 경우 계약인수** : 벼, 밀, 보리, 귀리의 경우, 계약인수는 농지 단위로 가입하고 개별 농지당 최저 보험가입금액은 50만 원이다.

> • 단, 각각 가입금액 50만 원 미만의 농지라도 인접 농지의 면적과 합하여 50만 원 이상이 되면 통합하여 하나의 농지로 가입할 수 있다.
> • 벼의 경우 통합하는 농지는 2개까지만 가능하며, 가입 후 농지를 분리할 수 없다.
> • 밀, 보리, 귀리의 경우 같은 동(洞) 또는 리(理)안에 위치한 가입조건 미만의 두 농지는 하나의 농지로 취급하여 위의 요건을 충족할 경우 가입 가능하며, 이 경우 두 농지를 하나의 농지로 본다.

① 가입가능 예시 : '각각' 가입금액 미만 농지 2개를 구성하여 보험가입금액 50만 원 이상으로 설계

목적물 1 가입금액 25만 원 + **목적물 2** 가입금액 25만 원

② 가입불가 예시

• 가입금액 미만 농지 3개 이상을 구성하여 보험가입금액 50만 원 이상으로 설계

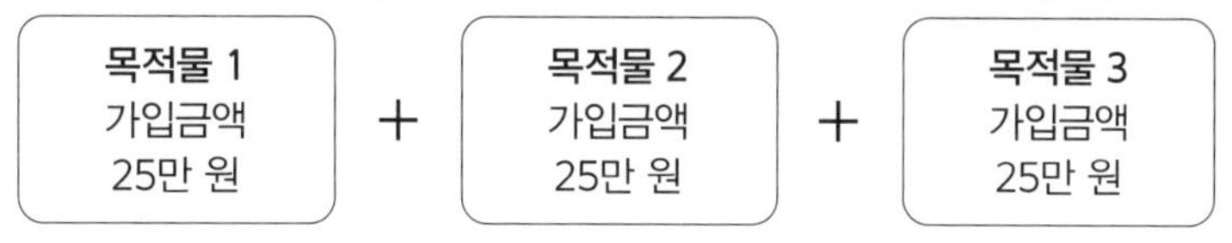

• 가입금액 이상 농지 1개에 가입금액 미만 농지 1개(또는 여러 개)를 구성하여 보험가입금액 50만 원 이상으로 설계

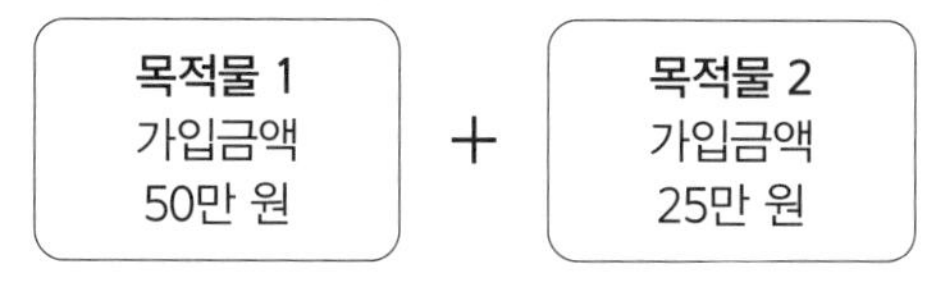

2) **조사료용 벼의 경우**

조사료용 벼의 경우, 농지 단위로 가입하고 개별 농지당 최저 가입 면적은 1,000m^{2}이다.

① 단, 각각 가입면적 1,000m^2 미만의 농지라도 인접 농지의 면적과 합하여 1,000m^2 이상이 되면 통합하여 하나의 농지로 가입할 수 있다.
② 통합하는 농지의 개수 제한은 없으나 가입 후 농지를 분리할 수 없다.

3) 1인 1증권 계약의 체결
① 1인이 경작하는 다수의 농지가 있는 경우, 그 농지의 전체를 하나의 증권으로 보험계약을 체결한다.
② 다만, 읍·면·동을 달리하는 농지를 가입하는 경우와 기타 보험사업 관리기관이 필요하다고 인정하는 경우는 예외로 한다.

4) 농지 구성 방법
① 리(동) 단위로 가입한다.
② 동일 "리(동)"내에 있는 여러 농지를 묶어 하나의 경지번호를 부여한다.
③ 가입하는 농지가 여러 "리(동)"에 있는 경우 각 리(동)마다 각각 경지를 구성하고 보험계약은 여러 경지를 묶어 하나의 계약으로 가입한다.

(3) 밭작물 품목 : 메밀, 콩, 팥, 옥수수, 사료용 옥수수, 파(대파, 쪽파·실파), 당근, 브로콜리, 단호박, 시금치(노지), 무(고랭지, 월동, 가을), 배추(고랭지, 월동, 가을, 봄), 양파, 마늘, 감자, 고구마, 양배추, 고추, 양상추, 수박(노지)

1) 계약인수
① 계약인수는 농지 단위로 가입하고 개별 농지당 최저 보험가입금액은 50만 원이다. 단, 하나의 리, 동에 있는 각각 50만원 미만의 두 개의 농지는 하나의 농지로 취급하여 계약 가능하다. - 메밀
② 계약인수는 농지 단위로 가입하고 개별 농지당 최저 보험가입금액은 100만 원이다. 단, 하나의 리, 동에 있는 각각 100만 원 미만의 두 개의 농지는 하나의 농지로 취급하여 계약 가능하다. - 콩(수입보장 포함), 팥, 옥수수, 파(대파, 쪽파·실파), 당근, 단호박, 시금치(노지), 무(고랭지, 월동), 배추(고랭지, 월동, 가을), 양상추
③ 계약인수는 농지 단위로 가입하고 개별 농지당 최저 보험가입금액은 200만 원이다. 단, 하나의 리, 동에 있는 각각 200만 원 미만의 두 개의 농지는 하나의 농지로 취급하여 계약 가능하다. - 양파(수입보장 포함), 마늘(수입보장 포함), 감자(봄·가을(수입보장 포함)·고랭지), 고구마(수입보장 포함), 양배추(수입보장 포함), 고추, 브로콜리, 수박(노지)

2) **고추의 경우** : 고추의 경우, 위 ③의 조건에 더하여 10a당 재식주수가 1,500주 이상이고 4,000주 이하인 농지만 가입 가능하다.

3) **사료용 옥수수의 경우** : 사료용 옥수수의 경우, 농지 단위로 가입하고 개별 농지당 최저 가입면적은 1,000m²이다.

① 단, 각각 가입면적 1,000m² 미만의 농지라도 인접 농지의 면적과 합하여 1,000m² 이상이 되면 통합하여 하나의 농지로 가입할 수 있다.

② 통합하는 농지는 2개까지만 가능하며 가입 후 농지를 분리할 수 없다.

4) **농지 구성 방법**

① 농지라 함은 한 덩어리의 토지의 개념으로 필지(지번)와는 관계없이 실제 경작하는 단위이므로 한 덩어리 농지가 여러 필지로 나누어져 있더라도 하나의 농지로 취급한다.

② 계약자 1인이 서로 다른 2개 이상 품목을 가입하고자 할 경우에는 별개의 계약으로 각각 가입·처리한다.

③ 농협은 농협 관할구역에 속한 농지에 한하여 인수할 수 있으며, 계약자가 동일한 관할구역 내에 여러 개의 농지를 경작하고 있는 경우에는 하나의 농협에 가입하는 것이 원칙이다.

(4) 차(茶) 품목

1) **계약인수** : 계약인수는 농지 단위로 가입하고 개별 농지당 최저 보험가입면적은 1,000m²이다. 단, 하나의 리, 동에 있는 각각 1,000m² 미만의 두 개의 농지는 하나의 농지로 취급하여 계약 가능하다.

2) **보험가입대상** : 7년생 이상의 차나무에서 익년에 수확하는 햇차이다.

3) **농지 구성 방법**

① 농지라 함은 한 덩어리의 토지의 개념으로 필지(지번)와는 관계없이 실제 경작하는 단위이므로 한 덩어리 농지가 여러 필지로 나누어져 있더라도 하나의 농지로 취급한다.

② 계약자 1인이 서로 다른 2개 이상 품목을 가입하고자 할 경우에는 별개의 계약으로 각각 가입·처리한다.

③ 농협은 농협 관할구역에 속한 농지에 한하여 인수할 수 있으며, 계약자가 동일한 관할구역 내에 여러 개의 농지를 경작하고 있는 경우에는 하나의 농협에 가입하는 것이 원칙이다.

(5) 인삼 품목

1) **계약인수** : 계약인수는 농지 단위로 가입하고 개별 농지당 최저 보험가입금액은 200만 원이다. 단, 하나의 리, 동에 있는 각각 보험가입금액 200만 원 미만의 두 개의 농지는 하나의 농지로 취급하여 계약 가능하다.

2) **농지 구성 방법**

① 농지라 함은 한 덩어리의 토지의 개념으로 필지(지번)와는 관계없이 실제 경작하는 단위이므로 한 덩어리 농지가 여러 필지로 나누어져 있더라도 하나의 농지로 취급한다.

② 계약자 1인이 서로 다른 2개 이상 품목을 가입하고자 할 경우에는 별개의 계약으로 각각 가입·처리한다.

③ 농협은 농협 관할구역에 속한 농지에 한하여 인수할 수 있으며, 계약자가 동일한 관할구역 내에 여러 개의 농지를 경작하고 있는 경우에는 하나의 농협에 가입하는 것이 원칙이다.

(6) 원예시설

1) **시설 1단지 단위로 가입한다(단지 내 인수 제한 목적물은 제외).**

① 단지 내 해당되는 시설작물은 전체를 가입해야 하며 일부 하우스만을 선택적으로 가입할 수 없다.

② 연동하우스 및 유리온실 1동이란 기둥, 중방, 방풍벽, 서까래 등 구조적으로 연속된 일체의 시설을 말한다.

③ 한 단지 내에 단동·연동·유리온실 등이 혼재되어있는 경우 각각 개별단지로 판단한다.

2) **최소 가입면적**

구분	단동하우스	연동하우스	유리(경질판)온실
최소 가입면적	$300m^2$	$300m^2$	제한 없음

※ 단지 면적이 가입기준 미만인 경우 인접한 경지의 단지 면적과 합하여 가입기준 이상이 되는 경우 1단지로 판단할 수 있음

3) 농업용 시설물을 가입해야 부대시설 및 시설작물 가입 가능하다.

※ 단, 유리온실(경량철골조)의 경우 부대시설 및 시설작물만 가입 가능

(7) 버섯

1) 시설 1단지 단위로 가입한다(단지 내 인수 제한 목적물은 제외).

① 단지 내 해당되는 버섯은 전체를 가입해야 하며 일부 하우스만을 선택적으로 가입할 수 없다.

② 연동하우스 및 유리온실 1동이란 기둥, 중방, 방풍벽, 서까래 등 구조적으로 연속된 일체의 시설을 말한다.

③ 한 단지 내에 단동·연동·경량철골조(버섯재배사) 등이 혼재되어있는 경우 각각 개별 단지로 판단한다.

2) 최소 가입면적

구분	버섯단동하우스	버섯연동하우스	경량철골조 (버섯재배사)
최소 가입면적	300m²	300m²	제한 없음

※ 단지 면적이 가입기준 미만인 경우 인접한 경지의 단지 면적과 합하여 가입기준 이상이 되는 경우 1단지로 판단할 수 있음

3) 버섯재배사를 가입해야 부대시설 및 버섯작물 가입 가능하다.

2 인수 심사

(1) 과수 품목(농업수입감소보장 포함) 인수 제한 목적물

1) 공통

① 보험가입금액이 200만 원 미만인 과수원

② 품목이 혼식된 과수원(다만, 주력 품목의 결과주수가 90% 이상인 과수원은 주품목에 한하여 가입 가능)

③ 통상적인 영농활동(병충해방제, 시비관리, 전지·전정, 적과 등)을 하지 않은 과수원

④ 전정, 비배관리 잘못 또는 품종갱신 등의 이유로 수확량이 현저하게 감소할 것이 예상되는 과수원

⑤ 시험연구를 위해 재배되는 과수원

⑥ 하나의 과수원에 식재된 나무 중 일부 나무만 가입하는 과수원 (단, 감귤(만감류,온주밀감류)의 경우 해거리가 예상되는 나무의 경우 제외)

⑦ 하천부지 및 상습 침수지역에 소재한 과수원

⑧ 판매를 목적으로 경작하지 않는 과수원

⑨ 가식(假植)되어 있는 과수원

⑩ 기타 인수가 부적절한 과수원

2) 과수 4종(사과·배·단감·떫은감)

① 가입하는 해의 나무 수령(나이)이 다음 기준 미만인 과수원

구분	내용
사과	밀식재배 3년, 반밀식재배 4년, 일반재배 5년
배	3년
단감·떫은감	5년

※ 수령(나이)은 나무의 나이를 말하며, 묘목이 가입과수원에 식재된 해를 1년으로 한다.

② 노지재배가 아닌 시설에서 재배하는 과수원(단, 일소피해부보장특약을 가입하는 경우 인수 가능)

③ 1) 공통 ②의 예외조건에도 불구 단감·떫은감이 혼식된 과수원(보험가입금액이 200만 원 이상인 단감·떫은감 품목 중 1개를 선택하여 해당 품목만 가입 가능)

④ 시험연구, 체험학습을 위해 재배되는 과수원(단, 200만 원 이상 출하증명 가능한 과수원 제외)

⑤ 가로수 형태의 과수원

⑥ 보험가입 이전에 자연재해 피해 및 접붙임 등으로 당해년도의 정상적인 결실에 영향이 있는 과수원

⑦ 가입사무소 또는 계약자를 달리하여 중복 가입하는 과수원

⑧ 도서 지역의 경우 연륙교가 설치되어 있지 않고 정기선이 운항하지 않는 등 신속한 손해평가가 불가능한 지역에 소재한 과수원

⑨ 도시계획 등에 편입되어 수확 종료 전에 소유권 변동 또는 과수원 형질변경 등이 예정되어 있는 과수원

⑩ 군사시설보호구역 중 통제보호구역내의 과수원(단, 통상적인 영농활동 및 손해평가가 가능하다고 판단되는 농지는 인수 가능)

※ 통제보호구역 : 민간인통제선 이북지역 또는 군사기지 및 군사시설의 최외곽 경계선으로부터 300미터 범위 이내의 지역

3) 포도 (비가림시설 포함)

① 가입하는 해의 나무 수령(나이)이 3년 미만인 과수원

※ 수령(나이)은 나무의 나이를 말하며, 묘목이 가입과수원에 식재된 해를 1년으로 한다.

② 보험가입 직전연도(이전)에 역병 및 궤양병 등의 병해가 발생하여 보험가입 시 전체 나무의 20% 이상이 고사하였거나 정상적인 결실을 하지 못할 것으로 판단되는 과수원

※ 다만, 고사한 나무가 전체의 20% 미만이더라도 고사된 나무를 제거하지 않거나, 방재조치를 하지 않은 경우에는 인수 제한

③ 친환경 재배과수원으로서 일반재배와 결실 차이가 현저히 있다고 판단되는 과수원

④ 비가림 폭이 2.4m ± 15%, 동고가 3m ± 5%의 범위를 벗어나는 비가림시설(과수원의 형태 및 품종에 따라 조정)

4) 복숭아

① 가입하는 해의 나무 수령(나이)이 3년 미만인 과수원

※ 수령(나이)은 나무의 나이를 말하며, 묘목이 가입과수원에 식재된 해를 1년으로 한다.

② 보험가입 직전년도(이전)에 역병 및 궤양병 등의 병해가 발생하여 보험가입 시 전체 나무의 20% 이상이 고사하였거나 정상적인 결실을 하지 못할 것으로 판단되는 과수원

※ 다만, 고사한 나무가 전체의 20% 미만이더라도 고사된 나무를 제거하지 않거나, 방재조치를 하지 않은 경우에는 인수 제한

③ 친환경 재배과수원으로서 일반재배와 결실 차이가 현저히 있다고 판단되는 과수원

5) 자두

① 노지재배가 아닌 시설에서 자두를 재배하는 과수원

② 가입하는 해의 나무 수령(나이)이 6년 미만인 과수원(수확년도 기준 수령이 7년 미만)

※ 수령(나이)은 나무의 나이를 말하며, 묘목이 가입과수원에 식재된 해를 1년으로 한다.

③ 품종이 귀양자두, 서양자두(푸룬, 스텐리 등) 및 플럼코드를 재배하는 과수원

④ 1주당 재배면적이 1제곱미터 미만인 과수원

⑤ 보험가입 이전에 자연재해 등의 피해로 인하여 당해연도의 정상적인 결실에 영향이 있는 과수원

⑥ 가입사무소 또는 계약자를 달리하여 중복 가입하는 과수원

⑦ 도서 지역의 경우 연륙교가 설치되어 있지 않고 정기선이 운항하지 않는 등 신속한 손해평가가 불가능한 지역에 소재한 과수원

⑧ 도시계획 등에 편입되어 수확 종료 전에 소유권 변동 또는 과수원 형질변경 등이 예정되어 있는 과수원

⑨ 군사시설보호구역 중 통제보호구역내의 과수원(단, 통상적인 영농활동 및 손해평가가 가능하다고 판단되는 과수원은 인수 가능)

※ 통제보호구역 : 민간인통제선 이북지역 또는 군사기지 및 군사시설의 최외곽 경계선으로부터 300미터 범위 이내의 지역

6) 살구

① 노지재배가 아닌 시설에서 살구를 재배하는 과수원

② 가입연도 나무수령이 5년 미만인 과수원

※ 수령(나이)은 나무의 나이를 말하며, 묘목이 가입과수원에 식재된 해를 1년으로 한다.

③ 보험가입 이전에 자연재해 등의 피해로 인하여 당해년도의 정상적인 결실에 영향이 있는 과수원

④ 친환경 재배과수원으로서 일반재배와 결실 차이가 현저히 있다고 판단되는 과수원

⑤ 가입사무소 또는 계약자를 달리하여 중복 가입하는 과수원

⑥ 도서 지역의 경우 연륙교가 설치되어 있지 않고 정기선이 운항하지 않는 등 신속한 손해평가가 불가능한 지역에 소재한 과수원

⑦ 도시계획 등에 편입되어 수확 종료 전에 소유권 변동 또는 과수원 형질변경 등이 예정되어 있는 과수원

⑧ 군사시설보호구역 중 통제보호구역내의 과수원(단, 통상적인 영농활동 및 손해평가가 가능하다고 판단되는 과수원은 인수 가능)

※ 통제보호구역 : 민간인통제선 이북지역 또는 군사기지 및 군사시설의 최외곽 경계선으로부터 300미터 범위 이내의 지역

⑨ 개살구, 플럼코트류 품종을 재배하는 과수원

⑩ 관수시설이 없는 과수원

7) 감귤(온주밀감류,만감류)

구분	내용
온주밀감류, 만감류 재식	4년
만감류 고접	2년

① 가입하는 해의 나무 수령(나이)이 다음 기준 미만인 과수원

※ 수령(나이)은 나무의 나이를 말하며, 묘목이 가입과수원에 식재된 해를 1년으로 한다.

② 주요 품종을 제외한 실험용 기타품종을 경작하는 과수원

③ 노지 만감류를 재배하는 과수원

④ 온주밀감과 만감류 혼식 과수원

⑤ 하나의 과수원에 식재된 나무 중 일부 나무만 가입하는 과수원(단, 해걸이가 예상되는 나무의 경우 제외)

⑥ 보험가입 이전에 자연재해 등의 피해로 당해년도의 정상적인 결실에 영향이 있는 과수원

⑦ 가입사무소 또는 계약자를 달리하여 중복 가입하는 과수원

⑧ 도시계획 등에 편입되어 수확 종료 전에 소유권 변동 또는 과수원 형질변경 등이 예정되어 있는 과수원

8) 매실

① 가입하는 해의 나무 수령(나이)이 5년 미만인 과수원

※ 수령(나이)은 나무의 나이를 말하며, 묘목이 가입과수원에 식재된 해를 1년으로 한다.

② 1주당 재배면적이 1제곱미터 미만인 과수원

③ 노지재배가 아닌 시설에서 매실을 재배하는 과수원

④ 보험가입 이전에 자연재해 등의 피해로 인하여 당해년도의 정상적인 결실에 영향이 있는 과수원

⑤ 가입사무소 또는 계약자를 달리하여 중복 가입하는 과수원

⑥ 도서 지역의 경우 연륙교가 설치되어 있지 않고 정기선이 운항하지 않는 등 신속한 손해평가가 불가능한 지역에 소재한 과수원

⑦ 도시계획 등에 편입되어 수확 종료 전에 소유권 변동 또는 과수원 형질변경 등이 예정되어 있는 과수원

⑧ 군사시설보호구역 중 통제보호구역내의 농지(단, 통상적인 영농활동 및 손해평가가 가능하다고 판단되는 농지는 인수 가능)

※ 통제보호구역 : 민간인통제선 이북지역 또는 군사기지 및 군사시설의 최외곽 경계선으로부터 300미터 범위 이내의 지역

9) 유자

① 가입하는 해의 나무 수령(나이)이 4년 미만인 과수원

※ 수령(나이)은 나무의 나이를 말하며, 묘목이 가입과수원에 식재된 해를 1년으로 한다.

② 가입사무소 또는 계약자를 달리하여 중복 가입하는 과수원

③ 도서 지역의 경우 연륙교가 설치되어 있지 않고 정기선이 운항하지 않는 등 신속한 손해평가가 불가능한 지역에 소재한 과수원

④ 도시계획 등에 편입되어 수확 종료 전에 소유권 변동 또는 과수원 형질변경 등이 예정되어 있는 과수원

10) 오미자

① 삭벌 3년차 이상 과수원 또는 삭벌하지 않는 과수원 중 식묘 4년차 이상인 과수원

② 가지가 과도하게 번무하여 수관 폭이 두꺼워져 광부족 현상이 일어날 것으로 예상되는 과수원

③ 유인틀의 상태가 적절치 못하여 수확량이 현저하게 낮을 것으로 예상되는 과수원(유인틀의 붕괴, 매우 낮은 높이의 유인틀)

④ 주간거리가 50cm 이상으로 과도하게 넓은 과수원

11) 오디

① 가입연도 기준 3년 미만(수확연도 기준 수령이 4년 미만)인 뽕나무를 재배하는 과수원

② 흰 오디 계통(터키-D, 백옹왕 등)을 재배하는 과수원

③ 보험가입 이전에 균핵병 등의 병해가 발생하여 과거 보험 가입 시 전체 나무의 20% 이상이 고사하였거나 정상적인 결실을 하지 못할 것으로 예상되는 과수원

④ 적정한 비배관리를 하지 않는 조방재배 과수원

※ 조방재배 : 일정한 토지면적에 대하여 자본과 노력을 적게 들이고 자연력의 작용을 주(主)로 하여 경작하는 방법

⑤ 노지재배가 아닌 시설에서 오디를 재배하는 과수원

⑥ 보험가입 이전에 자연재해 피해 및 접붙임 등으로 당해년도의 정상적인 결실에 영향이 있는 과수원

⑦ 가입사무소 또는 계약자를 달리하여 중복 가입하는 과수원

⑧ 도서 지역의 경우 연륙교가 설치되어 있지 않고 정기선이 운항하지 않는 등 신속한 손해평가가 불가능한 지역에 소재한 과수원

⑨ 도시계획 등에 편입되어 수확 종료 전에 소유권 변동 또는 과수원 형질변경 등이 예정되어 있는 과수원

⑩ 군사시설보호구역 중 통제보호구역내의 농지(단, 통상적인 영농활동 및 손해평가가 가능하다고 판단되는 농지는 인수 가능)

※ 통제보호구역 : 민간인통제선 이북지역 또는 군사기지 및 군사시설의 최외곽 경계선으로부터 300미터 범위 이내의 지역

12) 복분자

① 가입연도 기준, 수령이 1년 이하 또는 11년 이상인 포기로만 구성된 과수원

※ 수령(나이)은 나무의 나이를 말하며, 묘목이 가입과수원에 식재된 해를 1년으로 한다.

② 계약인수 시까지 구결과모지(올해 복분자 과실이 열렸던 가지)의 전정 활동(통상적인 영농활동)을 하지 않은 과수원

③ 시설(비닐하우스, 온실 등)에서 복분자를 재배하는 과수원

④ 조방재배 등 적정한 비배관리를 하지 않는 과수원

※ 조방재배 : 일정한 토지면적에 대하여 자본과 노력을 적게 들이고 자연력의 작용을 주(主)로 하여 경작하는 방법

⑤ 보험가입 이전에 자연재해 등의 피해로 인하여 당해년도의 정상적인 결실에 영향이 있는 과수원

⑥ 가입사무소 또는 계약자를 달리하여 중복 가입하는 과수원

⑦ 도서 지역의 경우 연륙교가 설치되어 있지 않고 정기선이 운항하지 않는 등 신속한 손해평가가 불가능한 지역에 소재한 과수원

⑧ 도시계획 등에 편입되어 수확 종료 전에 소유권 변동 또는 과수원 형질변경 등이 예정되어 있는 과수원

⑨ 군사시설보호구역 중 통제보호구역내의 과수원(단, 통상적인 영농활동 및 손해평가가 가능하다고 판단되는 과수원은 인수 가능)

※ 통제보호구역 : 민간인통제선 이북지역 또는 군사기지 및 군사시설의 최외곽 경계선으로부터 300미터 범위 이내의 지역

⑩ 1주당 재식면적이 0.3m² 이하인 과수원

13) 무화과

① 가입하는 해의 나무 수령(나이)이 4년 미만인 과수원

※ 수령(나이)은 나무의 나이를 말하며, 묘목이 가입과수원에 식재된 해를 1년으로 한다.

※ 나무보장특약의 경우 가입하는 해의 나무 수령이 4년~9년 이내의 무화과 나무만 가입가능하다.

② 관수시설이 미설치된 과수원

③ 시설(비닐하우스, 온실 등)에서 무화과를 재배하는 과수원

④ 보험가입 이전에 자연재해 피해 및 접붙임 등으로 당해년도의 정상적인 결실에 영향이 있는 과수원

⑤ 가입사무소 또는 계약자를 달리하여 중복 가입하는 과수원

⑥ 도시계획 등에 편입되어 수확 종료 전에 소유권 변동 또는 과수원 형질변경 등이 예정되어 있는 과수원

⑦ 1주당 재식면적 1m² 미만인 과수원

14) 참다래(비가림시설 포함)

① 가입하는 해의 나무 수령이 3년 미만인 과수원

※ 수령(나이)은 나무의 나이를 말하며, 묘목이 가입과수원에 식재된 해를 1년으로 한다.

② 수령이 혼식된 과수원(다만, 수령의 구분이 가능하며 동일 수령군이 90% 이상인 경우에 한하여 가입 가능)

③ 보험가입 이전에 역병 및 궤양병 등의 병해가 발생하여 보험 가입 시 전체 나무의 20% 이상이 고사하였거나 정상적인 결실을 하지 못할 것으로 판단되는 과수원(다만, 고사한 나무가 전체의 20% 미만이더라도 고사한 나무를 제거하지 않거나 방재조치를 하지 않은 경우에는 인수를 제한)

④ 가입사무소 또는 계약자를 달리하여 중복 가입하는 과수원

⑤ 도시계획 등에 편입되어 수확 종료 전에 소유권 변동 또는 과수원 형질변경 등이 예정되어 있는 과수원

⑥ 가입면적이 200m² 미만인 참다래 비가림시설
⑦ 참다래 재배 목적으로 사용되지 않는 비가림시설
⑧ 목재 또는 죽재로 시공된 비가림시설
⑨ 구조체, 피복재 등 목적물이 변형되거나 훼손된 비가림시설
⑩ 목적물의 소유권에 대한 확인이 불가능한 비가림시설
⑪ 건축 또는 공사 중인 비가림시설
⑫ 1년 이내에 철거 예정인 고정식 비가림시설
⑬ 정부에서 보험료 일부를 지원하는 다른 계약에 이미 가입되어 있는 비가림시설
⑭ 기타 인수가 부적절한 과수원 또는 비가림시설

15) 대추(비가림시설 포함)

① 가입하는 해의 나무 수령이 4년 미만인 경우
※ 수령(나이)은 나무의 나이를 말하며, 묘목이 가입과수원에 식재된 해를 1년으로 한다.
② 건축 또는 공사 중인 비가림시설
③ 목재, 죽재로 시공된 비가림시설
④ 피복재가 없거나 대추를 재배하고 있지 않은 시설
⑤ 작업동, 창고동 등 대추 재배용으로 사용되지 않는 시설
⑥ 목적물의 소유권에 대한 확인이 불가능한 시설
⑦ 정부에서 보험료의 일부를 지원하는 다른 계약에 이미 가입되어 있는 시설
⑧ 비가림시설 전체가 피복재로 씌여진 시설(일반적인 비닐하우스와 차이가 없는 시설은 원예시설보험으로 가입)
⑨ 보험가입 이전에 자연재해 등의 피해로 당해년도의 정상적인 결실에 영향이 있는 과수원
⑩ 가입사무소 또는 계약자를 달리하여 중복 가입하는 과수원
⑪ 도서 지역의 경우 연륙교가 설치되어 있지 않고 정기선이 운항하지 않는 등 신속한 손해평가가 불가능한 지역에 소재한 과수원
⑫ 도시계획 등에 편입되어 수확 종료 전에 소유권 변동 또는 과수원 형질변경 등이 예정되어 있는 과수원

16) 밤

① 가입하는 해의 나무 수령(나이)이 5년 미만인 과수원

※ 수령(나이)은 나무의 나이를 말하며, 묘목이 가입과수원에 식재된 해를 1년으로 한다.
② 보험가입 이전에 자연재해 등의 피해 인하여 당해년도의 정상적인 결실에 영향이 있는 과수원
③ 가입사무소 또는 계약자를 달리하여 중복 가입하는 과수원
④ 도서 지역의 경우 연륙교가 설치되어 있지 않고 정기선이 운항하지 않는 등 신속한 손해평가가 불가능한 지역에 소재한 과수원
⑤ 도시계획 등에 편입되어 수확 종료 전에 소유권 변동 또는 과수원 형질변경 등이 예정되어 있는 과수원

17) 호두
① 통상의 영농방법에 의해 노지에서 청피호두를 재배하지 않는 과수원
② 가입하는 해의 나무 수령(나이)이 8년 미만인 과수원
※ 수령(나이)은 나무의 나이를 말하며, 묘목이 가입과수원에 식재된 해를 1년으로 한다.
③ 보험가입 이전에 자연재해 등의 피해로 인하여 당해년도의 정상적인 결실에 영향이 있는 과수원
④ 가입사무소 또는 계약자를 달리하여 중복 가입하는 과수원
⑤ 도서 지역의 경우 연륙교가 설치되어 있지 않고 정기선이 운항하지 않는 등 신속한 손해평가가 불가능한 지역에 소재한 과수원
⑥ 도시계획 등에 편입되어 수확 종료 전에 소유권 변동 또는 과수원 형질변경 등이 예정되어 있는 과수원
⑦ 군사시설보호구역 중 통제보호구역내의 과수원(단, 통상적인 영농활동 및 손해평가가 가능하다고 판단되는 과수원은 인수 가능)
※ 통제보호구역 : 민간인통제선 이북지역 또는 군사기지 및 군사시설의 최외곽 경계선으로부터 300미터 범위 이내의 지역
⑧ 시설(비닐하우스, 온실 등)에서 재배하는 과수원

18) 두릅
① 가입하는 해의 나무 수령이 2년 미만인 경우 (단, 1년생 나무의 경우 가입연도 봄에 식재한 경우에만 가입 가능하며 이후 식재한 경우 가입 불가)
※ 수령(나이)이라 함은 재식나이를 말하며 묘목이 가입 과수원에 식재된 해를 1년으로 함

② 1주당 재배면적이 3.3m² 초과인 과수원

③ 시설(비닐하우스, 온실 등)재배 과수원

④ 보험가입 이전에 자연재해 등의 피해로 인하여 당해연도의 정상적인 결실에 영향이 있는 과수원

⑤ 가입사무소 또는 계약자를 달리하여 중복 가입하는 과수원

⑥ 도서지역의 경우, 연륙교가 설치되어 있지 않고 정기선이 운항하지 않는 등 신속한 손해평가가 불가능한 지역에 소재한 과수원

⑦ 도시계획 등에 편입되어 수확종료 전에 소유권 변동 또는 과수원 형질변경 등이 예정되어 있는 과수원

⑧ 군사시설보호구역 중 통제보호구역 내의 과수원 (단, 통상적인 영농활동 및 손해평가가 가능하다고 판단되는 과수원은 인수 가능)

※ 통제보호구역 : 민간인통제선 이북 지역 또는 군사기지 및 군사시설의 최외곽 경계선으로부터 300미터 범위 이내의 지역

19) 블루베리

① 가입시점 기준 나무 수령이 2년 미만인 블루베리 나무로만 구성된 과수원

※ 수령(나이)이라 함은 재식나이를 말하며 묘목이 가입 과수원에 식재된 해를 1년으로 함

② 시설(비닐하우스, 온실 등)에서 블루베리를 재배하는 과수원

③ 관수시설 미설치 과수원(물호스는 관수시설 인정 제외)

④ 방조망 미설치 과수원

⑤ 1,000m² 당 100주 미만인 과수원, 1,000m² 당 1200주 초과인 과수원

⑥ 보험가입 이전에 자연재해 등의 피해로 인하여 당해연도의 정상적인 결실에 영향이 있는 과수원

⑦ 가입사무소 또는 계약자를 달리하여 중복 가입하는 과수원

⑧ 도서지역의 경우, 연륙교가 설치되어 있지 않고 정기선이 운항하지 않는 등 신속한 손해평가가 불가능한 지역에 소재한 과수원

⑨ 도시계획 등에 편입되어 수확종료 전에 소유권 변동 또는 과수원 형질변경 등이 예정되어 있는 과수원

⑩ 군사시설보호구역 중 통제보호구역 내의 과수원 (단, 통상적인 영농활동 및 손해평가가 가능하다고 판단되는 과수원은 인수 가능)

※ 통제보호구역 : 민간인통제선 이북 지역 또는 군사기지 및 군사시설의 최외곽 경계선으로부터 300미터 범위 이내의 지역

(2) 논작물 품목 인수 제한 목적물

1) 공통

① 보험가입금액이 50만 원 미만인 농지(조사료용 벼는 제외)

② 하천부지에 소재한 농지

③ 최근 3년 연속 침수피해를 입은 농지. 다만, 호우주의보 및 호우경보 등 기상특보에 해당되는 재해로 피해를 입은 경우는 제외함

④ 오염 및 훼손 등의 피해를 입어 복구가 완전히 이루어지지 않은 농지

⑤ 보험가입 전 농작물의 피해가 확인된 농지

⑥ 통상적인 재배 및 영농활동을 하지 않는다고 판단되는 농지

⑦ 보험목적물을 수확하여 판매를 목적으로 경작하지 않는 농지(채종농지 등)

⑧ 농업용지가 다른 용도로 전용되어 수용 예정 농지로 결정된 농지

⑨ 전환지(개간, 복토 등을 통해 논으로 변경한 농지), 휴경지 등 농지로 변경하여 경작한지 3년 이내인 농지

⑩ 최근 5년 이내에 간척된 농지

⑪ 도서 지역의 경우 연륙교가 설치되어 있지 않고 정기선이 운항하지 않는 등 신속한 손해평가가 불가능한 지역에 소재한 농지

※ 단, 벼·조사료용 벼 품목의 경우 연륙교가 설치되어 있거나, 농작물재해보험 위탁계약을 체결한 지역 농·축협 또는 품목농협(지소포함)이 소재하고 있고 손해평가인 구성이 가능한 지역은 보험 가입 가능

⑫ 기타 인수가 부적절한 농지

2) 벼

① 밭벼를 재배하는 농지

② 군사시설보호구역 중 통제보호구역내의 농지(단, 통상적인 영농활동 및 손해평가가 가능하다고 판단되는 농지는 인수 가능)

※ 통제보호구역 : 민간인통제선 이북지역 또는 군사기지 및 군사시설의 최외곽 경계선으로부터 300미터 범위 이내의 지역

3) 조사료용 벼

① 가입면적이 1,000m^2 미만인 농지

② 밭벼를 재배하는 농지

③ 광역시·도를 달리하는 농지(단, 본부 승인심사를 통해 인수 가능)

④ 군사시설보호구역 중 통제보호구역내의 농지(단, 통상적인 영농활동 및 손해평가가 가능하다고 판단되는 농지는 인수 가능)

※ 통제보호구역 : 민간인통제선 이북지역 또는 군사기지 및 군사시설의 최외곽 경계선으로부터 300미터 범위 이내의 지역

4) 밀

① 파종을 11월 20일 이후에 실시한 농지

② 춘파재배 방식에 의한 봄파종을 실시한 농지

③ 출현율 80% 미만인 농지

④ 다른 작물과 혼식되어 있는 농지(단, 밀 식재면적이 농지의 90% 이상인 경우 인수 가능)

5) 보리

① 파종을 11월 20일 이후에 실시한 농지

② 춘파재배 방식에 의한 봄파종을 실시한 농지

③ 출현율 80% 미만인 농지

④ 시설(비닐하우스, 온실 등)에서 재배하는 농지

⑤ 10a당 재식주수가 30,000주/10a(=30,000주/1,000m^2) 미만인 농지

6) 귀리

① 파종을 11월 20일 이후에 실시한 농지

② 춘파재배 방식에 의한 봄파종을 실시한 농지

③ 출현율 80% 미만인 농지

④ 겉귀리 전 품종

⑤ 다른 작물과 혼식되어 있는 농지(단, 귀리 식재면적이 농지의 90% 이상인 경우 인수 가능)

⑥ 시설(비닐하우스, 온실 등)에서 재배하는 농지

(3) 밭작물(수확감소 · 수입감소보장) 품목 인수 제한 목적물

1) **공통 :** 마늘, 양파, 감자(봄재배, 가을재배, 고랭지재배), 고구마, 양배추, 옥수수, 사료용옥수수, 콩, 팥

① 보험가입금액이 200만 원 미만인 농지(사료용 옥수수는 제외)

※ 단, 옥수수 · 콩 · 팥은 100만 원 미만인 농지

② 통상적인 재배 및 영농활동을 하지 않는 농지

③ 다른 작물과 혼식되어 있는 농지

④ 시설재배 농지

⑤ 하천부지 및 상습 침수지역에 소재한 농지

⑥ 판매를 목적으로 경작하지 않는 농지

⑦ 도서지역의 경우 연륙교가 설치되어 있지 않고 정기선이 운항하지 않는 등 신속한 손해평가가 불가능한 지역에 소재한 농지

※ 단, 감자(가을재배)·감자(고랭지재배)·콩 품목의 경우 연륙교가 설치되어 있거나, 농작물재해보험 위탁계약을 체결한 지역 농·축협 또는 품목농협(지소포함)이 소재하고 있고 손해평가인 구성이 가능한 지역은 보험 가입 가능

※ 감자(봄재배) 품목은 미해당

⑧ 군사시설보호구역 중 통제보호구역내의 농지(단, 통상적인 영농활동 및 손해평가가 가능하다고 판단되는 농지는 인수가능)

※ 통제보호구역 : 민간인통제선 이북지역 또는 군사기지 및 군사시설의 최외곽 경계선으로부터 300미터 범위 이내의 지역

※ 감자(봄재배), 감자(가을재배) 품목은 미해당

⑨ 기타 인수가 부적절한 농지

2) **마늘**

① 난지형의 경우 남도 및 대서 품종, 한지형의 경우는 의성 품종, 홍산 품종이 아닌 마늘

구분	품종
난지형	남도
	대서
한지형	의성
홍산	

② 난지형은 8월 31일, 한지형은 10월 10일 이전 파종한 농지

③ 재식밀도가 30,000주/10a 미만인 농지(=30,000주/1,000m²)

④ 마늘 파종 후 익년 4월 15일 이전에 수확하는 농지

⑤ 액상멀칭 또는 무멀칭농지

⑥ 코끼리 마늘, 주아재배 마늘

※ 단, 주아재배의 경우 2년차 이상부터 가입가능

⑦ 시설재배 농지, 자가채종 농지

3) 양파

① 극조생종, 조생종, 중만생종을 혼식한 농지

② 재식밀도가 23,000주/10a 미만, 40,000주/10a 초과인 농지

③ 9월 30일 이전 정식한 농지

④ 양파 식물체가 똑바로 정식되지 않은 농지(70° 이하로 정식된 농지)

⑤ 부적절한 품종을 재배하는 농지

예 고랭지 봄파종 재배 적응 품종 → 게투린, 고떼이황, 고랭지 여름, 덴신, 마운틴1호, 스프링골드, 사포로기, 울프, 장생대고, 장일황, 하루히구마 등)

⑥ 무멀칭농지

⑦ 시설재배 농지

4) 감자(봄재배)

① 2년 이상 자가 채종 재배한 농지

② 씨감자 수확을 목적으로 재배하는 농지

③ 파종을 3월 1일 이전에 실시 농지

④ 출현율이 80% 미만인 농지(보험가입 당시 출현 후 고사된 싹은 출현이 안 된 것으로 판단)

⑤ 재식밀도가 4,000주/10a 미만인 농지

⑥ 전작으로 유채를 재배한 농지

5) 감자(가을재배)

① 가을재배에 부적합 품종(수미, 남작, 조풍, 신남작, 세풍 등)이 파종된 농지

② 2년 이상 갱신하지 않는 씨감자를 파종한 농지

③ 씨감자 수확을 목적으로 재배하는 농지
④ 재식밀도가 4,000주/10a 미만인 농지
⑤ 전작으로 유채를 재배한 농지
⑥ 출현율이 80% 미만인 농지(보험가입 당시 출현 후 고사된 싹은 출현이 안 된 것으로 판단함)
⑦ 목장 용지

6) 감자(고랭지재배)
① 재배 용도가 다른 것을 혼식 재배하는 농지
② 파종을 4월 10일 이전에 실시한 농지
③ 출현율이 80% 미만인 농지(보험가입 당시 출현 후 고사된 싹은 출현이 안 된 것으로 판단)
④ 재식밀도가 3,500주/10a 미만인 농지

7) 고구마
① '수' 품종 재배 농지
② 채소, 나물용 목적으로 재배하는 농지
③ 재식밀도가 4,000주/10a 미만인 농지
④ 무멀칭농지
⑤ 도시계획 등에 편입되어 수확 종료 전에 소유권 변동 또는 농지 형질변경 등이 예정되어 있는 농지

8) 양배추
① 관수시설 미설치 농지(물호스는 관수시설 인정 제외)
② 9월 30일을 초과하여 정식한 농지(단, 재정식은 10월 15일 이내 정식)
③ 재식밀도가 평당 8구 미만인 농지
④ 소구형 양배추(방울양배추 등), 적채 양배추를 재배하는 농지
⑤ 목초지, 목야지 등 지목이 목인 농지
⑥ 시설(비닐하우스, 온실 등)에서 양배추를 재배하는 농지

9) 옥수수
① 보험가입금액이 100만 원 미만인 농지
② 자가 채종을 이용해 재배하는 농지

③ 1주 1개로 수확하지 않는 농지

④ 통상적인 재식 간격의 범위를 벗어나 재배하는 농지

구분	내용
1주 재배	1,000m²당 정식주수가 3,500주 미만 5,000주 초과인 농지(단, 전남·전북·광주·제주는 1,000m²당 정식주수가 3,000주 미만 5,000주 초과인 농지)
2주 재배	1,000m²당 정식주수가 4,000주 미만 6,000주 초과인 농지

⑤ 3월 1일 이전 파종한 농지

⑥ 출현율이 80% 미만인 농지(보험가입 당시 출현 후 고사된 싹은 출현이 안 된 것으로 판단함)

⑦ 도시계획 등에 편입되어 수확 종료 전에 소유권 변동 또는 농지 형질변경 등이 예정되어 있는 농지

10) 사료용 옥수수

① 보험가입면적이 1,000m² 미만인 농지

② 자가 채종을 이용해 재배하는 농지

③ 3월 1일 이전 파종한 농지

④ 출현율이 80% 미만인 농지(보험가입 당시 출현 후 고사된 싹은 출현이 안 된 것으로 판단)

⑤ 도시계획 등에 편입되어 수확 종료 전에 소유권 변동 또는 농지 형질변경 등이 예정되어 있는 농지

11) 콩

① 보험가입금액이 100만 원 미만인 농지

② 장류 및 두부용, 나물용, 밥밑용 콩 이외의 콩이 식재된 농지

③ 출현율이 80% 미만인 농지(보험가입 당시 출현 후 고사된 싹은 출현이 안 된 것으로 판단)

④ 적정 출현 개체수 미만인 농지(10개체/m²), 제주지역 재배방식이 산파인 경우 15개체/m²

⑤ 담배, 옥수수, 브로콜리 등 후작으로 인수 시점 기준으로 타 작물과 혼식되어 있는 경우

⑥ 논두렁에 재배하는 경우
⑦ 시험연구를 위해 재배하는 경우
⑧ 다른 작물과 간작 또는 혼작으로 다른 농작물이 재배 주체가 된 경우의 농지
⑨ 도시계획 등에 편입되어 수확 종료 전에 소유권 변동 또는 농지 형질변경 등이 예정되어 있는 농지
⑩ 시설재배 농지

12) 팥

① 보험가입금액이 100만 원 미만인 농지
② 6월 1일 이전에 정식(파종)한 농지
③ 출현율이 80% 미만인 농지(보험가입 당시 출현 후 고사된 싹은 출현이 안 된 것으로 판단)
④ 시설(비닐하우스, 온실 등)에서 재배하는 농지

13) 수박

① 5월 31일을 초과하여 정식한 농지
② 소과(미니애플수박 등)를 경작하는 농지
③ 보험계약 시 피해가 확인된 농지
④ 시험연구를 위해 재배되는 농지
⑤ 오염 및 훼손 등의 피해를 입어 복구가 완전히 이루어지지 않은 농지

(4) 차(茶) 품목 인수 제한 목적물

① 보험가입면적이 1,000m^2 미만인 농지
② 가입하는 해의 나무 수령이 7년 미만인 차나무
※ 수령(나이)은 나무의 나이를 말하며, 묘목이 가입농지에 식재된 해를 1년으로 한다.
③ 깊은 전지로 인해 차나무의 높이가 지면으로부터 30cm 이하인 경우 가입면적에서 제외
④ 통상적인 영농활동을 하지 않는 농지
⑤ 말차 재배를 목적으로 하는 농지
⑥ 보험계약 시 피해가 확인된 농지
⑦ 시설(비닐하우스, 온실 등)에서 촉성재배 하는 농지
⑧ 판매를 목적으로 경작하지 않는 농지

⑨ 다른 작물과 혼식되어 있는 농지

⑩ 하천부지, 상습침수 지역에 소재한 농지

⑪ 군사시설보호구역 중 통제보호구역내의 농지(단, 통상적인 영농활동 및 손해평가가 가능하다고 판단되는 농지는 인수 가능)

※ 통제보호구역 : 민간인통제선 이북지역 또는 군사기지 및 군사시설의 최외곽 경계선으로부터 300미터 범위 이내의 지역

⑫ 기타 인수가 부적절한 농지

(5) 인삼 품목 (해가림시설 포함) 인수 제한 목적물

1) 인삼 작물

① 보험가입금액이 200만 원 미만인 농지

② 2년근 미만 또는 6년근 이상 인삼

※ 단, 직전년도 인삼1형 상품에 5년근으로 가입한 농지에 한하여 6년근 가입 가능

③ 산양삼(장뇌삼), 묘삼, 수경재배 인삼

④ 식재년도 기준 과거 10년 이내(논은 6년 이내)에 인삼을 재배했던 농지(단, 채굴 후 8년 이상 경과되고 올해 성토(60cm이상)된 농지의 경우 인수 가능)

⑤ 두둑 높이가 15cm 미만인 농지

⑥ 보험가입 이전에 피해가 이미 발생한 농지

※ 단, 자기부담비율 미만의 피해가 발생한 경우이거나 피해 발생 부분을 수확한 경우에는 농지의 남은 부분에 한해 인수 가능

⑦ 통상적인 재배 및 영농활동을 하지 않는다고 판단되는 농지

⑧ 하천부지, 상습침수 지역에 소재한 농지

⑨ 판매를 목적으로 경작하지 않는 농지

⑩ 군사시설보호구역 중 통제보호구역내의 농지(단, 통상적인 영농활동 및 손해평가가 가능하다고 판단되는 농지는 인수 가능)

※ 통제보호구역 : 민간인통제선 이북지역 또는 군사기지 및 군사시설의 최외곽 경계선으로부터 300미터 범위 이내의 지역

⑪ 연륙교가 설치되어 있지 않고 정기선이 운항하지 않는 등 신속한 손해평가가 불가능한 도서 지역 농지

⑫ 기타 인수가 부적절한 농지

2) 해가림시설

① 농림축산식품부가 고시하는 내재해형 인삼재배시설 규격에 맞지 않는 시설
② 목적물의 소유권에 대한 확인이 불가능한 시설
③ 보험가입 당시 공사 중인 시설
④ 정부에서 보험료의 일부를 지원하는 다른 보험계약에 이미 가입되어 있는 시설
⑤ 통상적인 재배 및 영농활동을 하지 않는다고 판단되는 시설
⑥ 하천부지, 상습침수 지역에 소재한 시설
⑦ 판매를 목적으로 경작하지 않는 시설
⑧ 군사시설보호구역 중 통제보호구역내의 시설
※ 통제보호구역 : 민간인통제선 이북지역 또는 군사기지 및 군사시설의 최외곽 경계선으로부터 300미터 범위 이내의 지역
⑨ 연륙교가 설치되어 있지 않고 정기선이 운항하지 않는 등 신속한 손해평가가 불가능한 도서 지역 시설
⑩ 기타 인수가 부적절한 시설

(6) 밭작물(생산비보장) 품목 인수 제한 목적물

1) 공통

① 보험계약 시 피해가 확인된 농지
② 여러 품목이 혼식된 농지(다른 작물과 혼식되어 있는 농지)
③ 하천부지, 상습침수 지역에 소재한 농지
④ 통상적인 재배 및 영농활동을 하지 않는 농지
⑤ 시설재배 농지
⑥ 판매를 목적으로 경작하지 않는 농지
⑦ 도서 지역의 경우 연륙교가 설치되어 있지 않고 정기선이 운항하지 않는 등 신속한 손해평가가 불가능한 지역에 소재한 농지
⑧ 군사시설보호구역 중 통제보호구역내의 농지(단, 통상적인 영농활동 및 손해평가가 가능하다고 판단되는 농지는 인수 가능)
※ 통제보호구역 : 민간인통제선 이북지역 또는 군사기지 및 군사시설의 최외곽 경계선으로부터 300미터 범위 이내의 지역
※ 대파, 쪽파(실파) 품목은 미해당

⑨ 기타 인수가 부적절한 농지

2) 고추

① 보험가입금액이 200만원 미만인 농지
② 재식밀도가 조밀(1,000m²당 4,000주 초과) 또는 넓은(1,000m²당 1,500주 미만) 농지
③ 노지재배, 터널재배 이외의 재배작형으로 재배하는 농지
④ 비닐멀칭이 되어 있지 않은 농지
⑤ 직파한 농지
⑥ 4월 1일 이전과 5월 31일 이후에 고추를 식재한 농지
⑦ 동일 농지 내 재배 방법이 동일하지 않은 농지(단, 보장생산비가 낮은 재배 방법으로 가입하는 경우 인수 가능)
⑧ 동일 농지 내 재식 일자가 동일하지 않은 농지(단, 농지 전체의 정식이 완료된 날짜로 가입하는 경우 인수 가능)
⑨ 고추 정식 6개월 이내에 인삼을 재배한 농지
⑩ 풋고추 형태로 판매하기 위해 재배하는 농지

3) 브로콜리

① 보험가입금액이 200만 원 미만인 농지
② 정식을 하지 않았거나, 정식을 9월 30일을 초과하여 실시한 농지
③ 목초지, 목야지 등 지목이 목인 농지

4) 메밀

① 보험가입금액이 50만 원 미만인 농지
② 춘파재배 방식에 의한 봄 파종을 실시한 농지
③ 9월 15일을 초과하여 파종을 실시 또는 할 예정인 농지
④ 오염 및 훼손 등의 피해를 입어 복구가 완전히 이루어지지 않은 농지
⑤ 최근 5년 이내에 간척된 농지
⑥ 전환지(개간, 복토 등을 통해 논으로 변경한 농지), 휴경지 등 농지로 변경하여 경작한 지 3년 이내인 농지
⑦ 최근 3년 연속 침수피해를 입은 농지(다만, 호우주의보 및 호우경보 등 기상특보에 해당되는 재해로 피해를 입은 경우는 제외함)
⑧ 목초지, 목야지 등 지목이 목인 농지

5) 단호박

① 보험가입금액이 100만 원 미만인 농지

② 5월 29일을 초과하여 정식한 농지

③ 미니 단호박을 재배하는 농지

6) 당근

① 보험가입금액이 100만 원 미만인 농지

② 미니당근 재배 농지 - 대상 품종 : 베이비당근, 미농, 파맥스, 미니당근 등

③ 출현율이 50% 미만인 농지(보험가입 당시 출현 후 고사된 싹은 출현이 안된 것으로 판단)

④ 8월 31일을 지나 파종을 실시하였거나 또는 할 예정인 농지

⑤ 목초지, 목야지 등 지목이 목인 농지

7) 시금치(노지)

① 보험가입금액이 100만 원 미만인 농지

② 10월 31일을 지나 파종을 실시하였거나 또는 할 예정인 농지

③ 다른 광역시·도에 소재하는 농지(단, 인접한 광역시·도에 소재하는 농지로서 보험사고 시 지역 농·축협의 통상적인 손해조사가 가능한 농지는 본부의 승인을 받아 인수 가능)

④ 최근 3년 연속 침수피해를 입은 농지

⑤ 오염 및 훼손 등의 피해를 입어 복구가 완전히 이루어지지 않은 농지

⑥ 최근 5년 이내에 간척된 농지

⑦ 농업용지가 다른 용도로 전용되어 수용예정농지로 결정된 농지

⑧ 전환지(개간, 복토 등을 통해 논으로 변경한 농지), 휴경지 등 농지로 변경하여 경작한 지 3년 이내인 농지

8) 고랭지 배추, 가을배추, 월동 배추, 봄배추

① 보험가입금액이 100만 원 미만인 농지

② 정식을 9월 25일(월동배추), 9월 10일(가을배추), 4월 20일(봄배추)을 초과하여 실시한 농지

③ 다른 품종 및 품목을 정식한 농지

④ 다른 광역시·도에 소재하는 농지(단, 인접한 광역시·도에 소재하는 농지로서 보험사

고 시 지역 농·축협의 통상적인 손해조사가 가능한 농지는 본부의 승인을 받아 인수 가능)

⑤ 최근 3년 연속 침수피해를 입은 농지. 다만, 호우주의보 및 호우경보 등 기상특보에 해당되는 재해로 피해를 입은 경우는 제외함

⑥ 오염 및 훼손 등의 피해를 입어 복구가 완전히 이루어지지 않은 농지

⑦ 최근 5년 이내에 간척된 농지

⑧ 농업용지가 다른 용도로 전용되어 수용 예정 농지로 결정된 농지

⑨ 전환지(개간, 복토 등을 통해 논으로 변경한 농지), 휴경지 등 농지로 변경하여 경작한 지 3년 이내인 농지

9) 고랭지 무

① 보험가입금액이 100만 원 미만인 농지

② 판매개시연도 7월 31일을 초과하여 파종한 농지

③ '고랭지여름재배' 작형에 해당하지 않는 농지 또는 고랭지무에 해당하지 않는 품종
예 알타리무, 월동무 등

④ 출현율이 80% 미만인 농지(보험가입 당시 출현 후 고사된 싹은 출현이 안된 것으로 판단)

10) 월동 무

① 보험가입금액이 100만 원 미만인 농지

② 10월 15일을 초과하여 무를 파종한 농지

③ 출현율이 80% 미만인 농지(보험가입 당시 출현 후 고사된 싹은 출현이 안된 것으로 판단)

④ '월동재배' 작형에 해당하지 않는 농지 또는 월동무에 해당하지 않는 품종
예 알타리무, 단무지무 등

⑤ 가을무에 해당하는 품종 또는 가을무로 수확할 목적으로 재배하는 농지

⑥ 오염 및 훼손 등의 피해를 입어 복구가 완전히 이루어지지 않은 농지

⑦ 목초지, 목야지 등 지목이 목인 농지

11) 가을 무

① 보험가입금액이 100만 원 미만인 농지

② 9월 15일을 초과하여 무를 파종한 농지

③ '가을재배' 작형에 해당하지 않는 농지 또는 가을무에 해당하지 않는 품종

예 월동무, 고랭지무 등

④ 가을무 출현율이 80% 미만인 농지(보험가입 당시 출현 후 고사된 싹은 출현이 안된 것으로 판단)

12) 대파

① 보험가입금액이 100만 원 미만인 농지

② 6월 15일을 초과하여 정식한 농지

③ 재식밀도가 15,000주/10a 미만인 농지

13) 쪽파, 실파

① 보험가입금액이 100만 원 미만인 농지

② 종구용(씨쪽파)으로 재배하는 농지

③ 상품 유형별 파종기간을 초과하여 파종한 농지

14) 양상추

① 보험가입금액이 100만 원 미만인 농지

② 판매개시연도 8월 31일을 초과하여 정식한 농지(단, 재정식은 판매개시연도 9월 10일 이내 정식)

③ 시설(비닐하우스, 온실 등)에서 재배하는 농지

(7) 원예시설·버섯 품목 인수 제한 목적물

1) 농업용 시설물·버섯재배사 및 부대시설

① 판매를 목적으로 작물을 경작하지 않는 시설

② 작업동, 창고동 등 작물 경작용으로 사용되지 않는 시설

※ 농업용 시설물 한 동 면적의 80% 이상을 작물 재배용으로 사용하는 경우 가입 가능

※ 원예시설(버섯재배사 제외)의 경우, 연중 8개월 이상 육묘를 키우는 육묘장의 경우 하우스만 가입 가능

③ 피복재가 없거나 작물을 재배하고 있지 않은 시설

※ 다만, 지역적 기후 특성에 따른 한시적 휴경은 제외

④ 목재, 죽재로 시공된 시설

⑤ 비가림시설

⑥ 구조체, 피복재 등 목적물이 변형되거나 훼손된 시설
⑦ 목적물의 소유권에 대한 확인이 불가능한 시설
⑧ 건축 또는 공사 중인 시설
⑨ 1년 이내에 철거 예정인 고정식 시설
⑩ 하천부지에 소재한 시설
※ 다만, 수재위험 부보장특약에 가입하여 풍재만은 보장 가능
⑪ 연륙교가 설치되어 있지 않고 정기선이 운항하지 않는 등 신속한 손해평가가 불가능한 도서 지역 시설
⑫ 정부에서 보험료의 일부를 지원하는 다른 계약에 이미 가입되어 있는 시설
⑬ 기타 인수가 부적절한 하우스 및 부대시설

2) 시설작물

① 작물의 재배면적이 시설 면적의 50% 미만인 경우
※ 다만, 백합·카네이션의 경우 하우스 면적의 50% 미만이라도 동당 작기별 200m² 이상 재배 시 가입 가능
② 분화류의 국화, 장미, 백합, 카네이션을 재배하는 경우
③ 판매를 목적으로 재배하지 않는 시설작물
④ 한 시설에서 화훼류와 비화훼류를 혼식 재배 중이거나, 또는 재배 예정인 경우
⑤ 통상적인 재배시기, 재배품목, 재배방식이 아닌 경우
※ 예 : 여름재배 토마토가 불가능한 지역에서 여름재배 토마토를 가입하는 경우, 파프리카 토경재배가 불가능한 지역에서 토경재배 파프리카를 가입하는 경우 등
⑥ 시설작물별 10a당 인수제한 재식밀도 미만인 경우

[품목별 인수제한 재식밀도]

품목	인수제한 재식밀도
딸기	5,000주/10a 미만
오이	1,500주/10a 미만
토마토	1,500주/10a 미만
참외	600주/10a 미만
호박	600주/10a 미만

품목		인수제한 재식밀도
고추(풋고추, 홍고추)		1,000주/10a 미만
국화		30,000주/10a 미만
장미		1,500주/10a 미만
수박		400주/10a 미만
멜론		400주/10a 미만
파프리카		1,500주/10a 미만
상추		40,000주/10a 미만
시금치		100,000주/10a 미만
부추		62,500주/10a 미만
배추		3,000주/10a 미만
가지		1,500주/10a 미만
파	대파	15,000주/10a 미만
	쪽파	18,000주/10a 미만
무		3,000주/10a 미만
백합		15,000주/10a 미만
카네이션		15,000주/10a 미만

⑦ 품목별 표준생장일수와 현저히 차이나는 생장일수를 가지는 품종

[품목별 인수제한 품종]

품목	인수제한 품종
배추(시설재배)	얼갈이 배추, 쌈배추, 양배추
딸기(시설재배)	산딸기
오이(시설재배)	노각
상추(시설재배)	양상추, 프릴라이스, 버터헤드(볼라레), 오버레드, 이자벨, 멀티레드, 카이피라, 아지르카, 이자트릭스, 크리스피아노

3) 버섯작물

구분	내용
표고버섯 (원목재배· 톱밥배지재배)	• 통상적인 재배 및 영농활동을 하지 않는다고 판단되는 하우스 • 원목 5년차 이상의 표고버섯 • 원목재배, 톱밥배지재배 이외의 방법으로 재배하는 표고버섯 • 판매를 목적으로 재배하지 않는 표고버섯 • 기타 인수가 부적절한 표고버섯
느타리버섯 (균상재배· 병재배)	• 통상적인 재배 및 영농활동을 하지 않는다고 판단되는 하우스 • 균상재배, 병재배 이외의 방법으로 재배하는 느타리버섯 • 판매를 목적으로 재배하지 않는 느타리버섯 • 기타 인수가 부적절한 느타리버섯
새송이버섯 (병재배)	• 통상적인 재배 및 영농활동을 하지 않는다고 판단되는 하우스 • 병재배 외의 방법으로 재배하는 새송이버섯 • 판매를 목적으로 재배하지 않는 새송이버섯 • 기타 인수가 부적절한 새송이버섯
양송이버섯 (균상재배)	• 통상적인 재배 및 영농활동을 하지 않는다고 판단되는 하우스 • 균상재배 외의 방법으로 재배하는 양송이버섯 • 판매를 목적으로 재배하지 않는 양송이버섯 • 기타 인수가 부적절한 양송이버섯

제4장 가축재해보험 제도

제1절 | 제도 일반 제2절 | 가축재해보험 약관 제3절 | 가축재해보험 특별약관

1 가축재해보험 운영기관

구분	대상
사업총괄	농림축산식품부(재해보험정책과)
사업관리	농업정책보험금융원
사업운영	농업정책보험금융원과 사업 운영 약정을 체결한 자 (NH손보, KB손보, DB손보, 한화손보, 현대해상, 삼성화재)
보험업 감독기관	금융위원회
분쟁해결	금융감독원
심의기구	농업재해보험심의회

2 가축사육업 허가 및 등록기준

구분	내용
허가대상	• 4개 축종(소·돼지·닭·오리, 아래 사육시설 면적 초과 시) • 소·돼지·닭·오리 : 50m² 초과
등록대상	• 11개 축종 • 소·돼지·닭·오리(4개 축종) : 허가대상 사육시설 면적 이하인 경우 • 양·사슴·거위·칠면조·메추리·타조·꿩(7개 축종)
동록제외 대상	• 등록대상 가금 중 사육시설면적이 10m² 미만은 등록 제외(닭, 오리, 거위, 칠면조, 메추리, 타조, 꿩 또는 기러기 사육업) • 말, 노새, 당나귀, 토끼, 개, 꿀벌, 오소리, 관상조

3 정부지원 범위

(1) **가축재해보험에 가입한** 재해보험가입자의 납입 보험료의 50% 지원 – 단, 농업인(주민등록번호) 또는 법인별(법인등록번호) 5천만 원 한도 지원

※ 예시 : 보험 가입하여 4천만원 국고지원 받고 계약 만기일 전 중도 해지한 후 보험을 재가입할 경우 1천만원 국고 한도 내 지원 가능

① 말(馬)은 마리당 가입금액 4천만 원 한도내 보험료의 50%를 지원하되, 4천만 원을 초과하는 경우는 초과 금액의 70%까지 가입금액을 산정하여 보험료의 50% 지원(단, 외국산 경주마는 정부지원 제외)

② 닭(육계·토종닭·삼계), 돼지, 오리 축종은 가축재해보험 가입두수가 축산업 허가(등록)증의 가축사육 면적을 기준으로 아래의 범위를 초과하는 경우 정부 지원 제외

[가축사육면적당 보험가입 적용 기준]

닭(두/m^2)		돼지(m^2/두)						오리(m^2/두)	
		개별가입					일괄 가입		
(육계·토종닭)	(삼계)	웅돈	모돈	자돈 (초기)	자돈 (후기)	육성돈 비육돈		산란용	육용
22.5	41.1	6	2.42	0.2	0.3	0.62	0.79	0.333	0.246

(2) 정부지원을 받은 계약자 사망으로 축산업 승계, 목적물 매도 등이 발생한 경우

① 정부지원을 받은 계약자 사망으로 축산업 승계, 목적물 매도 등이 발생한 경우, 변경 계약자의 정부지원 요건 충족여부 철저한 확인이 필요하다.

② 정부지원 요건 미충족 시 보험계약 해지 또는 잔여기간에 대한 정부지원금(지방비 포함) 반납처리한다.

4 보험 목적물

(1) **가축** : 소, 돼지, 말, 닭, 오리, 꿩, 메추리, 칠면조, 타조, 거위, 관상조, 사슴, 양, 꿀벌, 토끼, 오소리 (16종)

(2) **축산시설물** : 축사, 부속물, 부착물, 부속설비 단, 태양광 및 태양열 발전 시설 제외

5 손해평가 및 보험금 지급 과정

(1) **보험사고 접수** : 계약자·피보험자는 재해보험사업자에게 보험사고 발생 사실 통보

(2) 보험사고 조사

① 재해보험사업자는 보험사고 접수가 되면, 손해평가반을 구성하여 보험사고를 조사, 손해액을 산정

② 보상하지 않는 손해 해당 여부, 사고 가축과 보험목적물이 동일 여부, 사고 발생 일시 및 장소, 사고 발생 원인과 가축 폐사 등 손해 발생과의 인과관계 여부, 다른 계약 체결 유무, 의무 위반 여부 등 확인 조사

③ 보험목적물이 입은 손해 및 계약자·피보험자가 지출한 비용 등 손해액 산정

(3) 지급보험금 결정 : 보험가입금액과 손해액을 검토하여 결정

(4) 보험금 지급 : 지급할 보험금이 결정되면 7일 이내에 지급하되, 지급보험금이 결정되기 전이라도, 피보험자의 청구가 있으면 추정보험금의 50%까지 보험금 지급 가능

6 부문별 보상하는 손해

(1) 소(牛) 부문(종모우 부문 포함)

구분		보상하는 손해	자기부담금
주계약(보통약관)	한우 육우 젖소	• 법정전염병을 제외한 질병 또는 각종 사고(풍해·수해·설해 등 자연재해, 화재)로 인한 폐사 • 부상(경추골절, 사지골절, 탈구·탈골), 난산, 산욕마비, 급성고창증 및 젖소의 유량감소 등으로 긴급도축을 하여야 하는 경우 ※ 젖소유량감소는 유방염, 불임 및 각종 대사성 질병으로 인하여 젖소로서의 경제적 가치가 없는 경우에 한함 ※ 신규가입일 경우 가입일로부터 1개월 이내 질병 관련 사고(긴급도축 제외)는 보상하지 아니함 • 소 도난 및 행방불명에 의한 손해 ※ 도난손해는 보험증권에 기재된 보관장소 내에 보관되어 있는 동안에 불법침입자, 절도 또는 강도의 도난행위로 입은 직접손해(가축의 상해, 폐사 포함)에 한함 • 가축사체 잔존물 처리비용 • 검안서 및 진단서 발급비용	보험금의 20%, 30%, 40%

구분		보상하는 손해	자기부담금
주계약(보통약관)	종모우	• 연속 6주 동안 정상적으로 정액을 생산하지 못하고, 종모우로서의 경제적 가치가 없다고 판정 시 ※ 정액생산은 6주 동안 일주일에 2번에 걸쳐 정액을 채취한 후 이를 근거로 경제적 도살여부 판단 • 그 외 보상하는 사고는 한우·육우·젖소와 동일	보험금의 20%
	축사	• 화재(벼락 포함)에 의한 손해 • 화재(벼락 포함)에 따른 소방손해 • 태풍, 홍수, 호우(豪雨), 강풍, 풍랑, 해일(海溢), 조수(潮水), 우박, 지진, 분화 및 이와 비슷한 풍재 또는 수재로 입은 손해 • 설해로 입은 손해 • 화재(벼락 포함) 및 풍재, 수재, 설해, 지진에 의한 피난 손해 • 잔존물 제거비용	**풍재·수재·설해·지진** : 지급보험금 계산 방식에 따라 계산한 금액에 0%, 5%, 10%을 곱한 금액 또는 50만원 중 큰 금액 **화재** : 지급보험금 계산 방식에 따라 계산한 금액에 자기부담비율 0%, 5%, 10%를 곱한 금액
특별약관	소 도체결함 보장	• 도축장에서 도축되어 경매시까지 발견된 도체의 결함(근출혈, 수종, 근염, 외상, 근육 제거, 기타 등)으로 손해액이 발생한 경우	보험금의 20%
	협정보험 가액	• 협의 평가로 보험 가입한 금액 ※ 시가와 관계없이 가입금액을 보험가액으로 평가	주계약, 특약조건 준용
	화재대물 배상책임	• 축사 화재로 인해 인접 농가에 피해가 발생한 경우	-
	구내폭발 위험보장	• 구내에서 생긴 폭발, 파열로 생긴 손해	-
	동물복지 인증계약	• 동물복지축산농장 인증(농림축산검역본부) 시	보험료할인

1) **폐사** : 폐사는 질병 또는 불의의 사고에 의하여 수의학적으로 구할 수 없는 상태가 되고 맥박, 호흡, 그 외 일반증상으로 폐사한 것이 확실한 때로 하며 통상적으로는 수의사의 검안서 등의 소견을 기준으로 판단하게 된다.

2) 긴급도축

① 긴급도축은 "사육하는 장소에서 부상, 난산, 산욕마비, 급성고창증 및 젖소의 유량 감소 등이 발생한 소(牛)를 즉시 도축장에서 도살하여야 할 불가피한 사유가 있는 경우"에 한한다.

② 긴급도축에서 부상 범위는 경추골절, 사지골절 및 탈구(탈골)에 한하며, 젖소의 유량 감소는 유방염, 불임 및 각종 대사성질병으로 인하여 수의학적으로 유량 감소가 예견되어 젖소로서의 경제적 가치가 없다고 판단이 확실시되는 경우에 한정하고 있으나, 약관에서 열거하는 질병 및 상해 이외의 경우에도 수의사의 진료 소견에 따라서 치료 불가능 사유 등으로 불가피하게 긴급도축을 시켜야 하는 경우도 포함한다.

구분	내용
산욕마비	일반적으로 분만 후 체내의 칼슘이 급격히 저하되어 근육의 마비를 일으켜 기립불능이 되는 질병이다.
급성고창증	이상발효에 의한 개스의 충만으로 조치를 취하지 못하면 폐사로 이어질수 있는 중요한 소화기 질병으로 변질 또는 부패 발효된 사료, 비맞은 풀, 두과풀(알파파류) 다량 섭취, 갑작스런 사료변경 등으로 인하여 반추위 내의 이상 발효로 장마로 인한 사료 변패 등으로 인하여 여름철에 많이 발생한다.
대사성질병	비정상적인 대사 과정에서 유발되는 질병 ※ 대사 : 생명 유지를 위해 생물체가 필요한 것을 섭취하고 불필요한 것을 배출하는 일

3) **도난 손해** : 도난 손해는 보험증권에 기재된 보관장소 내에 보관되어 있는 동안에 불법침입자, 절도 또는 강도의 도난 행위로 입은 직접손해(가축의 상해, 폐사를 포함)로 한정하고 있으며 보험증권에 기재된 보관장소에서 이탈하여 운송 도중 등에 발생한 도난손해 및 도난 행위로 입은 간접손해(경제능력 저하, 전신 쇠약, 성장 지체·저하 등)는 도난 손해에서 제외된다.

4) **도난, 행방불명의 사고 발생 시** : 계약자, 피보험자, 피보험자의 가족, 감수인(監守人) 또는 당직자는 지체없이 이를 관할 경찰서와 재해보험사업자에 알려야 하며, 보험금 청구 시 관할 경찰서의 도난신고(접수) 확인서를 재해보험사업자에 제출하여야 한다.

5) **단, 종모우(種牡牛)는 아래와 같다.**

① 보험의 목적이 폐사, 긴급도축, 경제적 도살의 사유로 입은 손해를 보상한다.

② 폐사는 질병 또는 불의의 사고에 의하여 수의학적으로 구할 수 없는 상태가 되고 맥박, 호흡, 그 외 일반증상으로 폐사한 것이 확실한 때로 한다.

③ 긴급도축의 범위는 "사육하는 장소에서 부상, 급성고창증이 발생한 소(牛)를 즉시 도축장에서 도살하여야 할 불가피한 사유가 있는 경우"에 한하여 인정한다.
종모우는 긴급도축의 범위를 약관에서 열거하고 있는 2가지 경우에 한정하여 인정하고 있으며, 부상의 경우도 범위를 아래와 같이 3가지 경우에 한하여 인정하고 있다.

④ 부상 범위는 경추골절, 사지골절 및 탈구(탈골)에 한한다.

⑤ 경제적 도살은 종모우가 연속 6주 동안 정상적으로 정액을 생산하지 못하고, 자격 있는 수의사에 의하여 종모우로서의 경제적 가치가 없다고 판정되었을 때로 한다. 이 경우 정액 생산은 6주 동안 일주일에 2번에 걸쳐 정액을 채취한 후 이를 근거로 경제적 도살 여부를 판단한다.

(2) 돼지(豚) 부문

구분		보상하는 손해	자기부담금
주계약 (보통 약관)	돼지	• 화재 및 풍재, 수재, 설해, 지진으로 인한 폐사 • 화재 및 풍재, 수재, 설해, 지진 발생시 방재 또는 긴급피난에 필요한 조치로 목적물에 발생한 손해 • 가축사체 잔존물 처리 비용	보험금의 5%, 10%, 20%

구분		보상하는 손해	자기부담금
주계약 (보통 약관)	축사	• 화재(벼락 포함)에 의한 손해 • 화재(벼락 포함)에 따른 소방손해 • 태풍, 홍수, 호우(豪雨), 강풍, 풍랑, 해일(海溢), 조수(潮水), 우박, 지진, 분화 및 이와 비슷한 풍재 또는 수재로 입은 손해 • 설해로 입은 손해 • 화재(벼락 포함) 및 풍재, 수재, 설해, 지진에 의한 피난손해 • 잔존물 제거비용	**풍재·수재·설해·지진** : 지급보험금 계산 방식에 따라 계산한 금액에 0%, 5%, 10%을 곱한 금액 또는 50만원 중 큰 금액 **화재** : 지급보험금 계산 방식에 따라 계산한 금액에 자기부담비율 0%, 5%, 10%를 곱한 금액
특별 약관	질병위험 보장	• TGE, PED, Rota virus에 의한 손해 ※ 신규가입일 경우 가입일로부터 1개월 이내 질병 관련 사고는 보상하지 아니함	보험금의 10%, 20%, 30%, 40% 또는 200만원 중 큰 금액
	축산휴지 위험보장	• 주계약 및 특별약관에서 보상하는 사고의 원인으로 축산업이 휴지되었을 경우에 생긴 손해액	-
	전기적장치 위험보장	• 전기장치가 파손되어 온도의 변화로 가축 폐사 시	보험금의 10%, 20%, 30%, 40% 또는 200만원 중 큰 금액
	폭염재해보장	• 폭염에 의한 가축 피해 보상	
	협정보험가액	• 협의 평가로 보험 가입한 금액 ※ 시가와 관계없이 가입금액을 보험가액으로 평가	주계약, 특약 조건 준용
	설해손해 부보장	• 설해에 의한 손해는 보장하지 않음	-
	화재대물 배상책임	• 축사 화재로 인해 인접 농가에 피해가 발생한 경우	-

구분		보상하는 손해	자기부담금
특별 약관	구내폭발 위험보장	• 구내에서 생긴 폭발, 파열로 생긴 손해	-
	동물복지 인증계약	• 동물복지축산농장 인증(농림축산 검역본부) 시	보험료할인

※ 폭염재해보장 특약은 전기적장치위험보장특약 가입자에 한하여 가입 가능

① 화재 및 풍재·수재·설해·지진의 직접적인 원인으로 보험목적이 폐사 또는 맥박, 호흡 그 외 일반증상이 수의학적으로 폐사가 확실시되는 경우 그 손해를 보상한다.

② 화재 및 풍재·수재·설해·지진의 발생에 따라서 보험의 목적의 피해를 방재 또는 긴급피난에 필요한 조치로 보험목적에 생긴 손해도 보상한다.

③ 상기 손해는 사고 발생 때부터 120시간(5일) 이내에 폐사되는 보험목적에 한하여 보상하며 다만, 재해보험사업자가 인정하는 경우에 한하여 사고 발생 때부터 120시간(5일) 이후에 폐사되어도 보상한다.

(3) 가금(家禽) 부문

구분		보상하는 손해	자기부담금
주계약 (보통 약관)	가금	• 화재 및 풍재, 수재, 설해, 지진으로 인한 폐사 • 화재 및 풍재, 수재, 설해, 지진 발생시 방재 또는 긴급피난에 필요한 조치로 목적물에 발생한 손해 • 가축 사체 잔존물 처리 비용	보험금의 10%, 20%, 30%, 40%
	축사	• 화재(벼락 포함)에 의한 손해 • 화재(벼락 포함)에 따른 소방손해 • 태풍, 홍수, 호우(豪雨), 강풍, 풍랑, 해일(海溢), 조수(潮水), 우박, 지진, 분화 및 이와 비슷한 풍재 또는 수재로 입은 손해 • 설해로 입은 손해 • 화재(벼락 포함) 및 풍재, 수재, 설해, 지진에 의한 피난손해 • 잔존물 제거 비용	풍재·수재·설해·지진 : 지급보험금 계산 방식에 따라 계산한 금액에 0%, 5%, 10%을 곱한 금액 또는 50만원 중 큰 금액 화재 : 지급보험금 계산 방식에 따라 계산한 금액에 자기부담비율 0%, 5%, 10%를 곱한 금액

구분		보상하는 손해	자기부담금
특별약관	전기적장치위험보장	• 전기장치가 파손되어 온도의 변화로 가축 폐사 시	보험금의 10%, 20%, 30%, 40% 또는 200만원 중 큰 금액
	폭염재해보장	• 폭염에 의한 가축 피해 보상	
	협정보험가액	• 협의평가로 보험 가입한 금액 ※ 시가와 관계없이 가입금액을 보험가액으로 평가	주계약, 특약 조건 준용
	설해손해부보장	• 설해에 의한 손해는 보장하지 않음	-
	화재대물배상책임	• 축사 화재로 인해 인접 농가에 피해가 발생한 경우	-
	구내폭발위험보장	• 구내에서 생긴 폭발, 파열로 생긴 손해	-
	동물복지인증계약	• 동물복지축산농장 인증(농림축산검역본부) 시	보험료할인

※ 폭염재해보장 특약은 전기적장치위험보장특약 가입자에 한하여 가입 가능

① 화재, 풍재·수재·설해·지진의 직접적인 원인으로 보험목적이 폐사 또는 맥박, 호흡 그 외 일반증상이 수의학적으로 폐사가 확실시되는 경우 그 손해를 보상한다.

② 화재, 풍재·수재·설해·지진의 발생에 따라서 보험의 목적의 피해를 방재 또는 긴급 피난에 필요한 조치로 보험 목적에 생긴 손해도 보상한다.

③ 상기 손해는 사고 발생 때부터 120시간(5일) 이내에 폐사되는 보험 목적에 한하여 보상하며 다만, 재해보험사업자가 인정하는 경우에 한하여 사고 발생 때부터 120시간(5일) 이후에 폐사되어도 보상한다.

④ 폭염재해보장 추가특별약관에 따라 폭염손해는 폭염특보 발령 전 24시간(1일) 전부터 해제 후 24시간(1일) 이내에 폐사되는 보험 목적에 한하여 보상한다.

⑤ 폭염특보는 보험목적의 수용 장소(소재지)에 발표된 해당 지역별 폭염특보를 적용하며 보험기간 종료일까지 폭염특보가 해제되지 않을 경우 보험기간 종료일을 폭염

특보 해제일로 본다. 폭염특보는 일 최고 체감온도를 기준으로 발령되는 기상특보로 주의보와 경보로 구분되며 주의보와 경보 모두 폭염특보로 본다.

(4) 말(馬) 부문

구분		보상하는 손해	자기부담금
주계약 (보통 약관)	경주마 육성마 종빈마 종모마 일반마 제주마	• 법정전염병을 제외한 질병 또는 각종 사고(풍해·수해·설해 등 자연재해, 화재)로 인한 폐사 • 부상(경추골절, 사지골절, 탈골·탈구), 난산, 산욕마비, 산통, 경주마의 실명으로 긴급도축 하여야 하는 경우 • 불임 ※불임은 임신 가능한 암컷말(종빈마)의 생식기관의 이상과 질환으로 인하여 발생하는 영구적인 번식 장애를 의미 • 가축 사체 잔존물 처리 비용	보험금의 20% 단, 경주마(육성마)는 사고장소에 따라 경마장외 30%, 경마장내 5%, 10%, 20%, 30% 중 선택
	축사	• 화재(벼락 포함)에 의한 손해 • 화재(벼락 포함)에 따른 소방손해 • 태풍, 홍수, 호우(豪雨), 강풍, 풍랑, 해일(海溢), 조수(潮水), 우박, 지진, 분화 및 이와 비슷한 풍재 또는 수재로 입은 손해 • 설해로 입은 손해 • 화재(벼락 포함) 및 풍재, 수재, 설해, 지진에 의한 피난손해 • 잔존물 제거비용	풍재·수재·설해·지진 : 지급보험금 계산 방식에 따라 계산한 금액에 0%, 5%, 10%을 곱한 금액 또는 50만원 중 큰 금액 화재 : 지급보험금 계산 방식에 따라 계산한 금액에 자기부담비율 0%, 5%, 10%를 곱한 금액

구분		보상하는 손해	자기부담금
특별약관	씨수말 번식 첫해 선천성 불임 확장보장	• 씨수말이 불임이라고 판단이 된 경우에 보상하는 특약	주계약 준용
	말운송위험 확장보장	• 말 운송 중 발생되는 주계약 보상사고	
	경주마 부적격	• 경주마 부적격 판정을 받은 경우 보상	
	화재대물 배상책임	• 축사 화재로 인해 인접 농가에 피해가 발생한 경우	-
	구내폭발 위험보장	• 구내에서 생긴 폭발, 파열로 생긴 손해	-
	동물복지 인증계약	• 동물복지축산농장 인증(농림축산검역본부)시	보험료할인

1) **보험의 목적** : 보험의 목적이 폐사, 긴급도축, 불임의 사유로 입은 손해를 보상한다.

2) **폐사** : 폐사는 질병 또는 불의의 사고에 의하여 수의학적으로 구할 수 없는 상태가 되고 맥박, 호흡, 그 외 일반증상으로 폐사한 것이 확실한 때로 한다.

3) 긴급도축의 범위

① **"사육하는 장소에서 부상, 난산, 산욕마비, 산통, 경주마 중 실명이 발생한 말(馬)을 즉시 도축장에서 도살하여야 할 불가피한 사유가 있는 경우"로 한다.**

② 말은 소와 다르게 긴급도축의 범위를 약관에서 열거하고 있는 상기 5가지 경우에 한하여 인정하고 있으며, 부상의 경우도 범위를 경추골절, 사지골절 및 탈구(탈골), 3가지 경우에 한하여 인정하고 있다.

4) **불임** : 불임은 임신 가능한 암컷말(종빈마)의 생식기관의 이상과 질환으로 인하여 발생하는 영구적인 번식 장애를 말한다.

(5) 기타 가축(家畜) 부문

구분		보상하는 사고	자기부담금
주계약(보통약관)	사슴, 양, 오소리, 꿀벌, 토끼	• 화재 및 풍재, 수재, 설해, 지진에 의한 손해 • 화재 및 풍재, 수재, 설해, 지진 발생시 방재 또는 긴급 피난에 필요한 조치로 목적물에 발생한 손해 • 가축 사체 잔존물 처리 비용	보험금의 5%, 10%, 20%, 30%, 40%
	축사	• 화재(벼락 포함)에 의한 손해 • 화재(벼락 포함)에 따른 소방손해 • 태풍, 홍수, 호우(豪雨), 강풍, 풍랑, 해일(海溢), 조수(潮水), 우박, 지진, 분화 및 이와 비슷한 풍재 또는 수재로 입은 손해 • 설해로 입은 손해 • 화재(벼락 포함) 및 풍재, 수재, 설해, 지진에 의한 피난손해 • 잔존물 제거 비용	풍재·수재·설해·지진 : 지급보험금 계산 방식에 따라 계산한 금액에 0%, 5%, 10%을 곱한 금액 또는 50만원 중 큰 금액 화재 : 지급보험금 계산 방식에 따라 계산한 금액에 자기부담비율 0%, 5%, 10%를 곱한 금액

구분		보상하는 사고	자기부담금
특별약관	폐사·긴급도축 확장보장 특약 (사슴, 양 자동부가)	• 법정전염병을 제외한 질병 또는 각종 사고(풍해·수해· 설해 등 자연재해, 화재)로 인한 폐사 • 부상(사지골절, 경추골절, 탈구·탈골), 산욕마비, 난산으로 긴급도축을 하여야 하는 경우 ※ 신규가입일 경우 가입일로부터 1개월 이내 질병 관련 사고(긴급도축 제외)는 보상하지 아니합니다.	보험금의 5%, 10%, 20%, 30%, 40%
	꿀벌 낭충봉아 부패병보장	• 벌통의 꿀벌이 낭충봉아부패병으로 폐사(감염 벌통 소각 포함)한 경우	보험금의 5%, 10%, 20%, 30% 40%
	꿀벌 부저병보장	• 벌통의 꿀벌이 부저병으로 폐사(감염 벌통 소각 포함)한 경우	
	화재대물 배상채임	• 축사 화재로 인해 인접 농가에 피해가 발생한 경우	-

① 보험목적이 화재 및 풍재·수재·설해·지진의 직접적인 원인으로 보험목적이 폐사 또는 맥박, 호흡 그 외 일반증상으로 수의학적으로 구할 수 없는 상태가 확실시되는 경우 그 손해를 보상한다.

② 화재 및 풍재·수재·설해·지진의 발생에 따라서 보험의 목적의 피해를 방재 또는 긴급피난에 필요한 조치로 보험목적에 생긴 손해는 보상한다.

③ 상기 손해는 사고 발생 때부터 120시간(5일) 이내에 폐사되는 보험목적에 한하여 보상하며 다만, 재해보험사업자가 인정하는 경우에는 사고 발생 때 부터 120시간(5일) 이후에 폐사되어도 보상한다.

④ 꿀벌의 경우는 아래와 같은 벌통에 한하여 보상한다.

> • 서양종(양봉)은 꿀벌이 있는 상태의 소비(巢脾)가 3매 이상 있는 벌통
> • 동양종(토종벌, 한봉)은 봉군(蜂群)※1 이 있는 상태의 벌통

※ 1 : 봉군(蜂群)은 여왕벌, 일벌, 수벌을 갖춘 꿀벌의 무리를 말한다. 우리말로 "벌무리"라고도 한다.

(6) 축사(畜舍) 부문

보상하는 손해는 보험의 목적이 화재 및 풍재·수재·설해·지진으로 입은 직접손해, 피난 과정에서 발생하는 피난손해, 화재진압 과정에서 발생하는 소방손해 그리고 약관에서 규정하고 있는 비용손해로 아래와 같다.

① 화재에 따른 손해

② 화재에 따른 소방손해

③ 태풍, 홍수, 호우(豪雨), 강풍, 풍랑, 해일(海溢), 조수(潮水), 우박, 지진, 분화 및 이와 비슷한 풍재 또는 수재로 입은 손해

④ 설해에 따른 손해

⑤ 화재 또는 풍재·수재·설해·지진에 따른 피난손해(피난지에서 보험기간 내의 5일 동안에 생긴 상기 손해를 포함한다.)

- 지진 피해의 경우 아래의 최저기준을 초과하는 손해를 담보한다.
  - 기둥 또는 보 1개 이하를 해체하여 수선 또는 보강하는 것
  - 지붕틀의 1개 이하를 해체하여 수선 또는 보강하는 것
  - 기둥, 보, 지붕틀, 벽 등에 2m 이하의 균열이 발생한 것
  - 지붕재의 $2m^2$ 이하를 수선하는 것

⑥ 보상하고 있는 위험으로 인해 보험의 목적에 손해가 발생한 경우 사고 현장에서의 잔존물의 해체 비용, 청소비용 및 차에 싣는 비용인 잔존물제거비용은 손해액의 10%를 한도로 지급보험금 계산방식에 따라서 보상한다.

⑦ 잔존물제거비용에 사고 현장 및 인근 지역의 토양, 대기 및 수질 오염물질 제거비용과 차에 실은 후 폐기물 처리비용은 포함되지 않으며, 보상하지 않는 위험으로 보험의 목적이 손해를 입거나 관계 법령에 의하여 제거됨으로써 생긴 손해에 대하여는 보상하지 않는다.

(7) 비용 손해

보장하는 위험으로 인하여 발생한 보험사고와 관련하여 보험계약자 또는 피보험자가 지출한 비용 중 아래 5가지 비용을 가축재해보험에서는 손해의 일부로 간주하여 재해보험사업자가 보상하고 있으며 인정되는 비용은 보험계약자나 피보험자가 여

러 가지 조치를 취하면서 발생하는 휴업 손실, 일당 등의 소극적 손해는 제외되고 적극적 손해만을 대상으로 약관 규정에 따라서 보상하고 있다.

1) 잔존물처리비용

① 보험목적물이 폐사※1한 경우 사고 현장에서의 잔존물의 견인비용 및 차에 싣는 비용을 말한다.(사고 현장 및 인근 지역의 토양, 대기 및 수질 오염물질 제거 비용과 차에 실은 후 폐기물 처리비용은 포함하지 않는다. 다만, 적법한 시설에서의 렌더링※2비용은 포함) 다만, 보장하지 않는 위험으로 보험의 목적이 손해를 입거나 관계 법령에 의하여 제거됨으로써 생긴 손해에 대하여는 보상하지 않는다.

※ 1 : 가축 또는 동물의 생명 현상이 끝남을 말한다.

※ 2 : 사체를 고온·고압 처리하여 기름과 고형분으로 분리함으로써 유지(사료·공업용) 및 육분·육골분(사료·비료용)을 생산하는 과정을 말한다.

② 가축재해보험에서 잔존물처리비용은 목적물이 폐사한 경우에 한정하여 인정하고 있으며 인정하는 비용의 범위는 폐사한 가축에 대한 매몰 비용이 아니라 견인비용 및 차에 싣는 비용에 한정하여 인정하고 있다. 그러나 매몰에 따른 환경오염 문제 때문에 적법한 시설에서의 렌더링 비용은 잔존물 처리비용으로 보상하고 있다.

2) 손해방지비용

① 보험사고 발생 시 손해의 방지 또는 경감을 위하여 지출한 필요 또는 유익한 비용을 손해방지비용으로 보상한다. 다만 약관에서 규정하고 있는 보험목적의 관리의무를 위하여 지출한 비용은 제외한다.

② 이 때 보험목적의 관리의무에 따른 비용이란 일상적인 관리에 소요되는 비용과 예방접종, 정기검진, 기생충구제 등에 소용되는 비용 그리고 보험목적이 질병에 걸리거나 부상을 당한 경우 신속하게 치료 및 조치를 취하는 비용 등을 의미한다.

3) 대위권 보전비용

① 재해보험사업자가 보험사고로 인한 피보험자의 손실을 보상해주고, 피보험자가 보험사고와 관련하여 제3자에 대하여 가지는 권리가 있는 경우 보험금을 지급한 재해보험사업자는 그 지급한 금액의 한도에서 그 권리를 법률상 당연히 취득하게 된다.

② 이와 같이 보험사고와 관련하여 제3자로부터 손해의 배상을 받을 수 있는 경우에는 그 권리를 지키거나 행사하기 위하여 지출한 필요 또는 유익한 비용인 대위권 보전비용을 보상한다.

4) 잔존물 보전비용

잔존물 보전비용이란 보험사고로 인해 멸실된 보험목적물의 잔존물을 보전하기 위하여 지출한 필요 또는 유익한 비용으로, 이러한 잔존물을 보전하기 위하여 지출한 비용을 보상한다. 그러나 잔존물 보전비용은 재해보험사업자가 보험금을 지급하고 잔존물을 취득할 의사표시를 하는 경우에 한하여 지급한다. 즉 재해보험사업자가 잔존물에 대한 취득 의사를 포기하는 경우에는 지급되지 않는다.

5) **기타 협력비용** : 재해보험사업자의 요구에 따라 지출한 필요 또는 유익한 비용을 보상한다.

(8) 부문별 보상하지 않는 손해에서 언급된 보상하는 손해

1) **전 부문 공통** : 보험목적이 유실 또는 매몰되어 보험목적을 객관적으로 확인할 수 없는 손해지만, 풍수해 사고로 인한 직접손해 등 재해보험사업자가 인정하는 경우에는 보상

2) 소(牛) 부문

① 외과적 치료행위로 인한 폐사 손해지만, 보험목적의 생명 유지를 위하여 질병, 질환 및 상해의 치료가 필요하다고 자격 있는 수의사가 확인하고 치료한 경우

② 정부, 공공기관, 학교 및 연구기관 등에서 학술 또는 연구용으로 공여하여 발생된 손해지만, 재해보험사업자의 승낙을 얻은 경우

3) 돼지(豚) 부문, 가금(家禽) 부문, 기타 가축(家畜) 부문

① 댐 또는 제방 등의 붕괴로 생긴 손해지만, 붕괴가 보상하는 손해에서 정한 위험(화재 및 풍재·수재·설해·지진)으로 발생된 손해는 보상

② 바람, 비, 눈, 우박 또는 모래먼지가 들어옴으로써 생긴 손해. 다만, 보험의 목적이 들어 있는 건물이 풍재·수재·설해·지진으로 직접 파손되어 보험의 목적에 생긴 손해는 보상

③ 발전기, 여자기(정류기 포함), 변류기, 변압기, 전압조정기, 축전기, 개폐기, 차단기, 피뢰기, 배전반 및 그 밖의 전기장치 또는 설비의 전기적 사고로 생긴 손해는 보상하지 않지만, 그 결과로 생긴 화재손해는 보상

4) 말(馬) 부문, 종모우(種牡牛) 부문

① 외과적 치료행위로 인한 폐사 손해지만, 보험목적의 생명 유지를 위하여 질병, 질환

및 상해의 치료가 필요하다고 자격 있는 수의사가 확인하고 치료한 경우

② 정부, 공공기관, 학교 및 연구기관 등에서 학술 또는 연구용으로 공여하여 발생된 손해지만, 재해보험사업자의 승낙을 얻은 경우

③ 제1회 보험료 등을 납입한 날의 다음 월 응당일(다음월 응당일이 없는 경우는 다음월 마지막 날로 한다) 이내에 발생한 긴급도축과 화재·풍수해에 의한 직접손해 이외의 질병 등에 의한 폐사로 인한 손해지만, 재해보험사업자가 정하는 기간 내에 1년 이상의 계약을 다시 체결하는 경우

5) 축사(畜舍) 부문

① 보험의 목적이 발효, 자연발열 또는 자연발화로 생긴 손해지만, 자연발열 또는 자연발화로 연소된 다른 보험의 목적에 생긴 손해는 보상

② 바람, 비, 눈, 우박 또는 모래먼지가 들어옴으로써 생긴 손해지만, 보험의 목적이 들어있는 건물이 풍재·수재·설해·지진으로 직접 파손되어 보험의목적에 생긴 손해는 보상

③ 발전기, 여자기(정류기 포함), 변류기, 변압기, 전압조정기, 축전기, 개폐기, 차단기, 피뢰기, 배전반 및 그 밖의 전기기기 또는 장치의 전기적 사고로 생긴 손해지만, 그 결과로 생긴 화재 손해는 보상

7 유량검정젖소

유량검정젖소란 젖소개량사업소의 검정사업에 참여하는 농가 중에서 일정한 요건을 충족하는 농가(직전 월의 305일 평균유량이 10,000kg 이상이고 평균 체세포수가 30만 마리 이하를 충족하는 농가)의 소(최근 산차 305일 유량이 11,000kg 이상이고, 체세포수가 20만 마리 이하인 젖소)를 의미하며 요건을 충족하는 유량검정젖소는 시가에 관계없이 협정보험가액 특약으로 보험 가입이 가능하다.

8 부분별 특별약관

부문	특별약관
소	소도체결함보장 특별약관

부문	특별약관
돼지	질병위험보장 특별약관
	축산휴지위험보장 특별약관
	전기적장치 위험보장 특별약관
	폭염재해보장 추가특별약관 ※ 전기적장치 특별약관 가입자만 가입가능
가금	전기적장치 위험보장 특별약관
	폭염재해보장 추가특별약관 ※ 전기적장치 특별약관 가입자만 가입가능
말	씨수말 번식첫해 선천성 불임 확장보장 특별약관
	말(馬)운송위험 확장보장 특별약관
	경주마 부적격 특별약관 (경주마, 경주용육성마 가입 시 자동 담보)
	경주마 보험기간 설정에 관한 특별약관
기타가축	폐사·긴급도축 확장보장 특별약관(사슴, 양 가입 시 자동 담보)
	꿀벌 낭충봉아부패병보장 특별약관
	꿀벌 부저병보장 특별약관
축사	설해손해 부보장 추가특별약관 ※ 돈사, 가금사에 한하여 가입 가능

(1) 도축장에서 소 도축 시

① 도축장에서 소를 도축하면 이후 축산물품질평가사가 도체에 대하여 등급을 판정하고 그 판정내용을 표시하는 "등급판정인"을 도체에 찍는다.

② 이때 등급판정과정에서 도체에 결함이 발견되면 추가로 "결함인"을 찍게 된다. 본 특약은 경매 시까지 발견된 결함인으로 인해 경락가격이 하락하여 발생하는 손해를 보상한다.

③ 단, 보통약관에서 보상하지 않는 손해나 소 부문에서 보상하는 손해, 그리고 경매 후 발견된 결함으로 인한 손해는 보상하지 않는다.

9 소(牛)도체결함보장 특별약관

10 돼지 질병위험보장 특별약관에서 보장하는 질병

① 전염성위장염(TGE virus 감염증)

② 돼지유행성설사병(PED virus 감염증)

③ 로타바이러스감염증(Rota virus 감염증)

11 씨수말 번식 첫해 선천성 불임 확장보장 특별약관

(1) 보험목적

① 보험목적이 보험기간 중 불임이라고 판단이 된 경우에 보상하는 특약으로, "씨수말의 불임(Infertility) 또는 불임(Infertile)"은 보험목적물인 씨수말의 선천적인·교배 능력 부전이나 정액상의 선천적 이상으로 인하여 번식 첫해에 60% 또는 이 이상의 수태율 획득에 실패한 경우를 가리킨다. 그러나 아래의 사유로 인해 발생 또는 증가된 손해는 보상하지 않는다.

- 씨수말 내·외부 생식기의 감염으로 일어난 불임
- 씨암말의 성병으로부터 일어난 불임
- 어떠한 이유로든지 교배시키지 않아서 일어난 불임
- 씨수말의 외상, 질병, 전염병으로부터 유래된 불임

② 보험의 목적인 말을 운송 중에 보통약관 말(馬) 부문의 보상하는 손해에서 정한 손해가 발생한 경우 이 특별약관에 따라 보상한다. 그러나 아래 사유로 발생한 손해는 보상하지 않는다.

- 운송 차량의 덮개(차량에 부착된 덮개 포함) 또는 화물의 포장 불완전으로 생긴 손해
- 도로교통법시행령 제22조(운행상의 안전기준)의 적재중량과 적재용량 기준을 초과하여 적재함으로써 생긴 손해
- 수탁물이 수하인에게 인도된 후 14일을 초과하여 발견된 손해

12 말(馬) 운송위험 확장보장 특별약관

13 꿀벌 낭충봉아부패병보장 특별약관 / 꿀벌 부저병보장 특별약관

아래 조건에 해당하는 벌통의 꿀벌이 제2종 가축전염병인 꿀벌 낭충봉아부패병 또는 제3종 가축전염병인 꿀벌 부저병으로 폐사(감염 벌통 소각 포함)했을 경우 벌통의 손해를 보상하는 특약이다.

- 개량종(서양벌, 양봉)은 꿀벌이 있는 상태의 소비(巢脾)가 3매 이상 있는 벌통
- 재래종(토종벌, 한봉)은 봉군(蜂群)이 있는 상태의 벌통

제4절 | 손해의 평가 제5절 | 특약의 손해평가 제6절 | 보험금 지급 및 심사

1 보험계약자 등의 의무 : 계약 전 알릴 의무, 계약 후 알릴 의무, 보험사고 발생 통지의무, 손해방지의무, 보험목적관리의무

2 손해액의 산정

(1) 소 부문

손해액 = 보험가액 − 이용물 처분액 및 보상금 등

이용물 처분액 산정	
도축장발행 정산자료인 경우	도축장발행 정산자료의 지육금액 × 75%
도축장발행 정산자료가 아닌 경우	중량 × 지육가격 × 75%

1) 한우(암컷, 수컷-거세우 포함) 보험가액 산정

한우의 보험가액 산정은 연령(월령)을 기준으로 6개월령 이하와 7개월령 이상으로 구분하여 다음과 같이 산정한다.

① 연령(월령)이 1개월 이상 6개월 이하인 경우

보험가액 = 「농협축산정보센터」에 등재된 전전월 전국산지평균 송아지 가격
(연령(월령) 2개월 미만(질병사고는 3개월미만)일 때는 50% 적용)
※ 「농협축산정보센터」에 등재된 송아지 가격이 없는 경우

② 연령(월령)이 1개월 이상 3개월 이하인 경우

보험가액 = 「농협축산정보센터」에 등재된 전전월 전국산지평균가격 4~5월령 송아지 가격
(단, 연령(월령)이 2개월 미만(질병사고는 3개월 미만)일 때는 50% 적용).
※ 「농협축산정보센터」에 등재된 4~5월령 송아지 가격이 없는 경우 아래 2)의 4~5월령 송아지 가격을 적용

③ 연령(월령)이 4개월 이상 5개월 이하인 경우

보험가액=「농협축산정보센터」에 등재된 전전월 전국산지평균가격 6~7월령 송아지 가격의 암송아지는 85%, 수송아지는 80% 적용

④ 연령(월령)이 7개월 이상인 경우

보험가액 = ㉮(체중) × ㉯(kg당 금액)

㉮ 체중은 약관에서 정하고 있는 월령별 "발육표준표"에서 정한 사고 소의 연령(월령)에 해당하는 체중을 적용한다.

㉯ kg당 금액은 「산지가격 적용범위표」에서 사고 소의 축종별, 성별, 월령에 해당되는 「농협축산정보센터」에 등록된 사고 전전월 전국산지평균가격을 그 체중으로 나누어 구한다.

[산지가격 적용범위표]

구분		수컷	암컷
한우	성별 350kg 해당 전국 산지평균가격 및 성별 600kg 해당 전국 산지평균 가격 중 kg당 가격이 높은 금액	생후 7개월 이상	생후 7개월 이상
육우	젖소 수컷 500kg 해당 전국 산지평균 가격	생후 3개월 이상	생후 3개월 이상

㉰ 한우수컷 월령이 25개월을 초과한 경우에는 655kg으로, 한우 암컷 월령이 40개월을 초과한 경우에는 470kg으로 인정한다.

㉱ 월령별 보험가액이 위 1)의 송아지 가격보다 낮은 경우 위 1)의 송아지 가격을 적용한다.

2) 젖소(암컷) 보험가액 산정

젖소의 보험가액 산정은 연령(월령)을 기준으로 보험사고 「농협축산정보센터」에 등재된 전전월 전국산지평균가격을 기준으로 9단계로 구분하여 다음과 같이 산정한다.

월령	보험가액
1개월~7개월	분유떼기 암컷 가격(연령(월령)이 2개월 미만(질병사고는 3개월 미만)일 때는 50% 적용)
8개월~12개월	분유떼기 암컷가격 + ((수정단계가격 − 분유떼기 암컷가격) / 6) × (사고월령 − 7개월)
13개월~18개월	수정단계가격
19개월~23개월	수정단계가격 + ((초산우가격 − 수정단계가격) / 6) × (사고월령 − 18개월)
24개월~31개월	초산우가격
32개월~39개월	초산우가격 + ((다산우가격 − 초산우가격) / 9) × (사고월령 − 31개월)
40개월~55개월	다산우가격
56개월~66개월	다산우가격 + ((노산우가격 − 다산우가격) / 12) × (사고월령 − 55개월)
67개월 이상	노산우가격

3) 육우 보험가액 산정

육우의 보험가액 산정은 연령(월령)을 기준으로 2개월령 이하와 3개월령 이상으로 구분하여 다음과 같이 산정한다.

월령	보험가액
2개월 이하	「농협축산정보센터」에 등재된 전전월 전국산지평균 분유떼기 젖소 수컷 가격 (단, 연령(월령)이 2개월 미만(질병사고는 3개월 미만)일 때는 50% 적용)
3개월 이상	체중 × kg당 금액

① 사고 시점에서 산정한 월령별 보험가액이 위와 같이 산정한 분유떼기 젖소 수컷 가격보다 낮은 경우는 분유떼기 젖소 수컷 가격을 적용한다.

② 체중은 약관에서 확정하여 정하고 있는 월령별 "발육표준표"에서 정한 사고소(牛)의 월령에 해당되는 체중을 적용한다. 다만 육우 월령이 25개월을 초과한 경우에는 600kg으로 인정한다.

③ kg당 금액은 보험사고 「농협축산정보센터」에 등재된 전전월 젖소 수컷 500kg 해당 전국 산지평균가격을 그 체중으로 나누어 구한다. 단, 전국산지평균가격이 없는 경우에는 「농협축산정보센터」에 등재된 전전월 전국도매시장 지육평균 가격에 지육율 58%를 곱한 가액을 kg당 금액으로 한다.

※ 지육율은 도체율이라고도 하며 도체중의 생체중에 대한 비율이며, 생체중은 살아있는 생물의 무게이고 도체중은 생체에서 두부, 내장, 족 및 가죽 등 부분을 제외한 무게를 의미한다.

(2) 돼지 부문

손해액 = 보험가액 − 이용물 처분액 및 보상금 등

피보험자가 이용물을 처리할 때에는 반드시 재해보험사업자의 입회하에 처리하여야 하며 재해보험사업자의 입회 없이 이용물을 임의 처분한 경우에는 재해보험사업자가 인정 평가하여 손해액을 차감하고, 보험가액 산정 시 보험목적물이 임신 상태인 경우는 임신하지 않은 것으로 간주하여 평가한다.

※ 이용물 처리에 소요되는 제반 비용은 피보험자의 부담을 원칙으로 한다.

1) 종모돈의 보험가액 산정

종모돈은 종빈돈의 평가 방법에 따라 계산한 금액의 20%를 가산한 금액을 보험가액으로 한다.

2) 종빈돈의 보험가액 산정

종빈돈의 보험가액은 재해보험사업자가 정하는 전국 도매시장 비육돈 평균지육단가(탕박)에 의하여 아래 표의 비육돈 지육단가 범위에 해당하는 종빈돈 가격으로 한다. 다만, 임신, 분만 및 포유 등 종빈돈으로서 기능을 하지 않는 경우에는 비육돈의 산출방식과 같이 계산한다.

[종빈돈 보험가액(비육돈 지육단가의 범위에 해당하는 종빈돈 가격)]

비육돈 지육단가 (원/kg)	종빈돈 가격 (원/두당)	비육돈 지육단가 (원/kg)	종빈돈 가격 (원/두당)
1,949 이하	350,000	3,650 ~ 3,749	530,000
1,950 ~ 2,049	360,000	3,750 ~ 3,849	540,000

비육돈 지육단가 (원/kg)	종빈돈 가격 (원/두당)	비육돈 지육단가 (원/kg)	종빈돈 가격 (원/두당)
2,050 ~ 2,149	370,000	3,850 ~ 3,949	550,000
2,150 ~ 2,249	380,000	3,950 ~ 4,049	560,000
2,250 ~ 2,349	390,000	4,050 ~ 4,149	570,000
2,350 ~ 2,449	400,000	4,150 ~ 4,249	580,000
2,450 ~ 2,549	410,000	4,250 ~ 4,349	590,000
2,550 ~ 2,649	420,000	4,350 ~ 4,449	600,000
2,650 ~ 2,749	430,000	4,450 ~ 4,549	610,000
2,750 ~ 2,849	440,000	4,550 ~ 4,649	620,000
2,850 ~ 2,949	450,000	4,650 ~ 4,749	630,000
2,950 ~ 3,049	460,000	4,750 ~ 4,849	640,000
3,050 ~ 3,149	470,000	4,850 ~ 4,949	650,000
3,150 ~ 3,249	480,000	4,950 ~ 5,049	660,000
3,250 ~ 3,349	490,000	5,050 ~ 5,149	670,000
3,350 ~ 3,449	500,000	5,150 ~ 5,249	680,000
3,450 ~ 3,549	510,000	5,250 ~ 5,349	690,000
3,550 ~ 3,649	520,000	5,350 이상	700,000

3) 비육돈, 육성돈 및 후보돈의 보험가액

① 대상범위(적용체중) : 육성돈(31kg 초과~110kg 미만(출하 대기 규격돈 포함)까지 10kg 단위구간의 중간 생체중량)

단위구간 (kg)	31~40	41~50	51~60	61~70	71~80	81~90	91~100	101~110 미만
적용체중 (kg)	35	45	55	65	75	85	95	105

※ 단위구간은 사고돼지의 실측중량(kg/1두) 임

※ 110kg 이상은 110kg으로 한다.

② 110kg 비육돈 수취가격 = 사고 당일 포함 직전 5영업일 평균돈육대표가격 (전체, 탕박) × 110kg × 지급(육)율(76.8%)

③ 보험가액

보험가액
= 자돈가격(30kg 기준) + (적용체중 − 30kg) × {110kg 비육돈 수취가격 − 자돈가격(30kg 기준)} / 80

④ 위 ②의 돈육대표가격은 축산물품질평가원에서 고시하는 가격(원/kg) 적용

4) **자돈의 보험가액** : 자돈은 포유돈(젖먹이 돼지)과 이유돈(젖을 뗀 돼지)으로 구분하여 재해보험사업자와 계약 당시 협정한 가액으로 한다.

5) **기타 돼지의 보험가액** : 재해보험사업자와 계약 당시 협정한 가액으로 한다.

손해액 = 보험가액 − 이용물 처분액 및 보상금 등
※ 손해액 산정 : 손해가 생긴 때를 기준으로 산정한다.

(3) 가금 부문(닭, 오리, 꿩, 메추리, 칠면조, 거위, 타조, 관상조, 기타 재해보험사업자가 정하는 가금)

피보험자가 이용물을 처리할 때에는 반드시 재해보험사업자의 입회하에 처리하여야 한다. 재해보험사업자의 입회 없이 이용물을 임의 처분한 경우에는 재해보험사업자가 인정 평가하여 손해액을 차감하고, 이용물 처리에 소요되는 제반 비용은 피보험자의 부담을 원칙으로 한다.

1) **닭·오리의 보험가액** : 닭·오리의 보험가액은 종계, 산란계, 육계, 토종닭, 부화장 오리 모두 6가지로 분류하여 산정하며, 보험가액 산정에서 적용하는 평균 가격은 축산물품질평가원에서 고시하는 가격을 적용하여 산출하되 가격정보가 없는 경우에는 (사)대한양계협회의 가격을 적용한다.

① 종계의 보험가액

종계	해당주령	보험가액
병아리	생후 2주 이하	사고 당일 포함 직전 5영업일의 육용 종계 병아리 평균가격
성계	생후 3~6주	31주령 가격 × 30%
	생후 7~30주	31주령 가격 × (100%-((31주령-사고주령) × 2.8%))
	생후 31주	회사와 계약당시 협정한 가액
	생후 32~61주	31주령 가격 × (100%-((사고주령-31주령) × 2.6%))
	생후 62주~64주	31주령 가격 × 20%
노계	생후 65주 이상	사고 당일 포함 직전 5영업일의 종계 성계육 평균가격

② 산란계의 보험가액

산란계	해당주령	보험가액
병아리	생후 1주 이하	사고 당일 포함 직전 5영업일의 산란실용계 병아리 평균가격
	생후 2~9주	산란실용계병아리가격+((산란중추가격−산란실용계병아리가격) / 9)×(사고주령 − 1주령)
중추	생후 10~15주	사고 당일 포함 직전 5영업일의 산란중추 평균가격
	생후 16~19주	산란중추가격+((20주 산란계가격-산란중추가격) / 5)×(사고주령−15주령)
산란계	생후 20~70주	(550일−사고일령)×70%×(사고 당일 포함 직전 5영업일의 계란 1개 평균가격−계란 1개의 생산비)
산란노계	생후 71주 이상	사고 당일 포함 직전 5영업일의 산란성계육 평균가격

※ 계란 1개 평균가격은 중량규격(왕란/특란/대란이하)별 사고 당일 포함 직전 5영업일 평균가격을 중량규격별 비중으로 가중평균한 가격을 말한다.

※ 중량규격별 비중 : 왕란(2.0%), 특란(53.5%), 대란 이하(44.5%)

※ 산란계의 계란 1개의 생산비는 77원으로 한다.

※ 사고 당일 포함 직전 5영업일의 계란 1개 평균가격에서 계란 1개의 생산비를 공제한 결과가 10원 이하인 경우 10원으로 한다.

③ 육계의 보험가액

육계	주령	보험가액
병아리	생후 1주 미만	사고 당일 포함 직전 5영업일의 육용실용계 병아리 평균가격
육계	생후 1주 이상	사고 당일 포함 직전 5영업일의 육용실용계 평균가격(원/kg)에 발육표준표 해당 일령 사고 육계의 중량을 곱한 금액

④ 토종닭의 보험가액

토종닭	주령	보험가액
병아리	생후 1주 미만	사고 당일 포함 직전 5영업일의 토종닭 병아리 평균가격
토종닭	생후 1주 이상	사고 당일 포함 직전 5영업일의 토종닭 평균가격(원/kg)에 발육표준표 해당 일령 사고 토종닭의 중량을 곱한 금액. 단, 위 금액과 사육계약서상의 중량별 매입단가 중 작은 금액을 한도로 한다.

⑤ 부화장의 보험가액

구분	해당 주령	보험가액
종란	-	회사와 계약당시 협정한 가액
병아리	생후 1주 미만	사고당일 포함 직전 5영업일의 육용실용계 병아리 평균가격

⑥ 오리의 보험가액

오리	주령	보험가액
새끼오리	생후 1주 미만	사고 당일 포함 직전 5영업일의 새끼오리 평균가격
오리	생후 1주 이상	사고 당일 포함 직전 5영업일의 생체오리 평균가격(원/kg)에 발육표준표 해당 일령 사고 오리의 중량을 곱한 금액
종오리	생후 27주 이하	28주령 가격 × (1 − ((28주령 − 사고주령) × 2.9%))
	생후 28주	회사와 계약 당시 협정한 가액
	생후 29주~ 77주	28주령 가격 × (1 − ((사고주령-28주령) × 1.9%))
	생후 78주 이상	28주령 가격 × (1 − ((78주령-28주령) × 1.9%))

⑦ 발육표준표(가금)

육계				토종닭						오리			
일령	중량(g)	일령	중량(g)	일령	중량(g)	일령	중량(g)	일령	중량(g)	일령	중량(g)	일령	중량(g)
1	42	29	1,439	1	41	29	644	57	1,723	1	51	29	2,123
2	56	30	1,522	2	52	30	677	58	1,764	2	75	30	2,219
3	71	31	1,606	3	63	31	712	59	1,805	3	100	31	2,315
4	89	32	1,692	4	74	32	748	60	1,846	4	127	32	2,411
5	108	33	1,776	5	86	33	785	61	1,887	5	156	33	2,506
6	131	34	1,862	6	99	34	823	62	1,928	6	187	34	2,601
7	155	35	1,951	7	112	35	861	63	1,969	7	220	35	2,696
8	185	36	2,006	8	127	36	899	64	2,010	8	267	36	2,787
9	221	37	2,050	9	144	37	936	65	2,050	9	330	37	2,873
10	256	38	2,131	10	161	38	973	66	2,090	10	395	38	2,960
11	293	39	2,219	11	179	39	1,011	67	2,130	11	461	39	3,046
12	333	40	2,300	12	198	40	1,049	68	2,170	12	529	40	3,130
13	376			13	218	41	1,087	69	2,210	13	598	41	3,214
14	424			14	239	42	1,125	70	2,250	14	668	42	3,293
15	472			15	260	43	1,163	71	2,290	15	748	43	3,369
16	524			16	282	44	1,202	72	2,329	16	838	44	3,434
17	580			17	305	45	1,241	73	2,367	17	930	45	3,500
18	638			18	328	46	1,280	74	2,405	18	1,025		
19	699			19	353	47	1,319	75	2,442	19	1,120		
20	763			20	379	48	1,358	76	2,479	20	1,217		
21	829			21	406	49	1,397	77	2,515	21	1,315		
22	898			22	433	50	1,436	78	2,551	22	1,417		
23	969			23	461	51	1,477	79	2,585	23	1,519		
24	1,043			24	490	52	1,518	80	2,619	24	1,621		
25	1,119			25	519	53	1,559	81	2,649	25	1,723		
26	1,196			26	504	54	1,600	82	2,679	26	1,825		
27	1,276			27	580	55	1,641	83	2,709	27	1,926		
28	1,357			28	612	56	1,682	84	2,800	28	2,027		

※ 보험가액(중량×kg당 시세)이 병아리 시세보다 낮은 경우는 병아리 시세로 보상한다.
※ 육계 일령이 40일령을 초과한 경우에는 2.3kg으로 인정한다.
※ 토종닭 일령이 84일령을 초과한 경우에는 2.8kg으로 인정한다.
※ 오리 일령이 45일령을 초과한 경우에는 3.5kg으로 인정한다.
※ 삼계(蔘鷄)의 경우는 육계 중량의 70%를 적용한다.

2) **꿩, 메추리, 칠면조, 거위, 타조 등 기타 가금의 보험가액** : 보험계약 당시 협정한 가액으로 한다.

(4) 말, 종모우, 기타 가축 부문

① 가축재해보험 말, 종모우, 기타 가축 부문에서 손해액은 계약체결 시 계약자와 협의하여 평가한 보험가액 (이하 "협정보험가액"이라 한다)으로 한다.
② 다만, 고기, 가죽 등 이용물 처분액 및 보상금 등이 있는 경우에는 보험가액에서 이를 차감한 금액을 손해액으로 하며, 협정보험가액이 사고 발생 시의 보험가액을 현저하게 초과할 때에는 사고 발생 시의 가액을 보험가액으로 한다.

(5) 축사 부문

① 일반적으로 주택화재보험에서는 부보비율 조건부 실손 보상조항이 많이 적용되는데 동 조항이 적용되면 전부 또는 초과보험의 경우는 보험가액을 한도로 손해액을 전액 지급하지만 일부보험인 경우는 보험가입금액이 보험가액의 일정 비율 이상이면 보험가입금액 이내에서 실제 발생한 손해를 실손보상하고 일정 비율에 미달하면 비례보상한다.
② 축사부문에서도 위와 같이 부보비율 조건부 실손 보상조항을 적용하여 보험가입금액이 보험가액의 80% 이상인 경우는 전부보험으로 보고 비례보상 조항을 적용하지 않고 있으며 구체적인 계산방식은 아래와 같다.

- 보험가입금액이 보험가액의 80% 해당액과 같거나 클 때 : 보험가입금액을 한도로 손해 액 전액. 그러나, 보험가입금액이 보험가액보다 클 때에는 보험가액을 한도로 한다.
- 보험가입금액이 보험가액의 80% 해당액보다 작을 때 : 보험가입금액을 한도로 아래의 금액

$$\text{손해액} = \frac{\text{보험가입금액}}{\text{보험가액의 80\% 해당액}}$$

3 보험목적물의 감가

① 손해액은 그 손해가 생긴 때와 장소에서의 보험가액에 따라 계산한다. 보험목적물의 경년감가율은 손해보험협회의 "보험가액 및 손해액의 평가기준"을 준용하며, 이 보험목적물이 지속적인 개·보수가 이루어져 보험목적물의 가치증대가 인정된 경우 잔가율은 보온덮개·쇠파이프 조인 축사구조물의 경우에는 최대 50%까지, 그 외 기타 구조물의 경우에는 최대 70%까지로 수정하여 보험가액을 평가할 수 있다.

② 다만, 보험목적물이 손해를 입은 장소에서 6개월 이내 실제로 수리 또는 복구되지 않은 때에는 잔가율이 30% 이하인 경우에는 최대 30%로 수정하여 평가한다.

4 소(牛)도체결함보장 특약

(1) 손해액의 산정

특약에서 손해액은 사고소의 도체등급과 같은 등급의 전국평균 경락가격[등외등급 및 결함을 제외한 도체(정상도체)의 가격]과 사고소 도체의 경락가격으로 계산한 1두가격의 차액으로 한다.

> 보험가액 = 정상도체의 해당등급(사고소 등급)의 1두가격
> 손해액 = 정상도체의 해당등급(사고소 등급) − 사고소의 1두 경락가격

※ 1두가격 = 사고 전월 전국지육경매평균가격(원/지육kg) × 사고소(牛)의 도체중(kg)
단, kg당 전월 전국지육경매평균가격은 축산물품질평가원이 제시하는 가격을 따른다.

※ 도축 후 경매를 통하지 않고 폐기처분된 소의 손해액은 보통약관 소 부문의 손해액 산정방식을 따른다.

※ 도체의 결함 : 결함은 축산물품질평가사가 판정한 "근출혈(ㅎ), 수종(ㅈ), 근염(ㅇ), 외상(ㅅ), 근육제거(ㄱ), 기타(ㅌ)를 말한다.

(2) 지급보험금의 계산

상기 손해액의 산정에서 정한 보험가액 및 손해액을 기준으로 하여 아래에 따라 계산한 금액에서 자기부담금을 차감한 금액을 지급보험금으로 한다.

1) **보험가입금액이 보험가액과 같거나 클 때** : 보험가입금액을 한도로 손해액 전액. 그러나, 보험가입금액이 보험가액보다 클 때에는 보험가액을 한도로 한다.

2) **보험가입금액이 보험가액보다 작을 때** : 보험가입금액을 한도로 아래의 금액

$$\text{손해액} \times \frac{\text{보험가입금액}}{\text{보험가액}}$$

3) **동일한 계약의 보험목적과 동일한 사고** : 동일한 계약의 보험목적과 동일한 사고에 관하여 보험금을 지급하는 다른 계약(공제 계약을 포함한다)이 있고 이들의 보험가입금액의 합계액이 보험가액보다 클 경우에는 〈별표8〉에 따라 계산한다. 이 경우 보험자 1인에 대한 보험금 청구를 포기한 경우에도 다른 보험자의 지급보험금 결정에는 영향을 미치지 않는다.

4) **하나의 보험가입금액으로 둘 이상의 보험의 목적을 계약하는 경우** : 하나의 보험가입금액으로 둘 이상의 보험의 목적을 계약하는 경우에는 전체가액에 대한 각 가액의 비율로 보험가입금액을 비례배분하여 상기계산방법에 따라 지급보험금을 계산한다.

5) 상기 (2)의 방법에 따라 계산된 금액의 20%를 자기부담금으로 한다.

5 돼지 질병위험보장 특약

(1) **손해액 산정** : 보상할 손해액은 보통약관 돼지 부문의 손해액 산정 방법에 따라 산정하며 이 특약의 보험가액은 다음과 같이 산정한다.

$$\text{보험가액} = \text{모돈두수} \times 2.5 \times \text{자돈가격}$$

(2) **자기부담금** : 보통약관 지급보험금 계산방식에 따라서 계산한 금액에서 보험증권에 기재된 자기부담비율을 곱한 금액과 200만 원 중 큰 금액을 자기부담금으로 한다.

6 돼지 축산휴지위험보장 특약

(1) **용어의 정의** : 이 특약에서 사용하는 용어의 정의는 아래와 같다.

1) **축산휴지** : 보험의 목적의 손해로 인하여 불가피하게 발생한 전부 또는 일부의 축산업 중단을 말한다.

2) **축산휴지손해** : 보상위험에 의해 손해를 입은 결과 축산업이 전부 또는 일부 중단되어 발생한 사업이익과 보상위험에 의한 손해가 발생하지 않았을 경우 예상되는 사업이익의 차감금액을 말한다.

3) **사업이익** : 1두당 평균가격에서 경영비를 뺀 잔액을 말한다.

4) **보험가입금액** : 이 특약에서 지급될 수 있는 최대금액

5) **1두당 평균가격** : 비육돈 생체중량 100kg의 가격을 말한다.

6) **경영비** : 통계청에서 발표한 최근의 비육돈 평균경영비를 말한다.

7) **이익률** : 손해발생시에 다음의 산식에 의해 언어진 비율을 말한다.

$$이익률 = \frac{1두당비육돈(100kg\ 기준)의\ 평균가격 - 경영비}{1두당비육돈(100kg\ 기준)의\ 평균가격}$$

※ 단, 이 기간 중에 이익률이 16.5% 미만일 경우 이익률은 16.5%로 한다.

(2) 보상하는 손해

보험기간 동안 보험증권에 명기된 구내에서 보통약관 및 특약에서 보상하는 사고의 원인으로 피보험자가 영위하는 축산업이 중단 또는 휴지되었을 경우 생긴 손해액을 보상한다.

① 보험금은 이 특약의 보험가입금액을 초과할 수 없다.

② 피보험자가 피보험이익을 소유한 구내의 가축에 대하여 보통약관 또는 특약에 의한 보험금 지급이 확정된 경우에 한하여 보장한다.

(3) 보상하지 않는 손해

보통약관의 일반조항 및 돼지부문에서 보상하지 않는 손해에 추가하여 아래의 사유로 인해 발생 또는 증가된 손해는 보상하지 않는다.

① 사용, 건축, 수리 또는 철거를 규제하는 국가 또는 지방자치단체의 법령 및 이에 준하는 명령

② 리스, 허가, 계약, 주문 또는 발주 등의 정지, 소멸, 취소

③ 보험의 목적의 복구 또는 사업의 계속에 대한 방해

④ 보험에 가입하지 않은 재산의 손해

⑤ 관계당국에 의해 구내 출입금지 기간이 14일 초과하는 경우. 단, 14일까지는 보상한다.

(4) 손해액 산정

피보험자가 축산휴지손해를 입었을 경우 손해액은 보험가액으로 하며, 종빈돈에 대해서만 아래에 따라 계산한 금액을 보험가액으로 한다.

> 종빈돈 × 10 × 1두당 비육돈(100kg 기준) 평균가격 × 이익률
>
> ※ 단, 후보돈과 임신, 분만 및 포유 등 종빈돈으로서 기능을 하지 않는 종빈돈은 제외한다.

(5) 이익률의 조정

영업에 있어서 특수한 사정의 영향이 있는 때 또는 영업추세가 현저히 변화한 때에는 손해사정에 있어서 이익률에 공정한 조정을 하는 것으로 한다.

(6) 지급보험금의 계산

상기 (4) 손해액 산정에서 정한 보험가액 및 손해액을 기준으로 하여 제6절 보험금 지급 및 심사의 지급보험금 계산 방법에 따라 계산한다.

(7) 자기부담금

자기부담금은 적용하지 않는다.

(8) 손해의 경감

피보험자는 축산휴지로 인한 손해를 아래의 방법으로 경감할 수 있을 때는 이를 시행하여야 한다.

1) 보험의 목적의 전면적인 또는 부분적인 생산활동을 재개하거나 유지하는 것

2) 보험증권상에 기재된 장소 또는 기타 장소의 다른 재산을 사용하는 것

7 보험금

지급보험금의 계산방식은 전부보험, 초과보험의 경우는 보험가액을 한도로 손해액 전액을 보상하고 일부보험의 경우는 보험가입금액의 보험가액에 대한 비율에 따라서 손해액을 보상하며 중복보험의 경우는 각 보험증권별로 지급보험금 계산방식이 동일한 경우는 가입금액 비례분담방식, 다른 경우는 독립책임액분담방식으로 산정하게 된다.

(1) 지급보험 계산 방식

1) **지급할 보험금** : 지급할 보험금은 아래에 따라 계산한 금액에서 약관 각 부문별 제 규정에서 정한 자기부담금을 차감한 금액으로 한다.

① 보험가입금액이 보험가액과 같거나 클 때 : 보험가입금액을 한도로 손해액 전액. 그러나, 보험가입금액이 보험가액보다 클 때에는 보험가액을 한도로 한다.

② 보험가입금액이 보험가액보다 작을 때 : 보험가입금액을 한도로 아래의 금액

$$손해액 \times \frac{보험가입금액}{보험가액}$$

2) **동일한 계약의 목적과 동일한 사고** : 동일한 계약의 목적과 동일한 사고에 관하여 보험금을 지급하는 다른 계약이 있고 이들의 보험가입금액의 합계액이 보험가액보다 클 경우에는 〈별표8〉에 따라 계산한 금액에서 이 약관 각 부문별 제 규정에서 정한 자기부담금을 차감하여 지급보험금을 계산한다. 이 경우 보험자 1인에 대한 보험금 청구를 포기한 경우에도 다른 보험자의 지급보험금 결정에는 영향을 미치지 않는다.

① 이 보험계약이 타인을 위한 보험계약이면서 보험계약자가 다른 계약으로 인하여 상법 제682조에 따른 대위권 행사의 대상이 된 경우에는 실제 그 다른 계약이 존재함에도 불구하고 그 다른 계약이 없다는 가정하에 계산한 보험금을 그 다른 보험계약에 우선하여 이 보험계약에서 지급한다.

② 이 보험계약을 체결한 재해보험사업자가 타인을 위한 보험에 해당하는 다른 계약의 보험계약자에게 상법 제682조에 따른 대위권을 행사할 수 있는 경우에는 이 보험계약이 없다는 가정하에 다른 계약에서 지급받을 수 있는 보험금을 초과한 손해액을 보험계약에서 보상한다.

제682조(제3자에 대한 보험대위) ① 손해가 제3자의 행위로 인하여 발생한 경우에 보험금을 지급한 보험자는 그 지급한 금액의 한도에서 그 제3자에 대한 보험계약자 또는 피보험자의 권리를 취득한다. 다만, 보험자가 보상할 보험금의 일부를 지급한 경우에는 피보험자의 권리를 침해하지 아니하는 범위에서 그 권리를 행사할 수 있다. ② 보험계약자나 피보험자의 제1항에 따른 권리가 그와 생계를 같이 하는 가족에 대한 것인 경우 보험자는 그 권리를 취득하지 못한다. 다만, 손해가 그 가족의 고의로 인하여 발생한 경우에는 그러하지 아니하다.

3) **하나의 보험가입금액으로 둘 이상의 보험의 목적을 계약하는 경우** : 하나의 보험가입금액으로 둘 이상의 보험의 목적을 계약하는 경우에는 전체가액에 대한 각 가액의 비율로 보험가입금액을 비례배분하여 상기 규정에 따라 지급보험금을 계산한다.

8 자기부담금

① 가축재해보험에서 소, 돼지, 종모우, 가금, 기타 가축 부분의 자기부담금은 지급보험금의 계산방식에 따라서 계산한 금액에서 보험증권에 기재된 자기부담금비율을 곱한 금액을 자기부담금으로 한다. 다만 폭염·전기적장치·질병위험 특약의 경우 위의 자기부담금과 200만 원 중 큰 금액을 자기부담금으로 하며, 축사 부문의 풍수재·설해·지진으로 인한 손해의 경우 위의 자기부담금과 50만 원 중 큰 금액을 자기부담금으로 한다.

② 말 부문의 경우는 상기 지급보험금의 계산방식에 따라서 계산한 금액의 20%를 자기부담금으로 한다. 다만, 경주마(보험 가입 후 경주마로 용도 변경된 경우 포함)는 보험증권에 기재된 자기부담금 비율을 곱한 금액을 자기부담금으로 한다.

9 잔존보험가입금액

① 보험기간의 중도에 재해보험사업자가 일부손해의 보험금을 지급하였을 경우 손해발생일 이후의 보험기간에 대해서는 보험가입금액에서 그 지급보험금을 공제한 잔액을 보험가입금액으로 하여 보장하는데 이때 보험가입금액을 잔존보험가입금액이라고 한다.

② 가축재해보험은 돼지, 가금, 기타 가축, 축사부문에서 부문에서 약관 규정에 따라서 손해의 일부를 보상한 경우 보험가입금액에서 보상액을 뺀 잔액을 손해가 생긴 후의 나머지 보험기간에 대한 잔존보험가입금액으로 하고 있다.

10 비용손해의 지급한도

① 가축재해보험에서는 잔존물처리비용, 손해방지비용, 대위권 보전비용, 잔존물 보전비용, 기타 협력비용 등 5가지 비용손해를 보상하는 비용손해로 규정하고 있는데 이러한 비용손해의 지급한도는 다음과 같다.

- 가축재해보험 약관상 보험의 목적이 입은 손해에 의한 보험금과 약관에서 규정하는 잔존물 처리비용은 각각 지급보험금의 계산을 준용하여 계산하며, 그 합계액은 보험증권에 기재된 보험가입금액을 한도로 한다. 다만, 잔존물 처리비용은 손해액의 10%를 초과할 수 없다.
- 비용손해 중 손해방지비용, 대위권 보전비용, 잔존물 보전비용은 약관상 지급보험금의 계산을 준용하여 계산한 금액이 보험가입금액을 초과하는 경우에도 이를 지급한다. 단, 이 경우에 자기부담금은 차감하지 않는다.
- 비용손해 중 기타 협력비용은 보험가입금액을 초과한 경우에도 이를 전액 지급한다.

② 일부보험이나 중복보험인 경우에는 손해방지비용, 대위권 보전비용 및 잔존물 보전비용은 상기 비례분담방식 등으로 계산하며 자기부담금은 공제하지 않고 계산한 금액이 보험가입금액을 초과하는 경우도 지급하고, 기타 협력비용은 일부보험이나 중복보험인 경우에도 비례분담방식 등으로 계산하지 않고 전액 지급하며 보험가입금액을 초과한 경우에도 전액 지급한다.

11 보험금 심사

(1) 보험금 지급의 면·부책 판단

보험금 지급의 면·부책 판단은 보험약관의 내용에 따르며, 보험금 청구서류 서면심사 및 손해조사 결과를 검토하여 보험약관의 보상하는 손해에 해당되는지 그리고 보상하지 아니하는 손해에 해당하지는 않는지 판단하게 되며 면·부책 판단의 요건은 다음과 같다.

- 보험기간 내에 보험약관에서 담보하는 사고인지 여부
- 원인이 되는 사고와 결과적인 손해사이의 상당인과관계 여부
- 보험사고가 상법과 보험약관에서 정하고 있는 면책조항에 해당되는지 여부
- 약관에서 보상하는 손해 및 보상하지 아니하는 손해 조항 이외에도 알릴 의무 위반 효과에 의거 손해보상책임이 달라질 수 있으므로 주의

(2) 손해액 평가 : 손해액 산정 및 평가는 약관 규정에 따라서 평가한다.

(3) 보험금 지급심사 시 유의사항

1) **계약체결의 정당성 확인** : 보험계약 체결 시 보험 대상자(피보험자)의 동의 여부 등을 확인한다.

2) **고의, 역선택 여부 확인**

① 고의적인 보험사고를 유발하거나 허위사고 여부를 확인한다.

② 다수의 보험을 가입하고 고의로 사고를 유발하는 경우가 있으므로 특히 주의를 요하며, 보험계약이 역선택에 의한 계약인지 확인한다.

3) **고지의무위반 등 여부 확인** : 약관에서 규정하고 있는 계약 전, 후 알릴 의무 및 각종 의무 위반 여부를 확인한다.

4) **면책사유 확인** : 고지의무 위반 여부, 보험계약의 무효 사유, 보험사고 발생의 고의성, 청구서류에 고의로 사실과 다른 표기, 청구시효 소멸 여부 등을 확인한다.

5) 기타 확인

① 개별약관을 확인하여 위에 언급한 사항 이외에 보험금 지급에 영향을 미치는 사항이 있는지 확인한다.

② 미비된 보험금 청구 서류의 보완 지시로 인한 지연지급, 불필요한 민원을 방지하기 위하여, 보험금 청구서류 중 사고의 유무, 손해액 또는 보험금의 확정에 영향을 미치지 않는 범위 내에서 일부 서류를 생략할 수 있으며, 사고내용에 따라 추가할 수 있다.

12 보험사기 방지

(1) 보험사기 정의

보험사기는 보험계약자 등이 보험제도의 원리상으로는 취할 수 없는 보험혜택을 부당하게 얻거나 보험 제도를 역이용하여 고액의 보험금을 수취할 목적으로 고의적이며 악의적으로 행동하는 일체의 불법행위로써 형법상 사기죄의 한 유형으로 보험사기방지 특별법에서는 보험사기행위로 보험금을 취득하거나 제3자에게 보험금을 취득하게 한 자는 10년 이하의 징역 또는 5천만 원 이하의 벌금에 처하도록 규정하고 있다.

(2) 성립요건

1) **계약자 또는 보험 대상자에게 고의가 있을 것**

계약자 또는 보험 대상자의 고의에 보험자를 기망하여 착오에 빠뜨리는 고의와 그 착오로 인해 승낙의 의사표시를 하게 하는 것 등

2) **기망행위가 있을 것** : 기망이란 허위진술을 하거나 진실을 은폐하는 것, 통상 진실이 아닌 사실을 진실이라 표시하는 행위를 말하거나 알려야 할 경우에 침묵, 진실을 은폐하는 것도 기망행위에 해당

3) **상대방인 보험자가 착오에 빠지는 것** : 상대방인 보험자가 착오에 빠지는 것에 대하여 보험자의 과실 유무는 문제되지 않음

4) **상대방인 보험자가 착오에 빠져 그 결과 승낙의 의사표시를 한 것** : 착오에 빠진 것과 그로 인해 승낙 의사표시 한 것과 인과관계 필요

5) **사기가 위법일 것** : 사회생활상 신의성실의 원칙에 반하지 않는 정도의 기망 행위는 보통 위법성이 없다고 해석

(3) 사기행위자

사기행위에 있어 권유자가 사기를 교사하는 경우도 있으며, 권유자가 개입해도 계약자 또는 피보험자 자신에게도 사기행위가 있다면 고지의무 위반과 달리 보장개시일로부터 5년 이내에 계약을 취소할 수 있다.

(4) 사기증명

계약자 또는 피보험자의 사기를 이유로 보험계약의 무효를 주장하는 경우에 사기를 주장하는 재해보험사업자 측에서 사기 사실 및 그로 인한 착오 존재를 증명해야 한다.

(5) 보험사기 조치

① 청구한 사고보험금 지급을 거절 가능

② 약관에 의거하여 해당 계약을 취소할 수 있음

메 모

손해평가사 2차

기출문제+합격노트

농업정책보험금융원 발표 최신 내용 반영한 **기출문제**

방대한 이론을 정리한 **핵심이론**

농업정책보험금융원에서 발표한 최신 내용에 맞추어 기출문제를 수정하였으며,
개정에 따라 시험범위에 해당하지 않는 부분 등은 당해 시험 난이도의 문제로 대체하였습니다.

손해평가사 2차

핵심이론+기출문제

gongbu-haja 저

방대한 이론을 정리한 **핵심이론**

철저한 분석을 통한 **모범답안 제시**

농업정책보험금융원 발표 최신 내용 반영한 **10개년 기출문제**

다락원

PART

2

손해평가사 기출문제

제1회 손해평가사 기출문제

 농작물재해보험 및 가축재해보험의 이론과 실무

01 「농업재해보험·손해평가의 이론과 실무」에서 정하는 농업재해보험 관련 용어를 순서대로 쓰시오. (5점)

- (　　) : 영양조건, 기간, 기온, 일조시간 따위의 필요조건이 다차서 꽃눈이 형성되는 현상
- (　　) : 가입수확량 산정 및 적과종료 전 보험사고 시 감수량 산정의 기준이 되는 착과량
- (　　) : 당년에 자라난 새가지가 1 ~ 2mm 정도 자라기 시작하는 현상을 말한다.
- (　　) : 감수량 중 보상하는 재해 이외의 원인으로 감소한 양
- (　　) : 피보험이익을 금전으로 평가한 금액으로 보험목적에 발생할 수 있는 최대 손해액

02 다음 농작물재해보험 대상 품목 및 가입자격을 기준으로 (　　)의 내용을 순서대로 쓰시오. (5점)

- 콩 : 농지의 보험가입금액(생산액 또는 생산비) (　　) 이상
- 감자 : 농지의 보험가입금액(생산액 또는 생산비) (　　) 이상
- 차 : 농지의 면적이 (　　) 이상
- 보리 : 농지의 보험가입금액(생산액 또는 생산비) (　　) 이상
- 버섯재배사 및 버섯작물 : 단지 면적이 (　　) 이상

03 「농업재해보험·손해평가의 이론과 실무」에서 정하는 농작물재해보험 및 가축재해보험 관련 용어를 순서대로 쓰시오. (5점)

- (   ) : 못자리 등에서 기른 모를 농지로 옮겨심는 일
- (   ) : 물이 있는 논에 파종 하루 전 물을 빼고 종자를 일정 간격으로 점파하는 파종 방법
- (   ) : 벼(조곡)의 이삭이 줄기 밖으로 자란 상태
- (   ) : 바이러스의 감염에 의한 우제류 동물(소·돼지 등 발굽이 둘로 갈라진 동물)의 악성가축전염병(1종 법정가축전염병)으로 발굽 및 유두 등에 물집이 생기고, 체온상승과 식욕저하가 수반되는 것이 특징
- (   ) : 보험의 목적의 손해로 인하여 불가피하게 발생한 전부 또는 일부의 축산업 중단을 말함

04 다음 적과전 종합위험방식 과수 4종(사과, 배, 단감, 떫은감)의 품목별 보험가입이 가능한 주수의 합을 구하시오. (5점)

구분	재배형태	가입하는 해의 수령	주수
사과	일반재배	4년	200주
사과	밀식재배	3년	250주
배	-	3년	180주
단감	-	4년	260주
떫은감	-	6년	195주

05 다음 가축재해보험의 손해평가 절차에 관한 설명 중 괄호 안에 들어갈 내용을 순서대로 쓰시오. (5점)

보험금 지급 : 지급할 보험금이 결정되면 ( )이내에 지급하되, 지급보험금이 결정되기 전이라도, 피보험자의 청구가 있으면 추정보험금의 ( )까지 보험금 지급 가능

06 다음은 보험가입 거절 사례이다. 농작물재해보험 가입이 거절된 사유를 인수심사 인수제한목적물 기준으로 모두 서술하시오. (15점)

2015년 A씨는 경북 OO시로 귀농하였다. A씨의 농지는 하천에 소재하는 면적 990㎡의 과수원으로, 2021년 3월 현재 보험가입금액은 2,000만 원으로 파악되었다. 2019년 4월 반밀식재배방식으로 사과 1년생 묘목 300주를 가식한 후 2021년 3월 농작물재해보험 적과전 종합위험방식에 가입하려 한다.

07 다음 상품에 해당하는 보장방식을 보기에서 모두 선택하고 보장종료일을 〈예〉와 같이 서술하시오. (15점)

〈예〉 양파
수확감소보장 - 수확기 종료 시점(단, 이듬해 6월 30일을 초과할 수 없음)
경작불능보장 - 수확 개시 시점

〈보기〉
수확감소보장, 생산비보장, 경작불능(위험)보장, 과실손해(위험)보장, 재파종보장

옥수수	
마늘	
고구마	
차	
복분자	

08 작물특정 및 시설종합위험보장 방식 인삼 해가림시설에서 정하는 잔가율에 관하여 서술하시오. (15점)

09 농작물재해보험 손해평가에서 정하는 적과전 종합위험방식 과수 상품의 보상하지 않는 손해에 관하여 서술하시오. (단, 적과종료 이후에 한함).

10 다음 사례를 읽고 「농작물재해보험 및 가축재해보험의 이론과 실무」에서 정하는 기준에 따라 인수가능 여부와 해당 사유를 서술하시오. (15점)

A씨는 ○○시에서 6년 전 간척된 △△리 1번지(본인소유 농지 4,200㎡)와 4년 전 간척된 △△리 100번지(임차한 농지 1,000㎡, △△리 1번지와 인접한 농지)에 벼를 경작하고 있다. 최근 3년 연속으로 ○○시에 집중호우가 내려 호우경보가 발령되었고, A씨가 경작하고 있는 농지(△△리 1번지, △△리 100번지)에도 매년 침수피해가 발생하였다. 이에 A씨는 농작물재해보험에 가입하고자 가입금액을 산출한 결과 △△리 1번지 농지는 180만 원, △△리 100번지 농지는 50만 원이 산출되었다.

농작물재해보험 및 가축재해보험 손해평가의 이론과 실무

11 다음은 「농작물재해보험 및 가축재해보험 손해평가의 이론과 실무」에서 정하는 손해평가반 구성에 관한 내용이다. 괄호에 알맞은 내용을 쓰시오. (5점)

> 재해보험사업자 등은 보험가입자로부터 보험사고가 접수되면 ( )·( )·( ) 등에 따라 조사내용을 결정하고 지체 없이 손해평가반을 구성한다.

12 A과수원의 종합위험 수확감소보장방식 복숭아 품목의 과중조사를 실시하고자 한다. 다음 조건을 이용하여 과중조사 횟수, 최소 표본주수 및 최소 추출과실개수를 쓰시오. (5점)

> 〈조건〉
> - A과수원의 품종은 4종이다.
> - 각 품종별 수확시기는 다르다.
> - 최소 표본주수는 회차별 표본주수의 합계로 본다.
> - 최소 추출과실개수는 회차별 추출과실개수의 합계로 본다.
> - 위 조건 외 단서조항은 고려하지 않는다.

13 「농작물재해보험 및 가축재해보험 손해평가의 이론과 실무」에서 정하는 품목별 피해인정계수를 다음 〈예〉와 같이 순서대로 쓰시오. (5점)

〈예〉

복숭아	정상과(0)	50%(0.5)	80%(0.8)	100%(1)	병충해(0.5)

품목	
참다래	
포도	
밤	

14 다음은 「농작물재해보험 및 가축재해보험 손해평가의 이론과 실무」에서 정하는 농작물의 손해평가와 관련한 내용이다. 괄호에 알맞은 내용을 순서대로 쓰시오. (5점)

- 인삼 품목의 수확량 조사 시, 칸 넓이는 두둑폭과 고랑폭을 더한 합계에 (   )을/를 곱하여 산출한다.
- 매실 품목의 경우 품종별 적정 수확일자 및 조사 일자, 〈별표 4〉를 참조하여 품종별로 (   )을/를 조사한다.
- 복분자의 피해율은 (   )을/를 (   )로/으로 나누어 산출한다.

15 다음은 「농작물재해보험 및 가축재해보험 손해평가의 이론과 실무」에서 정하는 종합위험 수확감소보장방식 밭작물 품목의 품목별 수확량조사 적기에 관한 내용이다. 괄호에 알맞은 내용을 순서대로 쓰시오. (5점)

- 고구마 : (   )로/으로부터 120일 이후에 농지별로 조사
- 감자(고랭지재배) : (   )로/으로부터 110일 이후 농지별로 조사
- 마늘 : (   )와/과 (   )이/가 1/2 ~ 2/3 황변하여 말랐을 때와 해당 지역에 통상 수확기가 도래하였을 때 농지별로 조사
- 옥수수 : (   )이/가 나온 후 25일 이후 농지별로 조사

16 「농작물재해보험 및 가축재해보험 손해평가의 이론과 실무」에서 정하는 적과전 종합위험방식 과수 품목에 관한 다음 조사방법에 관하여 서술하시오. (15점)

적과후 착과수조사	
태풍(강풍) 낙엽률조사	
우박 착과피해조사	
고사나무조사	

17 다음의 계약사항과 조사내용에 관한 누적감수과실수를 계약별로 구하시오. (단, 계약사항은 계약 1, 2 조건에 따르고, 조사내용은 아래 표와 같다. 주어진 조건 외는 고려하지 않는다.) (20점)

• 계약사항

구분	상품명	가입특약	평년착과수	가입과실수	실제결과주수
계약 1	적과전 종합위험방식 (사과)	적과종료 이전 특정위험 5종 한정보장 특약	10,000개	8,000개	100주
계약 2	적과전 종합위험방식 (배)	없음	20,000개	15,000개	200주

• 조사내용

구분	재해종류	사고일자	조사일자	조사내용	
				적과전 종합위험방식 (계약 1)	적과전 종합위험방식 (계약 2)
적과종료이전	태풍	4월 20일	4월 21일	• 피해사실확인조사 • 미보상감수과실수 : 없음 • 미보상비율 : 0%	• 피해사실확인됨 • 미보상감수과실수 : 없음 • 미보상비율 : 0%
적과종료이전	우박	5월 15일	5월 16일	• 유과타박률조사 • 유과타박률 : 28% • 미보상감수과실수: 없음 • 미보상비율 : 0%	• 피해사실확인됨 • 미보상감수과실수 : 없음 • 미보상비율 : 0%
적과후 착과수	–		7월 10일	• 적과후 착과수 : 6,000개	• 적과후 착과수 : 9,000개

<table>
<tr>
<td rowspan="2">적과
종료
이후</td>
<td>태풍</td>
<td>8월
25일</td>
<td>8월
26일</td>
<td>• 낙과수조사(전수조사)
• 총낙과과실수 : 1,000개 / 나무피해 없음
<table><tr><td>피해
과실
구분</td><td>100
%</td><td>80
%</td><td>50
%</td><td>정상</td></tr><tr><td>과실수
(개)</td><td>500</td><td>300</td><td>120</td><td>80</td></tr></table>• 미보상감수과실수 : 없음</td>
<td>• 낙과수조사(전수조사)
• 총낙과과실수 : 2,000개 / 나무피해 없음
<table><tr><td>피해
과실
구분</td><td>100
%</td><td>80
%</td><td>50
%</td><td>정상</td></tr><tr><td>과실수
(개)</td><td>700</td><td>800</td><td>320</td><td>180</td></tr></table>• 미보상감수과실수 : 없음</td>
</tr>
<tr>
<td>우박</td>
<td>5월
15일</td>
<td>9월
10일</td>
<td>• 착과피해조사(표본조사)
<table><tr><td>피해
과실
구분</td><td>100
%</td><td>80
%</td><td>50
%</td><td>정상</td></tr><tr><td>과실수
(개)</td><td>10</td><td>10</td><td>14</td><td>66</td></tr></table>• 미보상감수과실수 : 없음</td>
<td>• 착과피해조사(표본조사)
<table><tr><td>피해
과실
구분</td><td>100
%</td><td>80
%</td><td>50
%</td><td>정상</td></tr><tr><td>과실수
(개)</td><td>20</td><td>50</td><td>20</td><td>10</td></tr></table>• 미보상감수과실수 : 없음</td>
</tr>
</table>

※ 자연낙과 등은 고려하지 않는다.

(1) 계약 1 누적감수과실수?

(2) 계약 2 누적감수과실수?

18 종합위험방식 밭작물 고추에 관하여 수확기 이전에 보험사고가 발생한 경우 보기의 조건에 따른 생산비보장보험금을 산정하시오. (단, 주어진 조건 외는 고려하지 않는다.) (10점)

- 보험가입금액 : 10,000,000원
- 보상액(기발생 생산비보장보험금합계액) : 5,000,000원
- 자기부담금 : 250,000원
- 준비기생산비계수 : 49.5%
- 생장일수 : 50일
- 표준생장일수 : 100일
- 면적피해비율 : 50%
- 평균손해정도 비율 : 80%
- 병충해 등급별 인정비율 : 70%
- 미보상비율 : 0%

19 「농작물재해보험 및 가축재해보험의 이론과 실무」에서 정하는 종합위험방식 벼 상품에 관한 다음 2가지 물음에 답하시오. (15점)

(1) 재이앙·재직파 보험금, 경작불능 보험금, 수확감소 보험금의 지급사유를 각각 서술하시오.

(2) 아래 조건 〈1, 2, 3〉에 따른 보험금을 각각 산정하시오. (단, 아래의 조건들은 지급사유에 해당된다고 가정한다.)

〈조건 1 : 재이앙·재직파 보험금〉

- 보험가입금액 : 2,000,000원
- 자기부담비율 : 20%
- (면적)피해율 : 50%
- 미보상감수면적 : 없음

〈조건 2 : 경작불능 보험금〉

- 보험가입금액 : 2,000,000원
- 자기부담비율 : 15%
- 식물체 80% 고사

〈조건 3 : 수확감소보험금〉

- 보험가입금액 : 2,000,000원
- 자기부담비율 : 20%
- 평년수확량 : 1,400kg
- 수확량 : 500kg
- 미보상감수량 : 200kg

20 벼 상품의 수확량조사 3가지 유형을 구분하고, 각 유형별 수확량 조사시기와 조사방법에 관하여 서술하시오. (15점)

유형	조사시기	조사방법

농업정책보험금융원에서 발표한 최신 내용에 맞추어 기출문제를 수정하였으며, 개정에 따라 시험범위에 해당하지 않는 부분 등은 당해 시험 난이도의 문제로 대체하였음을 알려드립니다.

제2회 손해평가사 기출문제

농작물재해보험 및 가축재해보험의 이론과 실무

01 다음은 농작물재해보험 관련 용어이다. 괄호 안에 들어갈 옳은 내용을 순서대로 쓰시오. (5점)

> "평년수확량"이란 가입년도 직전 (　　) 중 보험에 가입한 연도의 (　　)와/과 (　　)을/를 (　　)에 따라 가중 평균하여 산출한 해당 농지에 기대되는 수확량

02 다음과 같이 3개의 사과 과수원을 경작하고 있는 A씨가 적과전 종합위험방식 보험상품에 가입하고자 할 경우, 계약인수단위 규정에 따라 보험가입이 가능한 과수원 구성과 그 이유를 쓰시오. (5점)

구분	가입조건	소재지
1번 과수원	• '후지' 품종 4년생(반밀식재배) • 보험가입금액 130만 원	서울시 종로구 부암동
2번 과수원	• '미얀마' 품종 5년생(일반재배) • 보험가입금액 110만 원	서울시 종로구 부암동
3번 과수원	• '쓰가루' 품종 6년생(밀식재배) • 보험가입금액 290만 원	서울시 종로구 신영동

03 다음의 조건으로 농업용시설물 및 시설작물(오이)을 종합위험방식 원예시설보험에 가입하려고 한다. 보험가입 가능여부를 판단하고, 그 이유를 쓰시오. (단, 주어진 조건 외에는 고려하지 않는다.) (5점)

- 단지면적 900㎡
- 시설작물 오이의 재배면적은 시설면적의 50%
- 시설작물 오이의 재식밀도 : 1,500주/10a

04 농작물재해보험계약의 내용 중 보험료 환급에 관한 설명이다. 괄호 안에 들어갈 내용을 순서대로 쓰시오. (5점)

- 계약자 또는 피보험자의 책임 없는 사유에 의하여 계약이 무효가 된 경우에는 납입한 계약자부담보험료의 (①)을 환급한다.
- 계약자 또는 피보험자의 책임 있는 사유에 의하는 경우에는 계산한 해당월 (②)에 따른 환급보험료를 지급한다.
- 계약자, 피보험자의 고의 또는 (③)로 무효가 된 때에는 보험료를 반환하지 않는다.
- 계약의 무효, 효력상실 또는 해지로 인하여 반환해야 할 보험료가 있을 때에는 계약자는 환급금을 청구하여야 하며, 청구일의 다음 날부터 지급일까지의 기간에 대하여 '보험개발원이 공시하는 (④)'을 (⑤)로 계산한 금액을 더하여 지급한다.

05 다음 조건에 따라 적과전 종합위험방식Ⅱ 보험상품에 가입할 경우, 보험료를 산출하시오. (단, 주어진 조건 외에는 고려하지 않는다.) (5점)

- 품목 : 사과
- 보험가입금액 : 10,000,000원
- 보험요율 : 20%
- 손해율에 따른 할인율 : 20%
- 방재시설할인율 : 10%

06 적과전 종합위험방식 보험상품에 가입하는 경우 다음과 같은 조건에서 각 물음에 답하시오. (단, 결과주수 1주당 가입가격은 10만 원으로 하며, 주어진 조건 외에는 고려하지 않는다.) (15점)

'신고' 배 6년생 700주를 실제 경작하고 있는 A씨는 최근 3년간 동 보험에 가입하였으며, 3년간 수령한 보험금은 순보험료의 60%였다. 주계약의 보험가입금액은 1,000만 원으로서 계약자가 선택할 수 있는 최저 자기부담비율을 선택하고, 특약으로는 나무손해보장 특약만을 선택하여 보험에 가입하고자 한다.

(1) 과실손해보장(주계약)의 자기부담비율을 구하시오. (7점)

(2) 나무손해보장 특약의 보험가입금액 및 자기부담비율을 구하시오. (8점)

07 종합위험 비가림시설 피해조사에 관한 내용이다. 각 물음에 답하시오. (단, 단위를 사용할 경우는 반드시 기입하시오.) (15점)

(1) 비가림시설 피해조사를 하는 품목 3가지를 모두 쓰시오. (3점)

(2) 종합위험 비가림시설 피해조사기준에 대하여 약술하시오. (3점)

(3) 종합위험 비가림시설 피해조사 평가단위에 대하여 약술하시오. (3점)

(4) 종합위험 비가림시설 피해조사방법에 대하여 피복재와 구조체로 나누어 각각 약술하시오. (6점)

08 다음은 적과전 종합위험방식의 보험가입금액의 감액에 관한 내용이다. 주어진 내용을 보고 각 물음에 답하시오. (단, 주어진 조건 외에는 고려하지 않는다.) (15점)

(1) 어떤 경우에 보험가입금액을 감액하는지 약술하시오. (3점)

(2) 보험가입금액을 감액하는 경우, 아래 주어진 내용을 보고 차액보험료를 산출하시오. (6점)

- 단감 '부유' 품종을 경작하는 A씨는 적과전 종합위험방식 보험에 가입하였다. 보험가입시에 착과감소보험금의 보장수준은 가장 낮은 것으로 선택하였고, 자기부담비율은 20%형을 선택하였으며, 적과종료 이전 특정위험 5종 한정보장 특별약관에 가입하였다.
- 감액분 계약자부담보험료 150,000원, 미납입보험료 0원

(3) 차액보험료의 지급기한에 대하여 약술하시오. (3점)

(4) 차액보험료를 다시 정산하는 경우를 약술하시오. (3점)

09 다음은 종합위험 수확감소보장방식 품목들(벼, 조사료용 벼, 밀, 보리)에 관한 내용이다. 아래 빈칸에 알맞은 내용을 순서대로 쓰시오. (15점)

(1) 보험기간

보장	보험의목적	보험기간	
		보장개시	보장종료
재이앙재직파 보장	벼(조곡)	이앙(직파)완료일 24시 다만, 보험계약시 이앙(직파)완료일이 경과한 경우에는 계약체결일 24시	(①)(2점)
경작불능 보장	벼(조곡), 조사료용 벼	이앙(직파)완료일 24시 다만, 보험계약시 이앙(직파)완료일이 경과한 경우에는 계약체결일 24시	(②)(2점) 다만, 조사료용 벼의 경우 8월31일
	밀, 보리, 귀리	계약체결일 24시	(③)(2점)
수확감소 보장	벼(조곡)	이앙(직파)완료일 24시 다만, 보험계약시 이앙(직파)완료일이 경과한 경우에는 계약체결일 24시	수확기 종료 시점 다만, (④)(2점)을 초과할 수 없음
	밀, 보리, 귀리	계약체결일 24시	수확기 종료 시점 다만, (⑤)(2점)을 초과할 수 없음

(2) 아래 표의 〈예〉와 같이 품목별로 보장하는 사항에 ○표시를 한다고 했을 때, 아래표에 전체 ○는 총 몇 개가 되는가? (단, 〈예〉의 동그라미 5개를 포함한 숫자를 쓰시오.) (5점)

구분	품목	보장명 (보통약관)				
		이앙·직파 불능보장	재이앙·재직파 보장	수확감소 보장	경작불능 보장	수확불능 보장
종합위험 수확감소 보장	〈예〉 벼	○	○	○	○	○
	조사료용 벼					
	밀					
	보리					

10 다음은 종합위험 수확감소보장방식 양파 품목에 관한 내용이다. 각 물음에 답하시오. (15점)

(1) 종합위험 수확감소보장방식 양파 품목의 경작불능보험금 지급사유를 약술하시오. (2점)

(2) 종합위험 수확감소보장방식 양파 품목의 경작불능보험금의 지급효과를 약술하시오. (3점)

(3) 종합위험 수확감소보장방식 양파 품목의 인수제한 농지(10개만)를 쓰시오. (단, 10개를 초과하여 답안 기재시 문제 배점을 한도로 틀린 갯수마다 1점씩을 차감함) (10점)

농작물재해보험 및 가축재해보험 손해평가의 이론과 실무

11 다음의 조건에 따른 적과전 종합위험방식 사과 품목의 실제결과주수와 나무손해보장 특별약관에 의한 보험금을 구하시오. (5점)

나무손해보장 특별약관 보험가입금액	8,000만 원
가입일자 기준 과수원에 식재된 모든 나무수	1,000주
인수조건에 따라 보험에 가입할 수 없는 나무수	150주
보상하는 손해(태풍)로 고사된 나무수	85주
보상하는 손해 이외의 원인으로 고사한 나무수	100주

(1) 실제결과주수는 몇 주인가? (2점)

(2) 위 경우 나무손해보장 특별약관 보험금은 얼마인가? (3점)

12 다음은 인삼 해가림시설 손해조사에 관한 내용이다. 밑줄 친 틀린 내용을 알맞은 내용으로 수정하시오. (5점)

> • 피해 칸에 대하여 전체파손 및 부분파손 ① (30%형, 60%형, 90%형)(2점)으로 나누어 각 칸수를 조사한다.
> • 산출된 피해액에 대하여 감가상각을 적용하여 손해액을 산정한다. 다만, 피해액이 보험가액의 20%를 초과하면서 감가 후 피해액이 보험가액의 20% 미만인 경우에는 ② 감가상각을 적용하지 않는다.(2점)
> • 해가림시설 보험금과 잔존물 제거비용의 합은 보험증권에 기재된 해가림시설의 보험가입금액을 한도로 한다. 단, 잔존물 제거비용은 ③ 보험가입금액의 20%(1점)를 초과할 수 없다.

13 다음은 수확전 종합위험보장방식 복분자 품목의 종합위험 과실손해조사에서의 고사결과모지수 산출방법에 관한 내용이다. 괄호에 알맞은 내용을 순서대로 쓰시오. (5점)

> 고사결과모지수는 기준 살아있는 결과모지수에서 (①)(2점) 고사결과모지수를 뺀 후 (②)(1점) 고사결과모지수를 더한 값을 (③)(2점)결과모지수에서 빼어 산출한다.

14 종합위험 수확감소보장방식 감자 품목의 병충해에 의한 피해사실 확인 후 보험금 산정을 위한 표본조사를 실시하였다. 한 표본구간에서 가루더뎅이병으로 피해를 입은 괴경의 무게는 10kg이고 손해정도는 50%인 경우 이 표본구간의 병충해감수량은? (단, 주어진 조건 외에는 고려하지 않는다.) (5점)

15 다음은 종합위험 수확감소보장방식 밭작물 품목별 표본구간별 수확량 조사방법에 관한 내용이다. 밑줄 친 부분에 알맞은 내용을 순서대로 쓰시오. (5점)

품목	표본구간별 수확량 조사방법
양파	표본구간 내 작물을 수확한 후, 종구 (①) 윗부분 줄기를 절단하여 해당 무게를 조사(단, 양파의 최대지름이 6cm 미만인 경우에는 80%(보상하는 재해로 인해 피해가 발생하여 일반시장 출하가 불가능하나, 가공용으로는 공급될 수 있는 작물을 말하며, 가공공장 공급 및 판매 여부와는 무관), 100%(보상하는 재해로 인해 피해가 발생하여 일반시장 출하가 불가능하고 가공용으로도 공급될 수 없는 작물) 피해로 인정하고 해당 무게의 20%, 0%를 수확량으로 인정)
마늘	표본구간 내 작물을 수확한 후, 종구 (②) 윗부분을 절단하여 무게를 조사(단, 마늘통의 최대지름이 2cm(한지형), (③)(난지형) 미만인 경우에는 80%(보상하는 재해로 인해 피해가 발생하여 일반시장 출하가 불가능하나, 가공용으로는 공급될 수 있는 작물을 말하며, 가공공장 공급 및 판매 여부와는 무관), 100%(보상하는 재해로 인해 피해가 발생하여 일반시장 출하가 불가능하고 가공용으로도 공급될 수 없는 작물) 피해로 인정하고 해당 무게의 20%, 0%를 수확량으로 인정)
감자	표본구간 내 작물을 수확한 후 정상 감자, 병충해별 20% 이하, 21 ~ 40% 이하, 41 ~ 60% 이하, 61 ~ 80% 이하, 81 ~ 100% 이하 발병 감자로 구분하여 해당 병충해명과 무게를 조사하고 (④)이 5cm 미만이거나 피해정도 50% 이상인 감자의 무게는 실제 무게의 (⑤)를 조사 무게로 함

16 종합위험 수확감소보장방식 과수 품목 중 자두 품목 수확량조사의 착과수조사방법에 관하여 서술하시오. (15점)

17 다음의 계약사항과 조사내용으로 적과종료 이후 누적감수과실수를 구하시오. (단, 각 감수과실수는 소수점 첫째자리에서 반올림하여 정수단위로 구하시오.) (15점)

• 계약사항

상품명	가입특약	평년착과수	가입과실수	실제결과주수
특정위험방식 단감	적과종료 이전 특정위험 5종 한정보장 특별약관	10,000개	8,000개	100주

• 조사내용

<table>
<tr><th>구분</th><th>재해 종류</th><th>사고 일자</th><th>조사 일자</th><th>조사내용</th></tr>
<tr><td>적과후 착과수</td><td colspan="2">-</td><td>7월 10일</td><td>• 적과후 착과수 5,000개</td></tr>
<tr><td rowspan="3">적과 종료 이후</td><td>태풍</td><td>9월 08일</td><td>9월 09일</td><td>• 낙과피해조사(전수조사)
• 총낙과과실수:1,000개/나무피해 없음
• 미보상감수과실수 없음
<table>
<tr><td>피해과실 구분</td><td>100%</td><td>80%</td><td>50%</td><td>정상</td></tr>
<tr><td>과실수</td><td>1,000개</td><td>0</td><td>0</td><td>0</td></tr>
</table>
• 낙엽피해조사
- 낙엽률 30%(경과일수 100일) / 미보상비율 0%</td></tr>
<tr><td>우박</td><td>5월 10일</td><td>10월 30일</td><td>• 수확전 착과피해조사(표본조사)
단, 태풍 사고 이후 착과수는 변동없음
<table>
<tr><td>피해과실 구분</td><td>100%</td><td>80%</td><td>50%</td><td>정상</td></tr>
<tr><td>과실수</td><td>4개</td><td>20개</td><td>20개</td><td>56개</td></tr>
</table></td></tr>
<tr><td>가을 동상해</td><td>11월 04일</td><td>11월 05일</td><td>• 가을동상해 착과피해조사(표본조사)
• 사고당시 착과과실수 : 3,000개
<table>
<tr><td>피해과실 구분</td><td>100%</td><td>80%</td><td>50%</td><td>정상</td></tr>
<tr><td>과실수</td><td>6개</td><td>30개</td><td>20개</td><td>44개</td></tr>
</table></td></tr>
</table>

※ 주어진 조건 외에, 적과 이후 자연낙과 등은 감안하지 않는다.

18 다음은 종합위험 수확감소보장방식 논작물(메벼)에 관한 내용이다. 아래 주어진 내용을 보고, 각 물음에 답하시오. (단, 주어진 조건 외에는 고려하지 않는다.) (15점)

• 계약내용

보험가입금액	가입면적 (=실제경작면적)	평년수확량	표준수확량	자기부담비율
10,200,000원	6,000㎡	6,000kg	5,000kg	20%

• 조사내용

〈수량요소조사〉

조사내용	1번 포기	2번 포기	3번 포기	4번 포기
포기당 이삭수	15	16	17	15
이삭당 완전낟알수	51	49	81	75

※ 미보상비율 10%, 피해면적 보정계수 1

〈조사수확비율 환산표〉

점수 합계	조사수확비율(%)	점수 합계	조사수확비율(%)
10점 미만	0% ~ 20%	16점 ~ 18점	61% ~ 70%
10점 ~ 11점	21% ~ 40%	19점 ~ 21점	71% ~ 80%
12점 ~ 13점	41% ~ 50%	22점 ~ 23점	81% ~ 90%
14점 ~ 15점	51% ~ 60%	24점 이상	91% ~ 100%

※ 조사수확비율은 해당 구간의 가장 낮은 비율을 채택함

〈표본조사〉

실제경작 면적	고사 면적	미보상 면적	표본구간 면적합계	표본구간 작물중량합계	함수율 (3회평균)	미보상 비율
6,000㎡	700㎡	300㎡	1.2㎡	0.8kg	17%	10%

(1) 수량요소조사의 피해율을 산출하시오. (단, 수확량과 미보상감수량은 kg단위로 소수점 첫째자리에서 반올림하여 정수단위로 구한다.) (5점)

(2) 표본조사의 피해율을 산출하시오. (단, 수확량과 미보상감수량은 kg단위로 소수점 첫째자리에서 반올림하여 정수단위로 구한다.) (5점)

(3) 위에 주어진 자료를 보고, 수확감소보험금을 산출하시오. (5점)

19 다음은 종합위험방식 마늘 품목에 관한 내용이다. 다음 물음에 답하시오. (15점)

(1) 재파종보험금의 지급사유와 그 계산식을 약술하시오. (7점)

(2) 다음의 계약사항과 보상하는 손해에 따른 조사내용에 관하여 재파종보험금을 구하시오. (단, 1a는 100㎡이다.) (8점)

• 계약사항

상품명	보험가입금액	가입면적	평년수확량	자기부담비율
종합위험방식 마늘	1,000만 원	4,000㎡	5,000kg	20%

• 조사내용

조사종류	조사방식	1㎡당 출현주수(1차 조사)	1㎡당 출현주수(2차 조사)
재파종조사	표본조사	18주	32주

20 아래 주어진 내용을 보고 각 물음에 답하시오. (단, 피해율은 %단위로 소수점 셋째자리에서 반올림하여 둘째자리까지 다음 예시와 같이 구하시오. 예시 : 0.12345 → 12.35%) (15점)

• 계약사항

상품명	보험가입금액	가입면적	평년수확량	자기부담비율	기준가격
농업수입감소보장보험 콩	900만 원	10,000㎡	2,470kg	20%	3,900원/kg

• 조사내용

조사종류	조사방식	실제경작면적	고사면적	타작물 및 미보상면적
수확량조사	표본조사	10,000㎡	1,000㎡	0㎡

기수확면적	표본구간 수확량 합계	표본구간 면적합계	미보상감수량	수확기가격
2,000㎡	1.2kg	12㎡	200kg	4,200원/kg

(1) 수확량을 산출하시오. (6점)

(2) 기준수입을 산출하시오. (2점)

(3) 실제수입을 산출하시오. (3점)

(4) 피해율을 산출하시오. (2점)

(5) 농업수입감소보험금을 산출하시오. (2점)

농업정책보험금융원에서 발표한 최신 내용에 맞추어 기출문제를 수정하였으며, 개정에 따라 시험범위에 해당하지 않는 부분 등은 당해 시험 난이도의 문제로 대체하였음을 알려드립니다.

제3회 손해평가사 기출문제

농작물재해보험 및 가축재해보험의 이론과 실무

01 농업재해보험·손해평가의 이론과 실무에서 정하는 농작물재해보험 관련 용어의 정의로 괄호 안에 들어갈 내용을 순서대로 쓰시오. (5점)

- 보험의 목적 : 보험의 약관에 따라 보험에 가입한 목적물로 보험증권에 기재된 농작물의 (①) 또는 (②), 시설작물 재배용 (③), 부대시설 등
- 표준수확량 : 가입품목의 품종, (④), (⑤) 등에 따라 정해진 수확량

02 다음은 농작물재해보험 적과전 종합위험방식 과수 품목에 관한 내용이다. 괄호에 들어갈 내용을 순서대로 쓰시오. (5점)

<table>
<tr><th colspan="2">대상재해</th><th>가입대상품목</th><th>보장개시</th><th>보장종료</th></tr>
<tr><td rowspan="3">적과
종료
이후</td><td rowspan="2">가을
동상해
보장</td><td>사과, 배</td><td rowspan="2">Y년
(①)</td><td>수확기 종료 시점
다만, Y년 (②)을
초과할 수 없음</td></tr>
<tr><td>단감, 떫은감</td><td>수확기 종료 시점
다만, Y년 (③)을
초과할 수 없음</td></tr>
<tr><td>일소
피해
보장</td><td>사과, 배,
단감, 떫은감</td><td>적과종료 이후</td><td>Y년 (④)</td></tr>
</table>

※ Y는 해당 품목 판매개시일이 속하는 연도이다.

※ 가입가격 : 보험에 가입할 때 결정한 과실의 (⑤)(나무손해보장 특별약관의 경우에는 보험에 가입한 나무의 1주당 가격)으로 한 과수원에 다수의 품종이 혼식된 경우에도 품종과 관계없이 동일하다.

03 농작물재해보험 자두 품목의 아래 손해 중 보상하는 손해는 “O”로, 보상하지 않는 손해는 “×”로 괄호에 순서대로 표기하시오. (5점)

① 세균구멍병으로 발생한 손해……………………………………………………(①)
② 제초작업, 시비관리 등 통상적인 영농활동을 하지 않아 발생한 손해………(②)
③ 기온이 0°C 이상에서 발생한 이상저온에 의한 손해…………………………(③)
④ 계약 체결시점 현재 기상청에서 발령하고 있는 기상특보 발령 지역의 기상특보 관련 재해로 인한 손해……………………………………………………(④)
⑤ 최대순간풍속 15m/sec의 바람으로 발생한 손해……………………………(⑤)

04 ○○도 △△시 관내에서 매실과수원(천매 10년생, 200주)을 하는 A씨는 농작물재해보험 매실품목의 나무손해보장특약에 200주를 가입한 상태에서 보험기간 내 침수로 50주가 고사되는 피해를 입었다. A씨의 피해에 대한 나무손해보장특약 보험금을 그 산식과 함께 구하시오. (단, 보험가입금액은 20,000,000원으로 한다.) (5점)

05 가축재해보험 정부 지원 관련 내용 중 괄호에 들어갈 내용을 순서대로 쓰시오. (5점)

• 지원요건

• 「농어업경영체법」 제4조에 따라 해당 축종으로 (①)를 등록한자
• 축산법 제22조 제1항 및 제3항에 따른 (②)를 받은 자
• 축사는 「가축전염병예방법」 제19조에 따른 경우에는 (③)이 없어도 축사에 대해 정부지원이 가능하다. 건축물관리대장상 (④)용도 등 (⑤)은 정부지원에서 제외함

06 농업정책보험금융원 등재 「농업재해보험·손해평가의 이론과 실무」에 따른 적과전 종합위험방식 나무손해보장특약에 관한 내용이다. 각 물음에 답하시오. (15점)

(1) 나무손해보장 특약 선택 시 보상하는 재해를 모두 쓰시오. (단, 부분점수 없음) (5점)

(2) 나무손해보장특약의 보상하지 않는 손해(재해) 10가지를 쓰시오. (단, 10가지를 초과하여 쓰지 마시오, 10가지 초과 기재 시 첫 번째 답안부터 열 번째 답안까지만 유효답안으로 처리하고, 초과부분은 무효처리하고 채점하지 않음) (10점)

07 농업정책보험금융원 등재 「농업재해보험·손해평가의 이론과 실무」에서 정하는 원예시설 및 시설작물에 관한 내용이다. 아래 물음에 답하시오. (15점)

(1) 농업정책보험금융원 등재 「농업재해보험·손해평가의 이론과 실무」에서 정하는 원예시설의 자기부담금에 대해 서술하시오. (8점)

(2) 농업정책보험금융원 등재 「농업재해보험·손해평가의 이론과 실무」에서 정하는 원예시설 시설작물의 소손해면책금에 대해 약술하시오. (7점)

08 농작물재해보험 종합위험방식 벼 품목의 보험금 지급사유와 지급금액 산출식에 관한 내용이다. 각 물음에 답하시오. (단, 아래 모든 물음은 자기부담비율 15%형 기준으로 답한다.) (15점)

(1) 벼 품목의 경작불능보험금의 지급사유와 지급금액 산출식을 쓰시오. (5점)

(2) 벼 품목의 수확감소보험금의 지급사유와 지급금액 산출식을 쓰시오. (5점)

(3) 벼 품목의 수확불능보험금의 지급사유와 지급금액 산출식을 쓰시오. (5점)

09 농업수입감소보장방식 포도 품목 캠벨얼리(노지)의 기준가격(원/kg)과 수확기가격(원/kg)을 그 산식과 함께 구하시오. (단, 2017년 포도를 수확하는 것으로, 2016년을 보험가입직전 1년으로 보고 풀이하며, 농가 수취비율은 80.0%로 정함) (15점)

년도	서울 가락도매시장 캠벨얼리(노지) 연도별 평균 가격(원/kg)	
	중품	상품
2011	3,500	3,700
2012	3,000	3,600
2013	3,200	5,400
2014	2,500	3,200
2015	3,000	3,600
2016	2,900	3,700
2017	3,000	3,900

(1) 기준가격? (부분점수 없음) (8점)

(2) 수확기가격? (부분점수 없음) (7점)

10 가축재해보험에서 유량검정젖소의 (1) 정의와 가입기준, (2) 대상농가, (3) 대상젖소에 관하여 서술하시오. (15점) (각 5점)

11 다음은 농업재해보험 관련 용어의 정의이다. 설명하는 내용에 알맞은 용어를 순서대로 쓰시오. (5점)

① (　　) : 실제경작면적 중 보상하는 손해로 수확이 불가능한 면적
② (　　) : 보험가입자가 손해평가반의 손해평가결과에 대하여 설명 또는 통지를 받은 날로부터 7일 이내에 손해평가가 잘못되었음을 증빙하는 서류 또는 사진 등을 제출하는 경우 재해보험사업자가 다른 손해평가반으로 하여금 실시하게 할 수 있는 조사
③ (　　) : 실제결과나무수에서 고사나무수, 미보상나무수 및 수확완료나무수, 수확불능나무수를 뺀 나무수로 과실에 대한 표본조사의 대상이 되는 나무수
④ (　　) : 실제경작면적 중 조사일자를 기준으로 수확이 완료된 면적
⑤ (　　) : 실제결과나무수 중 보상하는 손해 이외의 원인으로 고사되거나 수확량(착과량)이 현저하게 감소된 나무수

12 종합위험 수확감소보장방식 과수 품목의 과중조사를 실시하고자 한다. 아래 농지별 최소 표본과실수를 순서대로 쓰시오. (단, 해당기준의 절반 조사는 고려하지 않는다.) (5점)

계약사항			최소표본과실수(개)
농지	품목	품종 수	
A	포도	1	①
B	포도	2	②
C	자두	1	③
D	복숭아	3	④
E	자두	4	⑤

13 다음은 농업정책보험금융원 등재 「농업재해보험·손해평가의 이론과 실무」에서 정하는 종합위험 수확감소보장방식 밭작물 품목별 수확량조사 적기에 관한 내용이다. 괄호에 알맞은 내용을 순서대로 쓰시오. (5점)

품목	수확량조사 적기
양파	양파의 비대가 종료된 시점(식물체의 (①)이 완료된 때)
고구마	고구마의 비대가 종료된 시점(삽식일로부터 (②)일 이후에 농지별로 적용)
감자(봄재배)	감자의 비대가 종료된 시점(파종일로부터 (③)일 이후)
콩	콩의 수확 적기(콩잎이 누렇게 변하여 떨어지고 (④)의 80~90% 이상이 고유한 성숙(황색)색깔로 변하는 시기인 생리적 성숙기로부터 7 ~ 14일이 지난 시기)
양배추	양배추의 수확 적기{(⑤) 형성이 완료된 때}

14 다음은 가축재해보험의 보상하지 않는 손해의 내용 중 일부이다. 괄호에 알맞은 내용을 순서대로 쓰시오. (5점)

- 계약자, 피보험자 또는 이들의 법정대리인의 고의 또는 중대한 과실로 인한 보험사고 는 법률에서 규정하고 있는 재해보험사업자의 법정 면책사유(「상법」 제659조)에도 해당 한다.
- 계약자 또는 피보험자의 (①) 및 (②)에 의한 가축 폐사로 인한 손해
- (③) 제2조(정의)에서 정하는 가축전염병에 의한 폐사로 인한 손해 및 정부 및 공공기관의 (④) 또는 (⑤)로 발생한 손해

15 종합위험 수확감소보장방식 논작물 및 밭작물 품목에 대한 내용이다. 괄호에 알맞은 내용을 순서대로 쓰시오. (5점)

구분	품목
경작불능 비해당 품목	(①)
병충해를 보장하는 품목(특약 포함)	(②), (③)

16 다음은 가축재해보험에 관한 내용이다. 각 물음에 답하시오. (15점)

(1) 보장하는 위험으로 인하여 발생한 보험사고와 관련하여 보험계약자 또는 피보험자가 지출한 비용 중 5가지 비용을 가축재해보험에서는 손해의 일부로 간주하여 재해보험사업자가 보상하고 있다. 이 5가지 비용의 명칭을 쓰고, 각 비용의 내용을 설명하시오. (각 2점, 10점)

(2) 위 5가지 비용의 지급한도에 대하여 설명하시오. (부분점수 없음) (5점)

17 다음의 계약사항과 보상하는 손해에 따른 조사내용에 관하여 아래 각 물음에 답하시오. (15점)

• 계약사항

상품명	보험가입금액	가입면적	표준수확량	가입가격	자기부담비율
수확감소보장 옥수수(미백2호)	15,000,000원	10,000㎡	5,000kg	2,000원/kg	20%

• 조사내용

조사종류	표준중량	실제경작면적	고사면적	기수확면적
수확량조사	180g	10,000㎡	1,000㎡	2,000㎡

표본구간 '상'품 옥수수 개수	표본구간 '중'품 옥수수 개수	표본구간 '하'품 옥수수 개수	표본구간 면적 합계
10개	10개	20개	10㎡

※ 재식시기지수 = 1, 재식밀도지수 = 0.9

(1) 피해수확량을 산출하시오. (kg 단위로 소수점 셋째자리에서 반올림하여 둘째자리까지 다음 예시와 같이 구하시오. 예시 : 3.456kg → 3.46kg로 기재) (5점)

(2) 손해액을 산출하시오. (5점)

(3) 수확감소보험금을 산출하시오. (5점)

18 아래 조건에 의해 농업수입감소보장 포도 품목의 피해율 및 농업수입감소보험금을 산출하시오. (15점)

- 평년수확량 : 1,000kg
- 조사수확량 : 500kg
- 미보상감수량 : 100kg
- 농지별 기준가격 : 4,000원/kg
- 수확기 가격 : 3,000원/kg
- 보험가입금액 : 4,000,000원
- 자기부담비율 : 20%

(1) 문제의 조건을 보고 농업수입감소보장 포도 품목의 피해율을 산출하시오. (피해율 % 단위로 소수점 셋째자리에서 반올림하여 둘째자리까지 다음 예시와 같이 구하시오. 예시 : 0.12345 → 12.35%로 기재) (10점)

(2) 문제의 조건을 보고 농업수입감소보험금을 산출하시오. (5점)

19 다음의 계약사항과 조사내용에 관한 (1) 적과후 착과수(5점)와 (2) 누적감수과실수(10점)를 구하시오. (단, 각 감수과실수는 소수점 첫째자리에서 반올림하여 정수단위로 구하시오.) (15점)

• 계약사항

상품명	가입특약	평년착과수	보장비율	가입주수
적과전 종합위험방식 단감	일소피해 부보장 특약	22,000개	50%	100주

• 조사내용

적과후 착과수 조사내용 (조사일자 : 7월 25일)						
품종	수령	실제결과주수	미보상주수	고사주수	표본주수	표본주 착과수 합계
부유	10년	20주	0주	0주	3주	240개
부유	15년	60주	0주	0주	8주	960개
서촌조생	20년	20주	0주	0주	3주	330개

구분	재해 종류	사고 일자	조사 일자	조사내용
~ 적과전	우박	5월 15일	5월 16일	〈피해사실확인조사〉 • 피해발생 인정 • 미보상비율 : 0%

<table>
<tr><th>구분</th><th>재해
종류</th><th>사고
일자</th><th>조사
일자</th><th>조사내용</th></tr>
<tr><td rowspan="4">적과
종료
이후</td><td>강풍</td><td>7월
30일</td><td>7월
31일</td><td>〈낙과피해조사(전수조사)〉
• 총 낙과과실수 : 1,000개, 나무피해없음
• 미보상감수과실수 0개
<table>
<tr><td>피해과실
구분</td><td>100%</td><td>80%</td><td>50%</td><td>정상</td></tr>
<tr><td>과실수</td><td>1,000개</td><td>0</td><td>0</td><td>0</td></tr>
</table>
〈낙엽피해조사〉
• 낙엽률 50%(경과일수 60일)</td></tr>
<tr><td>태풍</td><td>10월
8일</td><td>10월
9일</td><td>〈낙과피해조사(전수조사)〉
• 총 낙과과실수 : 500개, 나무피해없음
• 미보상감수과실수 0개
<table>
<tr><td>피해과실
구분</td><td>100%</td><td>80%</td><td>50%</td><td>정상</td></tr>
<tr><td>과실수</td><td>200개</td><td>100개</td><td>100개</td><td>100개</td></tr>
</table>
〈낙엽피해조사〉
• 낙엽률 60%(경과일수 130일)</td></tr>
<tr><td>우박</td><td>5월
15일</td><td>10월
29일</td><td>〈착과피해조사 (표본조사)〉
• 단, 태풍사고 이후 착과수는 변동없음
<table>
<tr><td>피해과실
구분</td><td>100%</td><td>80%</td><td>50%</td><td>정상</td></tr>
<tr><td>과실수</td><td>20개</td><td>20개</td><td>20개</td><td>40개</td></tr>
</table></td></tr>
<tr><td>가을
동상
해</td><td>10월
30일</td><td>11월
01일</td><td>〈가을동상해 착과피해조사〉
• 사고당시 착과과실수 : 3,000개
• 가을동상해로 잎 70% 고사 피해 확인됨
• 잔여일수 : 10일
<table>
<tr><td>피해과실
구분</td><td>100%</td><td>80%</td><td>50%</td><td>정상</td></tr>
<tr><td>과실수</td><td>10개</td><td>20개</td><td>20개</td><td>50개</td></tr>
</table></td></tr>
</table>

※ 적과 이후 자연낙과 등은 감안하지 않는다.

20 아래의 계약사항과 조사내용에 따른 (1) 표본구간 유효중량(kg단위), (2) 피해율 및 (3) 수확감소보장 보험금을 구하시오. (단, 피해율 %단위로 소수점 셋째자리에서 반올림하여 둘째자리까지 다음 예시와 같이 구하시오. 예시 : 0.12345 → 12.35%로 기재, 임의 반올림 및 임의 절사금지) (15점, 각5점)

• 계약사항

품목명	가입특약	가입금액	가입면적	평년 수확량	가입 수확량	자기부담 비율	품종
벼	병해충 보장특약	5,500,000원	5,000㎡	3,500kg	3,850kg	15%	메벼

• 조사내용

조사 종류	재해 내용	실제 경작면적	고사 면적	타작물 및 미보상 면적	기수확 면적	표본 구간면적	표본구간 작물중량 합계	함수율
수확량 (표본) 조사	병해충 (도열병)/ 호우	5,000㎡	1,000㎡	0㎡	0㎡	0.5㎡	300g	23.5%

농업정책보험금융원에서 발표한 최신 내용에 맞추어 기출문제를 수정하였으며, 개정에 따라 시험범위에 해당하지 않는 부분 등은 당해 시험 난이도의 문제로 대체하였음을 알려드립니다.

제4회 손해평가사 기출문제

농작물재해보험 및 가축재해보험의 이론과 실무

01 다음은 농업재해보험·손해평가의 이론과 실무에서 정하는 현지조사 절차 (5단계)에 관한 내용이다. 괄호에 알맞은 내용을 순서대로 쓰시오. (5점)

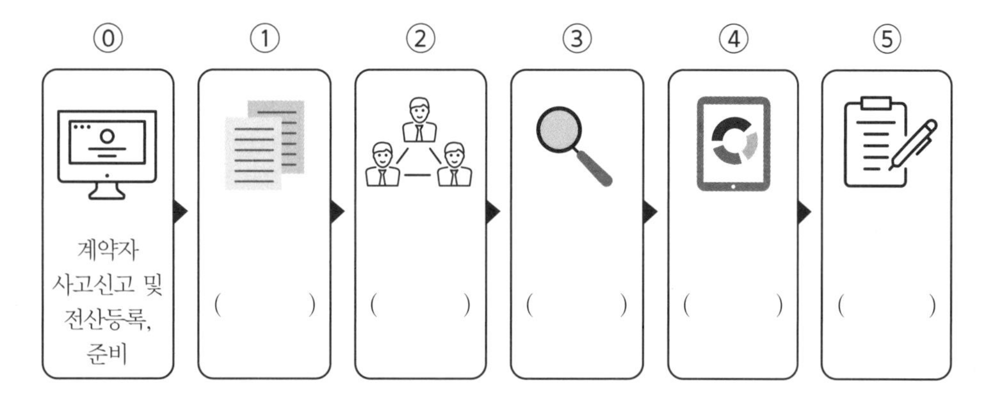

02 종합위험보장 원예시설 보험의 계약인수와 관련하여 맞는 내용은 "○"로, 틀린 내용은 "×"로 표기하여 순서대로 나열하시오. (5점)

① 단동하우스와 연동하우스는 최소가입면적이 200㎡로 같고, 유리온실은 가입면적의 제한이 없다.
② 6개월 후에 철거 예정인 고정식 시설은 인수제한 목적물에 해당하지 않는다.
③ 작물의 재배면적이 시설면적의 50% 미만인 경우 인수제한된다.
④ 고정식하우스는 존치기간이 1년 미만인 하우스로 시설작물 경작 후 하우스를 철거하여 노지작물을 재배하는 농지의 하우스를 말한다.
⑤ 목재, 죽재로 시공된 시설은 인수제한 목적물에 해당하지 아니한다.

03 적과전 종합위험방식Ⅱ 상품에서 다음 조건에 따라 올해 2018년의 평년착과량을 구하시오. (단, 제시된 조건 외의 다른 조건은 고려하지 않음) (5점)

(단위 : kg)

구분	2013년	2014년	2015년	2016년	2017년
표준수확량	7,900	7,300	8,700	8,900	9,200
적과후 착과량	미가입	6,500	5,600	미가입	7,100

※ 기준표준수확량은 2013년부터 2017년까지 8,500kg로 매년 동일한 것으로 가정함

※ 2018년 기준표준수확량은 9,350kg임

04 다음 밭작물의 품목별 보장내용에 관한 표의 빈칸에 담보가능은 "O"로 부담보는 "×"로 표시할 때 다음 물음에 답하시오. (단, '차' 품목 예시를 포함하여 개수를 산정함) (5점)

밭작물	재파종 보장	경작불능 보장	수확감소 보장	수입보장	생산비 보장	해가림시설 보장
차	×	×	○	×	×	×
인삼						
고구마, 감자						
콩, 양파						
마늘						
고추						

(1) '재파종보장' 열에서 "O"의 개수는?

(2) '경작불능보장' 열에서 "O"의 개수는?

(3) '수입보장' 열에서 "O"의 개수는?

(4) '인삼'행에서 "O"의 개수는?

(5) '고구마, 감자' 행에서 "O"의 개수는?

05 종합위험담보방식 대추 품목 비가림시설에 관한 내용이다. 다음 조건에서 계약자가 가입할 수 있는 보험가입금액의 ① 최소값(2점)과 ② 최대값(2점)을 구하고, ③ 계약자가 부담할 보험료의 최소값(1점)은 얼마인지 쓰시오. (단, 화재위험보장 특약은 제외하고, ㎡당 시설비는 15,000원이며, 보험가입금액은 만원 미만 절사한다.) (5점)

- 가입면적 : 2,500㎡
- 지역별 보험요율(순보험요율) : 5%
- 순보험료 정부 보조금 비율 : 50%
- 순보험료 지방자치단체 보조금 비율 : 30%
- 손해율에 따른 할인·할증과 방재시설 할인 없음

06 적과전 종합위험의 보험가입금액에 관하여 각 물음에 답하시오. (15점)

(1) 과실손해위험보장 보험가입금액 설정방법에 대하여 약술하시오. (3점)

(2) 나무손해위험보장 특별약관 보험가입금액 설정방법에 대하여 약술하시오. (3점)

(3) 보험가입금액 감액시 차액보험료 계산식을 쓰시오. (3점)

(4) 차액보험료 지급 기한에 대하여 쓰시오. (3점)

(5) 차액보험료를 재정산하는 경우에 대하여 쓰시오. (3점)

07 종합위험방식 고추 품목에 각 물음에 답하시오. (15점)

(1) 다음 독립된 A, B, C 농지 각각의 보험가입 가능여부와 그 이유 (단, 각각 제시된 조건 이외는 고려하지 않음) (9점)

- A농지 : 가입금액이 100만 원으로 농지 10a당 재식주수가 4,000주로 고추정식 1년 전 인삼을 재배
- B농지 : 가입금액이 200만 원, 농지 10a당 재식주수가 2,000주로 4월 2일 고추를 터널재배 형식만으로 식재
- C농지 : 연륙교가 설치된 도서 지역에 위치하여 10a당 재식주수가 5,000주로 전 농지가 비닐멀칭이 된 노지재배

(2) 병충해가 있는 경우 생산비보장 보험금 계산식 (3점)

(3) 수확기 이전에 보험사고가 발생한 경우 경과비율 계산식 (3점)

08 과실손해보장의 일소피해에 관한 내용이다. 각 물음에 답하시오. (15점)

(1) 일소피해의 정의를 약술하시오. (9점)

(2) 적과종료 이후 일소피해 부보장 특별약관 선택의 효과를 약술하시오. (3점)

(3) 적과종료 이후 감수량 산출 시, 일소피해로 인한 보험사고 한 건당 적과후 착과수의 몇 %를 초과하는 경우에만 감수과실수로 인정하는가? (3점)

09 보험료의 환급에 관한 내용이다. 각 물음에 답하시오. (15점)

(1) 정상적으로 체결된 보험계약 유지 중에 계약자 또는 피보험자의 책임 있는 사유에 의하여 보험계약이 해지되는 경우, 환급보험료 산출식을 쓰시오. (4점)

(2) 계약자 또는 피보험자의 책임 있는 사유에 해당하는 경우 3가지를 쓰시오. (각 3점, 9점)

(3) 괄호 안에 알맞은 말을 순서대로 쓰시오. (각 1점, 2점)

> 계약의 무효, 효력상실 또는 해지로 인하여 반환해야 할 보험료가 있을 때에는 계약자는 환급금을 청구하여야 하며, 청구일의 다음 날부터 지급일까지의 기간에 대하여 '보험개발원이 공시하는 (①)'을 (②)로 계산한 금액을 더하여 지급한다.

10 가축재해보험(젖소) 사고 시 월령에 따른 보험가액을 산출하고자 한다. 각 사례별(① ~ ⑤)로 보험가액 계산과정과 값을 쓰시오. (단, 유량검정젖소 가입 시는 제외, 만원 미만 절사) (각3점, 15점)

> 〈사고 전전월 전국산지 평균가격〉
> - 분유떼기 암컷 : 100만 원
> - 수정단계 : 300만 원
> - 초산우 : 350만 원
> - 다산우 : 480만 원
> - 노산우 : 300만 원

(1) 월령 2개월 질병사고 폐사

(2) 월령 11개월 대사성 질병 폐사

(3) 월령 20개월 유량감소 긴급 도축

(4) 월령 35개월 급성고창 폐사

(5) 월령 60개월 사지골절 폐사

11 다음은 적과전 종합위험방식 단감, 떫은감 품목의 낙엽률 조사방법에 관한 내용이다. 괄호 안에 알맞은 내용을 순서대로 쓰시오. (5점)

1. (① (1점)) 기준으로 품목별 표본주수표의 표본주수에 따라 주수를 산정한다.
2. 표본주 간격에 따라 표본주를 정하고, 선정된 표본주에 리본을 묶고 동서남북 4곳의 (② (1점))(신초, 1년생 가지)를 무작위로 정하여 각 결과지 별로 낙엽수와 착엽수를 조사하여 리본에 기재한 후 낙엽률을 산정한다(낙엽수는 잎이 떨어진 자리를 센다).
3. 사고 당시 착과과실수에 낙엽률에 따른 인정피해율을 곱하여 해당 감수과실수로 산정한다.

인정피해율 = (③ (3점))
※ 경과일수 = 6월 1일부터 낙엽피해 발생일까지 경과된 일수

4. 보상하는 손해 이외의 원인으로 감소한 과실의 비율을 조사한다.

12 「종합위험 수확감소보장방식 밭작물 품목」에 관한 내용이다. 다음 괄호 안에 알맞은 용어를 순서대로 쓰시오.

- 적용품목은 마늘, 양배추, 양파, (①), 옥수수(사료용 옥수수), 감자(봄재배, 가을재배, 고랭지재배), 차(茶), 콩, 팥, 수박 품목으로 한다.
- (②)조사는 마늘 품목에만 해당한다. (③) 시 (②)조사가 필요하다고 판단된 농지에 대하여 실시하는 조사로, 조사시기는 (③) 직후 또는 사고 접수 직후로 한다.
- (④)조사는 양배추 품목에만 해당한다. (③) 시 (④)조사가 필요하다고 판단된 농지에 대하여 실시하는 조사이다.
- 경작 불능조사 중 식물체 피해율 조사시에는 (⑤)조사를 통해서 조사대상 농지에서 보상하는 재해로 인한 식물체 피해율이 65% 이상 여부를 조사한다.

13 복분자 농사를 짓고 있는 △△마을의 A와 B농가는 4월에 저온으로 인해 큰 피해를 입어 경작이 어려운 상황에서 농작물재해보험 가입사실을 기억하고 경작불능보험금을 청구하였다. 두 농가의 피해를 조사한 결과에 따른 경작불능보험금을 구하시오. (단, 피해는 면적기준으로 조사하였으며 미보상 사유는 없다.) (5점)

구분	가입금액	가입식물체 면적	고사식물체 면적	자기부담비율
A농가	3,000,000원	1,200㎡	900㎡	20%
B농가	4,000,000원	1,500㎡	850㎡	10%

14 아래 조건의 적과전 종합위험방식 배 품목의 과실손해보장 담보 계약에서 적과전 봄동상해(4월 3일), 우박사고(5월 15일)를 입은 경우, 착과감소과실수와 기준착과수를 구하시오. (단, 주어진 내용 외는 고려하지 않는다.)

- 적과종료 이전 특정위험 5종 한정보장 특별약관 가입
- 평년착과수 : 20,000개
- 적과후 착과수 : 10,000개
- 보장수준 : 70%
- 적과전 봄동상해로 인한 피해 있음
- 우박 유과타박률 : 40%
- 미보상비율 0%

15 다음은 가축재해보험 관련 용어에 관한 내용이다. 괄호에 알맞은 내용을 순서대로 쓰시오. (5점)

- (①) : 보험의 목적의 손해로 인하여 불가피하게 발생한 전부 또는 일부의 축산업 중단되어 발생한 사업이익과 보상위험에 의한 손해가 발생하지 않았을 경우 예상되는 사업이익의 차감금액을 말한다.
- (②) : 가축의 생산이나 사육·사료공급·가공·유통의 기능을 연계한 일체의 통합 경영활동을 의미한다.
- (③) : 소의 출생부터 도축, 포장처리, 판매까지의 정보를 기록·관리하여 위생·안전에 문제가 발생할 경우 이를 확인하여 신속하게 대처하기 위한 제도
- (④) : 일반적으로 분만 후 체내의 칼슘이 급격히 저하되어 근육의 마비를 일으켜 기립불능이 되는 질병이다.
- (⑤) : 이상발효에 의한 개스의 충만으로 조치를 취하지 못하면 폐사로 이어질 수 있는 중요한 소화기 질병으로 변질 또는 부패 발효된 사료, 비맞은 풀, 두과풀(알파파류) 다량 섭취, 갑작스런 사료변경 등으로 인하여 반추위내의 이상 발효로 장마로 인한 사료 변패 등으로 인하여 여름철에 많이 발생한다.

16 농업수입보장보험 마늘 품목에 한해와 조해피해가 발생하여 아래와 같이 수확량조사를 하였다. 계약사항과 조사내용을 토대로 하여 농업수입감소보험금의 계산과정과 값을 구하시오. (단, 품종에 따른 환산계수는 미적용하고, 소수점 셋째자리에서 반올림하여 둘째자리까지 다음 예시와 같이 구하시오. 예시 : 수확량 3.456kg → 3.46kg, 피해율 0.12345 → 12.35%로 기재) (15점)

- 계약사항

• 품종 : 남도	• 평년수확량 : 10,000kg
• 가입면적 : 2,500㎡	• 가입수확량 : 10,000kg
• 자기부담비율 : 20%	• 기준(가입)가격 : 3,000원/kg

- 조사내용

• 실제경작면적 : 2,500㎡	• 수확불능(고사)면적 : 300㎡
• 타작물면적 및 미보상면적 : 500㎡	• 표본구간 : 7구간
• 표본구간 면적 합계 : 10㎡	• 표본구간 수확량 : 30kg
• 미보상비율 : 20%	• 수확기가격 : 2,500원/kg

17 다음은 가축재해보험에 관한 내용이다. 각 물음에 답하시오. (15점)

(1) 기타가축 중 꿀벌의 보상하는 경우 2가지를 벌통 상태를 기준으로 쓰시오. (각 3점, 6점)

(2) 잔존물 보전비용 지급 조건에 대해서 약술하시오. (4점)

(3) 보장하는 위험으로 인하여 발생한 보험사고와 관련하여 보험계약자 또는 피보험자가 지출한 비용 중 가축재해보험에서 손해의 일부로 간주하여 재해보험사업자가 보상하는 5가지 비용을 모두 쓰시오. (부분점수 없음) (5점)

18 종합위험 수확감소보장방식 논작물 벼 품목의 통상적인 영농활동 중 보상하는 손해가 발생하였다. 아래 조사종류별 조사시기, 보험금 지급사유 및 지급보험금 계산식을 각각 쓰시오. (15점)

조사종류	조사시기	지급사유	지급보험금 계산식
1. 이앙·직파불능조사	① (2점)	③ (2점)	-
2. 재이앙·재직파조사	-	④(2점)	⑦(2점)
3. 경작불능조사 (자기부담비율 20%형)	-	⑤(2점)	-
4. 수확불능조사 (자기부담비율 20%형)	② (2점)	⑥(2점)	⑧(1점)

19 종합위험 수확감소보장방식 벼 품목의 가입농가가 보상하는 재해로 피해를 입어 수확량 조사 방법 중 수량요소조사를 실시하였다. 아래 계약사항 및 조사내용을 기준으로 주어진 조사표의 ① ~ ⑫항의 해당 항목값을 구하시오. (단, 조사수확비율 결정은 해당 구간의 가장 큰 비율을 적용하고 미보상 사유는 없으며, 피해면적 보정계수는 고려하지 않는다. 항목별 요소점수는 조사표본포기 순서대로 기재하고, 소수점 셋째자리에서 반올림하여 둘째자리까지 다음 예시와 같이 구하시오. 예시 : 수확량 3.456kg → 3.46 kg, 피해율 0.12345 → 12.35%로 기재) (① ~ ⑩ 각1점 / ⑪ 3점 / ⑫ 2점, 15점)

• 이삭상태 점수표

포기당 이삭수	16개 미만	16개 이상
점수	1	2

• 완전낟알상태 점수표

이삭당 완전낟알수	51개 미만	51개 이상 61개 미만	61개 이상 71개 미만	71개 이상 81개 미만	81개 이상
점수	1	2	3	4	5

• 조사수확비율 환산표

점수 합계 (점)	10점 미만	10점 ~ 11점	12점 ~ 13점	14점 ~ 15점	16점 ~ 18점	19점 ~ 21점	22점 ~ 23점	24점 이상
조사수확비율 (%)	0% ~ 20%	21% ~ 40%	41% ~ 50%	51% ~ 60%	61% ~ 70%	71% ~ 80%	81% ~ 90%	91% ~ 100%

• 조사내용

표본포기	1포기	2포기	3포기	4포기
포기당 이삭수	19	22	18	13
완전낟알수	75	85	45	62

• 수량요소조사 조사표

실제경작 면적(㎡)	평년 수확량 (kg)	항목별 요소점수조사									조사수 확비율 (%)	조사 수확량 (kg)	표준 수확량 (kg)	피해율 (%)
		이삭상태				완전 낟알상태				합계				
3,500	1,500	①	②	③	④	⑤	⑥	⑦	⑧	⑨	⑩	⑪	1,600	⑫

20 다음의 계약사항과 조사내용으로 물음 (1) 적과후 착과수(5점), 물음 (2) 누적감수과실수(10점)를 계산과정과 함께 구하시오. (단, 각 감수과실수는 소수점 첫째자리에서 반올림하여 정수단위로 산출한다.) (15점)

• 계약사항

상품명	가입특약	평년착과수	가입과실수	실제결과주수	자기부담비율
적과전 종합위험방식 사과	가을동상해 부보장	120,000개	120,000개	500주	20%

• 조사내용

<table>
<tr><th>구분</th><th>재해
종류</th><th>사고
일자</th><th>조사
일자</th><th>조사내용</th></tr>
<tr><td>적과
종료
이전</td><td>강풍</td><td>5월
30일</td><td>6월
1일</td><td>• 피해사실확인됨
• 나무피해없음</td></tr>
<tr><td>적과후
착과수</td><td>-</td><td>-</td><td>7월
3일</td><td>
<table>
<tr><th>품종</th><th>재배
방식</th><th>수령</th><th>실제
결과
주수</th><th>표본
주수</th><th>표본주
착과수
합계</th></tr>
<tr><td>A품종</td><td>밀식</td><td>9</td><td>200주</td><td>7주</td><td>840개</td></tr>
<tr><td>B품종</td><td>밀식</td><td>9</td><td>300주</td><td>13주</td><td>1,690개</td></tr>
</table>
※ 고사주수, 미보상주수, 수확불능주수, 수확완료
주수 : 없음</td></tr>
</table>

<table>
<tr><th>구분</th><th>재해
종류</th><th>사고
일자</th><th>조사
일자</th><th>조사내용</th></tr>
<tr><td rowspan="3">적과
종료
이후</td><td>일소</td><td>8월
15일</td><td>8월
16일</td><td>〈낙과피해조사(전수조사)〉
• 총낙과과실수 : 1,000개
<table>
<tr><td>피해과실
구분</td><td>병해충
과실</td><td>100%</td><td>80%</td><td>50%</td><td>정상</td></tr>
<tr><td>과실수</td><td>20개</td><td>80개</td><td>0개</td><td>0개</td><td>0개</td></tr>
</table></td></tr>
<tr><td>일소</td><td>8월
15일</td><td>10월
25일</td><td>〈수확전 착과피해조사(표본조사)〉
단, 일소 사고 이후 착과수 : 변동없음
<table>
<tr><td>피해과실
구분</td><td>병해충
과실</td><td>100%</td><td>80%</td><td>50%</td><td>정상</td></tr>
<tr><td>과실수</td><td>30개</td><td>0개</td><td>50개</td><td>20개</td><td>100개</td></tr>
</table></td></tr>
<tr><td>우박</td><td>11월
10일</td><td>11월
11일</td><td>〈착과피해조사(표본조사)〉
• 사고당시 착과과실수 : 5,000개
<table>
<tr><td>피해과실
구분</td><td>병해충
과실</td><td>100%</td><td>80%</td><td>50%</td><td>정상</td></tr>
<tr><td>과실수</td><td>10개</td><td>0개</td><td>100개</td><td>40개</td><td>50개</td></tr>
</table>
〈낙과피해조사(전수조사)〉
• 총낙과과실수 : 500개
<table>
<tr><td>피해과실
구분</td><td>병해충
과실</td><td>100%</td><td>80%</td><td>50%</td><td>정상</td></tr>
<tr><td>과실수</td><td>10개</td><td>90개</td><td>0개</td><td>0개</td><td>0개</td></tr>
</table></td></tr>
</table>

농업정책보험금융원에서 발표한 최신 내용에 맞추어 기출문제를 수정하였으며, 개정에 따라 시험범위에 해당하지 않는 부분 등은 당해 시험 난이도의 문제로 대체하였음을 알려드립니다.

제5회 손해평가사 기출문제

농작물재해보험 및 가축재해보험의 이론과 실무

01 다음은 농업재해보험 관련 용어의 정의이다. 괄호 안에 알맞은 내용을 순서대로 쓰시오. (5점)

- "보험가액"이란 재산보험에 있어 (①)을 (②)으로 평가한 금액으로 보험목적에 발생할 수 있는 (③)(재해보험사업자가 실제 지급하는 보험금은 보험가액을 초과할 수 없음)
- "적과후 착과수"란 통상적인 (④) 및 (⑤) 종료 시점의 착과수

02 농업수입감소보장 양파 상품의 내용 중 보험금의 계산식에 관한 것이다. 다음 내용에서 괄호 안에 알맞은 ① 용어(1점)와 그 ② 정의(4점)를 쓰시오. (5점)

- 실제수입 = {수확량 + (①)} × 최솟값(농지별 기준가격, 농지별 수확기가격)

03 종합위험 비가림과수 손해보장방식 참다래 상품에서 다음 조건에 따라 2020년의 평년수확량을 구하시오. (단, 주어진 조건 외의 다른 조건은 고려하지 않음) (5점)

(단위 : kg)

구분	2015년	2016년	2017년	2018년	2019년	합 계	평 균
평년수확량	8,000	8,100	8,100	8,300	8,400	40,900	8,180
표준수확량	8,200	8,200	8,200	8,200	8,200	41,000	8,200
조사수확량	7,000	4,000	무사고	무사고	8,500	-	-
가입여부	가입	가입	가입	가입	가입	-	-

※ 2020년의 표준수확량은 8,200kg임

04 돼지를 기르는 축산농 A씨는 ① 폭염으로 폐사된 돼지와 ② 축사 화재로 타인에게 배상할 손해를 대비하기 위해 가축재해보험에 가입하고자 한다. 이 때, 반드시 가입해야 하는 특약을 ①의 경우와 ②의 경우로 나누어 각각 쓰시오. (5점)

05 다음에서 설명하는 ① 특약명(2점)을 쓰고, ② 그 특별약관이 적용되는 약관 가축을 3가지(각 1점)만 쓰시오. (5점)

> 특별약관에서 적용하는 가축에 대하여 계약 체결 시 재해보험사업자와 계약자 또는 피보험자와 협의하여 정한 보험가입금액을 보험기간 중에 보험가액으로 한다는 기평가보험 특약이다.

06 다음은 인삼 품목의 해가림시설에 관한 내용이다. 각 물음에 답하시오. (15점)

(1) 해가림시설 설치시기에 따른 감가상각방법에 대해 쓰시오. (7점)

(2) 해가림시설 설치재료에 따른 감가상각방법에 대해 쓰시오. (8점)

07 ○○도 △△시 관내 농업용 시설물에서 딸기를 재배하는 A씨, 시금치를 재배하는 B씨, 부추를 재배하는 C씨, 장미를 재배하는 D씨는 모두 농작물재해보험 종합위험방식 원예시설 상품에 가입한 상태에서 자연재해로 시설물이 직접적인 피해를 받았다. 이 때, A, B, C, D씨의 작물에 대한 생산비보장보험금 산출식을 각각 쓰시오. (단, D씨의 장미는 보상하는 재해로 나무가 죽은 경우에 해당함) (A씨 3점, A씨 외 각 4점, 15점)

08 농작물재해보험 종합위험 수확감소보장 상품에 관한 내용이다. 각 물음에 답하시오. (15점)

(1) 재이앙·재직파보장의 해당 품목과 보험금 지급사유, 보험금 산출식을 쓰시오. (부분점수 없음) (5점)

(2) 재파종보장의 해당 품목과 보험금 지급사유, 보험금 산출식을 쓰시오. (부분점수 없음) (5점)

(3) 재정식보장의 해당 품목과 보험금 지급사유, 보험금 산출식을 쓰시오. (부분점수 없음) (5점)

09 농작물재해보험 종합위험 수확감소보장 복숭아 상품에 관한 내용이다. 다음 조건에 대한 ① 보험금 지급사유(3점)를 쓰고, ② 수확감소보험금(7점)과 ③ 수확량감소추가보장 보험금(5점)을 구하시오. (단, 보험금은 계산과정을 반드시 쓰시오.) (15점)

• 계약사항

• 보험가입품목 : (종합)복숭아	• 품종 : 백도
• 수령 : 10년	• 가입주수 : 150주
• 보험가입금액 : 25,000,000원	• 평년수확량 : 9,000kg
• 가입수확량 : 9,000kg	• 수확량감소 추가보장 특약 가입
• 자기부담비율 : 15%	

• 조사내용

- 사고접수 : 2019.07.05. 기타자연재해, 병충해
- 조사일 : 2019.07.06.
- 사고조사내용 : 강풍, 병충해(복숭아순나방)
- 병충해과실무게 : 1,200kg
- 미보상비율 : 10%
- 수확량 : 4,500kg (병충해과실무게 포함)

10 유자, 무화과, 포도, 감귤 상품을 요약한 내용이다. 다음 (　　)에 들어갈 내용을 쓰시오. (15점)

<table>
<tr><th rowspan="2">품목</th><th rowspan="2">구분</th><th rowspan="2">보상하는 재해</th><th colspan="2">보험기간</th></tr>
<tr><th>시기</th><th>종기</th></tr>
<tr><td rowspan="2">유자</td><td>수확감소 보장</td><td rowspan="2">자연재해, 조수해, 화재</td><td>계약체결일 24시</td><td>(①)</td></tr>
<tr><td>나무손해 보장</td><td>Y년 (②)
다만, (②) 이후 보험에 가입하는 경우에는 계약체결일 24시</td><td>(③)</td></tr>
<tr><td rowspan="3">무화과</td><td rowspan="2">과실손해 보장</td><td>자연재해, 조수해, 화재</td><td>계약체결일 24시</td><td>(④)</td></tr>
<tr><td>(⑤)</td><td>(⑥)</td><td>(⑦)</td></tr>
<tr><td>나무손해 보장</td><td>자연재해, 조수해, 화재</td><td>(⑧)</td><td>(⑨)</td></tr>
<tr><td rowspan="2">포도</td><td>수확감소 보장</td><td rowspan="2">자연재해, 조수해, 화재</td><td>계약체결일 24시</td><td>수확기종료 시점
다만, (⑩)을 초과할 수 없음</td></tr>
<tr><td>나무손해 보장</td><td>(⑪) 12월 1일
다만, 12월 1일 이후 보험에 가입하는 경우에는 계약체결일 24시</td><td>이듬해 11월 30일</td></tr>
<tr><td rowspan="2">감귤</td><td>과실손해 보장</td><td rowspan="2">자연재해, 조수해, 화재</td><td>(⑫)
다만, (⑫)가 지난 경우에는 계약체결일 24시</td><td>(⑬)</td></tr>
<tr><td>나무손해 보장</td><td>(⑭)
다만, (⑭)가 지난 경우에는 계약체결일 24시</td><td>(⑮)</td></tr>
</table>

11 적과전 종합위험 적과종료 이전 특정위험 5종 한정 보장 특약에 가입한 사과 품목에 적과전 우박피해사고로 피해사실 확인을 위해서 표본조사를 실시하고자 한다. 과수원의 품종과 주수가 다음과 같이 확인되었을 때 아래의 표본조사값(① ~ ⑥)에 들어갈 표본주수, 나뭇가지 총수 및 유과 총수의 최솟값을 각각 구하시오. (단, 표본주수는 소수점 첫째 자리에서 올림하여 다음 예시와 같이 구하시오. 예시 : 12.6 → 13로 기재) (5점)

• 과수원의 품종과 주수

품목	품종		조사대상주수	피해내용	피해조사내용
사과	조생종	쓰가루	440	우박	유과타박율
	중생종	감홍	250		

• 표본조사값

품종	표본주수	나뭇가지 총수	유과 총수
쓰가루	①	②	③
감홍	④	⑤	⑥

12 다음은 수확량 산출식에 관한 내용이다. ① ~ ④에 들어갈 작물을 〈보기〉에서 선택하여 쓰고, '마늘' 수확량산출식의 ⑤ 환산계수(난지형)를 쓰시오. (5점)

〈보기〉

차 마늘(난지형) 고구마 양파 콩

• 표본구간 수확량 산출식에서 50%피해형이 포함되는 품목 : (①)
• 표본구간 수확량 산출식에서 80%피해형이 포함되는 품목 : (②), (③), (④)
• 마늘 난지형 환산계수 : (⑤)

13 다음의 계약사항 및 조사내용에 따라 참다래 수확량(kg)을 구하시오. (단, 품종·수령별 면적(㎡)당 착과수와 수확량은 소수점 첫째자리에서 반올림하여 다음 예시와 같이 구하시오. 예시 : 수확량 1.6kg → 2kg로 기재) (5점)

• 계약사항

가입주수(주)	재식면적	
	주간거리(m)	열간거리(m)
300	4	5

• 조사내용(수확전 사고)

표본주수	표본구간면적조사			표본구간 착과수 합계	착과피해 구성률(%)	과중조사	
	윗변(m)	아랫변(m)	높이(m)			50g이하	50g초과
8주	1.2	1.8	1.5	850개	30	1,440g/36개	2,160g/24개

※ 표본구간의 면적은 8구간 모두 같은 면적으로 조사됨

※ 실제결과주수(주) 300주, 고사주수(주) 50주, 미보상주수 0주로 확인됨

14 가축재해보험에 가입 중인 돼지 사육 축산농가에서 수재가 발생하여 사육장내 돼지가 모두 폐사하였다. 다음의 계약 및 조사내용을 참조하여 지급보험금(비용포함)을 구하시오. (단, 주어진 내용 이외는 고려하지 않는다.) (5점)

• 계약 및 조사내용

보험 가입금액 (만 원)	사육두수 (두)	두당 단가 (만 원)	자기부담금	잔존물 보전에 사용한 비용 (만 원)	기타 협력비용 (만 원)
1,000	30	50	보험금의 10%	10	30

※ 재해보험사업자는 잔존물 취득의사가 없는 것으로 확인됨

15 다음의 계약사항 및 조사내용을 참조하여 피해율을 구하시오. (단, 피해율은 소수점 셋째 자리에서 반올림하여 둘째자리까지 다음 예시와 같이 구하시오. 예시 : 피해율 12.345% → 12.35%로 기재) (5점)

• 계약사항

상품명	보험가입금액(만 원)	평년수확량(kg)
무화과	1,000	200

• 조사내용

보상고사 결과지수(개)	미보상고사 결과지수(개)	정상결과지수(개) (=미고사결과지수)	사고일	수확전 사고피해율(%)
12	8	20	2019.09.07	20

※ 잔여수확량(경과)비율 = {(100 − 33) − (1.13 × 사고발생일)}

※ 착과피해율 없음

16 특정위험담보 인삼품목 해가림시설(2형)에 관한 내용이다. 태풍으로 인삼 해가림시설에 일부 파손사고가 발생하여 아래와 같은 피해를 입었다. 가입조건이 아래와 같을 때 (1) 손해액, (2) 자기부담금, (3) 보험금을 계산과정과 답을 각각 쓰시오. (각 5점, 15점)

• 보험가입내용

재배칸 수	칸당 면적(㎡)	시설재료	설치비용(원/㎡)	설치년월	가입금액(원)
2,200	3.3	목재	5,500	2018.10	39,930,000

• 보험사고내용

파손칸수	사고원인	사고년월
400칸(전부 파손)	태풍	2019.06

※ 2019년 설치비용은 설치년도와 동일한 것으로 함

※ 손해액과 보험금은 천원 단위 이하 버림

※ 보험가입일자 : 2018.11

17 종합위험 비가림시설 피해조사에 관한 것으로 ① 해당되는 3가지 품목, ② 조사기준, ③ 조사방법에 대하여 각각 서술하시오. (15점)

18 종합위험 수확감소보장 논작물 벼 품목에 관한 내용이다. 아래와 같이 보험가입을 하고 보험사고가 발생한 것을 가정한 경우 다음의 물음에 답하시오. (15점)

(1) 병충해담보 특약에서 담보하는 7가지 병충해를 쓰시오. (부분점수 없음) (3점)

(2) 수확감소에 따른 A농지 ① 피해율, ② 보험금과 B농지, ③ 피해율, ④ 보험금을 각각 구하시오. (각 2점, 8점)

(3) 각 농지의 식물체가 65% 이상 고사하여 경작불능보험금을 받을 경우, A농지 ⑤ 보험금과 B농지 ⑥ 보험금을 구하시오. (각 2점, 4점)

• 보험가입내용

구분	농지면적(㎡)	가입면적(㎡)	평년수확량(kg/㎡)	가입가격(원/kg)	자기부담비율(%)	가입비율
A농지	16,000	16,000	0.85	1,300	20	평년수확량의 100%
B농지	12,500	12,500	0.84	1,400	15	평년수확량의 100%

※ 실제경작면적은 가입면적과 동일한 것으로 조사됨

• 보험사고내용

구분	사고내용	조사방법	수확량(kg)	미보상비율
A농지	도열병	전수조사	2,720	0%
B농지	벼멸구	전수조사	4,000	0%

※ 위 보험사고는 각각 병충해 단독사고이며, 모두 병충해 특약에 가입함

※ 함수율은 배제하고 계산함

※ 피해율 계산은 소수점 셋째자리에서 반올림하여 둘째자리까지 구함
(예시 : 123.456% → 123.46%)

※ 보험금은 원 단위 이하 버림

19 종합위험방식 원예시설작물 딸기에 관한 내용이다. 아래의 내용을 참조하여 물음에 답하시오. (15점)

• 계약사항

품목	보장생산비
종합위험방식 원예시설(딸기)	15,800원/㎡

• 조사내용

재배면적 (㎡)	피해면적 (㎡)	손해정도 (%)	피해비율 (%)	정식일로부터 수확개시일까지의 기간	수확개시일로부터 수확종료일까지의 기간
1,000	300	30	30	90일	50일

(1) 수확일로부터 수확종료일까지의 기간 중 1/5 경과시점에서 사고가 발생한 경우 경과비율을 구하시오. (단, 풀이과정 기재) (7점)

(2) 정식일로부터 수확개시일까지의 기간중 1/5 경과시점에서 사고가 발생한 경우 생산비보장보험금을 구하시오. (단, 풀이과정 기재) (8점)

20 다음의 계약사항과 조사내용에 따른 착과감소보험금(5점), 과실손해보험금(10점)을 구하시오. (15점)

• 계약사항

보험가입금액 : 30,000,000원

상품명	특약	평년착과수	가입과중	가입가격	실제결과주수	자기부담비율	
적과전 종합위험 단감	5종 한정보장	75,000개	0.4 (kg/개)	1,000원/kg	750주	과실	10%

• 조사내용

<table>
<tr><th>구분</th><th>재해 종류</th><th>사고 일자</th><th>조사 일자</th><th>조사내용</th></tr>
<tr><td rowspan="2">계약일 24시 ~ 적과전</td><td>우박</td><td>5월 3일</td><td>5월 4일</td><td>〈피해사실확인조사〉
• 표본주의 피해유과, 정상유과는 각각 90개, 210개
• 미보상비율 : 10%</td></tr>
<tr><td>집중 호우</td><td>6월 25일</td><td>6월 26일</td><td>〈피해사실확인조사〉
<table>
<tr><td>피해형태</td><td>유실</td><td>도복</td><td>침수피해를 입은 나무수</td><td>미보상</td></tr>
<tr><td>주수</td><td>100</td><td>40</td><td>90</td><td>20</td></tr>
</table>
• 침수꽃(눈)·유과수의 합계 : 210개
• 미침수꽃(눈)·유과수의 합계 : 90개
• 미보상비율: 20%</td></tr>
<tr><td>적과후 착과수 조사</td><td colspan="2">-</td><td>6월 26일</td><td>〈적과후 착과수조사〉
<table>
<tr><td>품종</td><td>실제결과주수</td><td>조사대상주수</td><td>표본주1주당 착과수</td></tr>
<tr><td>A품종</td><td>390</td><td>300</td><td>140</td></tr>
<tr><td>B품종</td><td>260</td><td>200</td><td>100</td></tr>
</table></td></tr>
</table>

<table>
<tr><th>구분</th><th>재해
종류</th><th>사고
일자</th><th>조사
일자</th><th>조사내용</th></tr>
<tr><td rowspan="2">적과
종료
이후</td><td>태풍</td><td>9월
8일</td><td>9월
10일</td><td>〈낙과피해조사〉
• 총낙과수 : 5,000개(전수조사)
<table><tr><td>피해과실구성</td><td>100%</td><td>80%</td><td>50%</td><td>정상</td></tr><tr><td>과실수(개)</td><td>1,000</td><td>2,000</td><td>0</td><td>2,000</td></tr></table>〈낙엽피해조사〉
• 표본조사 : 낙엽수 180개, 착엽수 120개, 경과일수 100일</td></tr>
<tr><td>우박</td><td>5월
3일</td><td>11월
4일</td><td>〈착과피해조사〉
<table><tr><td>피해과실구성</td><td>100%</td><td>80%</td><td>50%</td><td>정상</td><td>병충해</td></tr><tr><td>과실수(개)</td><td>20</td><td>10</td><td>10</td><td>50</td><td>10</td></tr></table></td></tr>
</table>

※ 적과 이후 자연낙과, 기수확과실수 등은 감안하지 않는다.

※ 착과감소보험금의 보장수준은 70%를 선택한 것으로 본다.

※ 각 감수과실수 산정 시 소수점 이하는 절사한다.

농업정책보험금융원에서 발표한 최신 내용에 맞추어 기출문제를 수정하였으며, 개정에 따라 시험범위에 해당하지 않는 부분 등은 당해 시험 난이도의 문제로 대체하였음을 알려드립니다.

제6회 손해평가사 기출문제

농작물재해보험 및 가축재해보험의 이론과 실무

01 용어의 정의로 (　　)에 들어갈 내용을 쓰시오. (5점)

- "과수원"이라 함은 (①)의 토지의 개념으로 (②)와는 관계없이 실제 경작하는 단위이므로 (①) 과수원이 여러 (②)로 나누어져 있더라도 하나의 농지로 취급한다.
- (③)이란 보험사고로 인하여 발생한 손해에 대하여 보험가입자가 부담하는 일정 비율로 보험가입금액에 대한 비율을 말한다.
- "신초 발아기"란 과수원에서 전체 신초가 (④)%정도 발아한 시점을 말한다.
- (⑤)(이)란 영양조건, 기간, 기온, 일조시간 따위의 필요조건이 다차서 꽃눈이 형성되는 현상

02 농작물재해보험 종합위험보장 밭작물 품목 중 출현율이 80% 미만인 농지를 인수제한하는 품목 5가지만 쓰시오. (단, 농작물재해보험 판매상품 기준으로 한다.) (5점)

03 농작물재해보험 종합위험 비가림과수 손해보장방식 과수 품목의 보험기간에 대한 기준이다. (　　)에 들어갈 내용을 쓰시오. (5점)

구분		가입대상 품목	보험기간	
계약	보장		보장개시	보장종료
보통약관	종합위험 수확감소 보장	포도	계약체결일 24시	수확기 종료 시점 다만, (①)을 초과할 수 없음
		이듬해에 맺은 참다래 과실	(②) 다만, (②)가 지난 경우에는 계약체결일 24시	해당 꽃눈이 성장하여 맺은 과실의 수확기 종료 시점. 다만, (③)을 초과할 수 없음
		대추	(④) 다만, (④)가 지난 경우에는 계약체결일 24시	수확기 종료 시점 다만, (⑤)을 초과할 수 없음

04 다음은 가축재해보험의 운영기관에 관한 내용이다. 괄호에 알맞은 기관명을 순서대로 쓰시오. (5점)

구 분	대상
사업운영	농업정책보험금융원과 사업 운영 약정을 체결한 자 (NH손보, KB손보, DB손보, 한화손보, 현대해상, 삼성화재)
사업관리	(①)
사업총괄	(②)
보험업 감독기관	(③)
심의기구	(④)
분쟁해결	(⑤)

05 다음은 가축재해보험의 손해평가 절차에 관한 내용이다. 괄호에 알맞은 내용을 순서대로 쓰시오. (5점)

〈손해평가 절차〉

① 보험사고 접수 : (①)는 (②)에게 보험사고 발생 사실 통보
② 보험사고 조사 : 재해보험사업자는 보험사고 접수가 되면, (③)을 구성하여 보험사고를 조사, 손해액을 산정
③ 지급보험금 결정 : 보험가입금액과 손해액을 검토하여 결정
④ 보험금 지급 : 지급할 보험금이 결정되면 (④)이 내에 지급하되, 지급보험금이 결정되기 전이라도, 피보험자의 청구가 있으면 추정보험금의 (⑤) 보험금 지급 가능

06 종합위험과수 자두 상품에서 수확감소보장의 자기부담비율 선택기준을 각 비율별로 서술하시오. (15점)

07 종합위험 수확감소보장방식 ① 복숭아 상품의 평년수확량 산출식을 쓰고, ② 산출식 구성요소에 대해 설명하시오. (15점)

08 다음은 종합위험보장 복숭아 품목에 관한 내용이다. 아래 주어진 내용을 보고 각 물음에 답하시오. (15점)

- 보험가입금액 : 40,000,000원
- 평년수확량 : 10,000kg
- 자기부담비율 : 최근 3년간 연속 보험가입과수원으로서 3년간 수령한 보험금이 순보험료의 98%인 과수원이 선택할 수 있는 최저 자기부담비율
- 수확량 : 6,000kg
- 병충해감수량(세균구멍병) : 1,000kg
- 미보상비율조사 내용
  (1) 제초상태 : 잡초가 농지 면적의 70%가량 분포하고, 비료 및 농약 영수증 등을 확인할 수 없음
  (2) 병해충상태 : 세균구멍병 외 다른 병해충은 없는 것으로 확인됨
  (3) 기타 : 해당없음

※미보상비율은 적용할 수 있는 미보상비율 중 최저 비율을 선택함

(1) 위 경우 미보상비율은 얼마인가? (8점)

(2) 위 경우 수확감소보험금은 얼마인가? (7점)

09 농작물재해보험 상품 중 비가림시설 또는 해가림시설에 관한 다음 보험가입금액을 구하시오. (각 5점, 15점)

(1) 포도(단지단위) 비가림시설의 최소 가입면적에서 최소 보험가입금액
※ ㎡당 시설비 18,000원 적용

(2) 대추(단지단위) 비가림시설의 가입면적 300㎡에서 최대 보험가입금액
※ ㎡당 시설비 19,000원 적용

(3) 단위면적당(㎡당) 시설비 : 30,000원, 가입(재식)면적 : 300㎡, 시설유형 : 목재, 내용연수 : 6년, 시설년도 : 2014년 4월, 가입시기 : 2019년 11월일 때, 인삼 해가림시설의 보험가입금액

10 다음은 가축재해보험 축종 소의 보상하는 손해와 보상하지 않는 손해에 관한 내용이다. 보상하는 손해에는 'O', 보상하지 않는 손해에는 '×'표시 하시오. (주어진 내용 외는 고려하지 않는다.) (15점)

내용	보상하는 손해 여부
〈예〉 사육하는 장소에서 부상(경추골절)으로 긴급도축으로 발생한 손해	○
1. 불임으로 젖소의 유량 감소가 확실시되어서 긴급도축 함으로써 발생한 손해	
2. 계약자 또는 피보험자의 위탁 도살에 의한 가축 폐사로 인한 손해	
3. 정부의 살처분으로 발생한 손해	
4. 젖소의 유량감소에 따른 도태로 인한 손해	
5. 재해보험사업자의 승낙을 얻어 연구기관에 연구용으로 공여하여 발생된 손해	
6. 독극물의 투약에 의한 폐사 손해	
7. 작업장 내에서 좀도둑으로 인한 도난손해	
8. 보험목적의 생명유지를 위하여 질병 치료가 필요하다고 자격있는 수의사가 확인하고, 외과적 치료행위를 하던 중 폐사하여 발생한 손해	
9. 사고의 예방 및 손해의 경감을 위하여 당연하고 필요한 안전대책을 강구하지 않아 발생한 손해	

11 가축재해보험 약관에서 설명하는 보상하지 않는 손해에 관한 내용이다. 다음 (　　)에 들어갈 용어(약관의 명시된 용어)를 각각 쓰시오. (5점)

- 계약자, 피보험자 또는 이들의 (①)의 고의 또는 중대한 과실
- 계약자 또는 피보험자의 (②) 및 (③)에 의한 가축폐사로 인한 손해
- 가축전염병예방법 제2조(정의)에서 정하는 가축전염병에 의한 폐사로 인한 손해 및 정부 및 공공기관의 (④) 또는 (⑤) (으)로 발생한 손해

12 다음은 종합위험 수확감소보장방식 논작물(벼)에 관한 내용이다. 아래의 내용을 참조하여 다음 물음에 답하시오. (5점)

(1) A농지의 재이앙·재직파보험금을 구하시오. (2점)

구분	보험가입금액	보험가입면적	실제경작면적	피해면적
A농지	5,000,000원	2,000㎡	2,000㎡	500㎡

(2) B농지의 수확감소보험금을 구하시오. (3점)
(수량요소조사, 표본조사, 전수조사가 모두 실시됨)

구분	보험가입금액	조사방법에 따른 피해율	자기부담비율
B농지	8,000,000원	• 수량요소조사 : 피해율 30% • 표본조사 : 피해율 40% • 전수조사 : 피해율 35%	20%

13 재이앙·재직파조사(벼)에서 피해면적의 판정기준을 쓰시오. (부분점수 없음) (5점)

14 다음의 계약사항과 조사내용을 참조하여 아래 착과수조사 결과에 들어갈 값(① ~ ③)을 각각 구하시오. (단, 해당 과수원에 있는 모든 나무의 품종 및 수령은 계약사항과 동일한 것으로 함) (5점)

• 계약사항

품목	품종 / 수령	가입일자(계약일자)
자두	A / 9년생	2019년 11월 14일

• 조사내용

• 조사종류 : 착과수조사
• 조사일자 : 2020년 8월 18일
• 조사사항
- 상기 조사일자 기준 과수원에 살아있는 모든 나무수(고사된 나무수 제외) : 270주
- 2019년 7월 발생한 보상하는 재해로 2019년 7월에 고사된 나무수 : 30주
- 2019년 12월 발생한 보상하는 재해로 2020년 3월에 고사된 나무수 : 25주
- 2020년 6월 발생한 보상하는 손해 이외의 원인으로 2020년 7월에 고사된 나무수 : 15주
- 2020년 6월 발생한 보상하는 손해 이외의 원인으로 착과량이 현저하게 감소한 나무수 : 10주

• 착과수조사 결과

구분	실제결과주수 (실제결과나무수)	미보상주수 (미보상나무수)	고사주수 (고사나무수)
주수	(①)주	(②)주	(③)주

15 다음의 계약사항과 조사내용을 참조하여 착과감소보험금을 구하시오. (단, 착과감소량은 소수점 첫째자리에서 반올림하여 다음 예시와 같이 구하시오. 예시 : 123.4 → 123kg) (5점)

• **계약사항**(해당 과수원의 모든 나무는 단일 품종, 단일 재배방식, 단일 수령으로 함)

품목	가입금액	평년착과수	자기부담비율
사과 (적과전 종합위험 방식)	24,200,000원	27,500개	15%

가입과중	가입가격	나무손해보장 특별약관	적과종료 이전 특정위험 5종 한정보장 특별약관
0.4kg/개	2,200원/kg	미가입	미가입

※ 보장수준 50%

• **조사내용**

구분	재해 종류	사고 일자	조사 일자	조사내용
계약일 ~ 적과종료 이전	조수해	5월 5일	5월 7일	• 피해규모 : 일부 • 금차 조수해로 죽은 나무수 : 44주 • 미보상비율 : 5%
	냉해	6월 7일	6월 8일	• 피해규모 : 전체 • 냉해피해 확인 • 미보상비율 : 10%
적과후 착과수 조사	-		7월 23일	• 실제결과주수 : 110주 • 적과후 착과수 : 15,500개 • 1주당 평년착과수 : 250개

16 피보험자 A가 운영하는 △△한우농장에서 한우 1마리가 인근 농장주인 B의 과실에 의해 폐사(보상하는 손해)되어 보험회사에 사고보험금을 청구하였다. 다음의 내용을 참조하여 피보험자 청구항목 중 비용(① ~ ④)(각2점)에 대한 보험회사의 지급여부를 각각 지급 또는 지급불가로 기재하고 ⑤ 보험회사의 최종 지급금액(보험금+비용) (7점)을 구하시오. (단, 비용부분에서는 자기부담금을 적용하지 않는 것으로 한다.) (15점)

피보험자(A) 청구항목			보험회사 조사내용
보험금	소(牛)		폐사 시점의 손해액 300만 원(전손)은 보험가입금액 및 보험가액과 같은 것으로 확인 (자기부담금비율 : 20%)
비용	(①)	잔존물처리비용	A가 폐사로 인한 사고 현장 토양 오염물질 제거를 위해 지출한 비용 (30만 원)으로 확인
	(②)	손해방지비용	A가 약관에서 규정하고 있는 보험목적의 관리의무를 위하여 지출한 비용 (40만 원)으로 확인
	(③)	대위권 보전비용	A가 B에게 손해배상을 받을 수 있는 권리를 행사하기 위해 지출한 유익한 비용(30만 원)으로 확인
	(④)	기타 협력비용	A가 재해보험사업자의 요구에 따르기 위해 지출한 필요 비용 (20만 원)으로 확인
최종 지급금액 (보험금+비용)			(⑤)

17 다음의 계약사항과 조사내용을 참조하여 ① 수확량(kg), ② 피해율(%) 및 ③ 보험금을 구하시오. (단, 품종에 따른 환산계수 및 비대추정지수는 미적용하고, 수확량과 피해율은 소수점 셋째자리에서 반올림하여 다음 예시와 같은 구하시오. 예시 : 12.345kg → 12.35kg, 12.345% → 12.35%) (각 5점, 15점)

• 계약사항

품목	가입금액	가입면적	평년수확량	기준가격	자기부담비율
마늘(난지형) (수입보장)	2,000만 원	2,500㎡	8,000kg	2,800원/kg	20%

• 조사내용

재해종류	조사종류	실제경작면적	고사면적	타작물 및 미보상면적	기수확면적
냉해	수확량조사	2,500㎡	500㎡	200㎡	0㎡

표본구간 수확량	표본구간 면적	미보상비율	수확기가격
5.5kg	5㎡	15%	2,900원/kg

18 다음은 종합위험 생산비보장방식 고추에 관한 내용이다. 아래의 조건을 참조하여 다음 물음에 답하시오. (15점)

• 〈조건 1〉

잔존보험 가입금액	가입면적 (재배면적)	자기부담금 비율	표준 생장일수	준비기생산비 계수	정식일
8,000,000원	3,000㎡	5%	100일	49.5%	2020년 5월 10일

• 〈조건 2〉

재해종류	내용
한해 (가뭄피해)	• 보험사고 접수일 : 2020년 8월 7일(정식일로부터 경과일수 89일) • 조사일 : 2020년 8월 8일(정식일로부터 경과일수 90일) • 수확개시일 : 2020년 8월 18일(정식일로부터 경과일수 100일) • 가뭄 이후 첫 강우일 : 2020년 8월 20일(수확개시일로부터 경과일수 2일) • 수확종료(예정)일 : 2020년 10월 7일(수확개시일로부터 경과일수 50일)

• 〈조건 3〉

면적피해율	평균손해정도비율	미보상비율
50%	40%	20%

(1) 위 조건에서 확인되는 ① 사고(발생)일자를 기재하고, 그 일자를 사고(발생)일자로 하는 ② 근거를 쓰시오. (7점)

(2) 경과비율(%)을 구하시오. (단, 경과비율은 소수점 셋째자리에서 반올림하여 다음 예시와 같이 구하시오. 예시 : 12.345% → 12.35%) (4점)

(3) 보험금을 구하시오. (4점)

19 금차 조사일정에 대하여 손해평가반을 구성하고자 한다. 아래의 '계약사항', '과거 조사사항', '조사자 정보'를 참조하여 〈보기〉의 손해평가반(① ~ ⑤)별 구성가능 여부를 각 반별로 가능 또는 불가능으로 기재하시오. (단, 제시된 내용 외 다른 사항은 고려하지 않음) (각 3점, 15점)

• 금차 조사일정

구분	조사종류	조사일자
㉮ 계약(사과)	낙과피해조사	2020년 9월 7일

• 계약사항

구분	계약자(가입자)	모집인	계약일
㉮ 계약(사과)	H	E	2020년 2월 18일
㉯ 계약(사과)	A	B	2020년 2월 17일

• 과거 조사사항

구분	조사종류	조사일자	조사자
㉮ 계약(사과)	적과후 착과수조사	2020년 8월 13일	D, F
㉯ 계약(사과)	적과후 착과수조사	2020년 8월 18일	C, F, H

• 조사자 정보(조사자 간 생계를 같이하는 친족관계는 없음)

성명	A	B	C	D	E	F	G	H
구분	손해 평가인	손해 평가인	손해 평가사	손해 평가인	손해 평가인	손해 평가사	손해 평가인	손해 평가사

• 손해평가반 구성

〈보기〉

① 반 : A, B　② 반 : C, H　③ 반 : G　④반 : C, D, E　⑤반 : D, F

20 다음은 종합위험 수확감소보장방식 복숭아에 관한 내용이다. 아래의 계약사항과 조사내용을 참조하여 ① A품종 수확량(kg), ② B품종 수확량(kg), ③ 수확감소보장피해율(%)을 구하시오. (단, 피해율은 소수점 셋째자리에서 반올림하여 다음 예시와 같이 구하시오. 예시 : 12.345% → 12.35%) (각 5점, 15점)

• 계약사항

품목	가입금액	평년수확량	자기부담비율	수확량감소 추가보장 특약	나무손해보장 특약
복숭아	15,000,000원	4,000kg	20%	미가입	미가입

품종/수령	가입주수	1주당 표준수확량	표준과중
A/9년생	200주	15kg	300g
B/10년생	100주	30kg	350g

• **조사내용**(보상하는 재해로 인한 피해 확인됨)

조사종류	품종 / 수령	실제결과주수	미보상주수	품종별·수령별 착과수(합계)
착과수조사	A / 9년생	200주	8주	5,000개
	B / 10년생	100주	5주	3,000개

조사종류	품종	개당 과중	미보상비율
과중조사	A	290g	5%
	B	310g	10%

농업정책보험금융원에서 발표한 최신 내용에 맞추어 기출문제를 수정하였으며, 개정에 따라 시험범위에 해당하지 않는 부분 등은 당해 시험 난이도의 문제로 대체하였음을 알려드립니다.

제7회 손해평가사 기출문제

농작물재해보험 및 가축재해보험의 이론과 실무

01 종합위험보장 벼(조사료용 벼 제외) 상품의 병해충보장특별약관에서 보장하는 병해충 5가지만 쓰시오. (5점)

02 다음은 위험의 개념 정의 및 분류에 관한 내용이다. 아래 괄호에 알맞은 내용을 순서대로 쓰시오. (5점)

- (①) : 위험 상황 또는 위험한 상태를 말함. 특정한 사고로 인하여 발생할 수 있는 손해의 가능성을 새로이 창조하거나 증가시킬 수 있는 상태를 말한다.
- (②) : 손해의 원인, 화재, 지진, 폭풍우, 자동사 사고 등이 이에 해당된다.
- (③) : 위험사고가 발생한 결과 초래되는 가치의 감소 즉 손실을 의미한다.
- (④) : 시간 경과에 따라 성격이나 발생정도가 변하여 예상하기가 어려운 위험으로 기술의 변화, 환율 변동과 같은 것이 이에 해당한다.
- (⑤) : 불특정 다수나 사회 전체에 손실을 초래하는 위험을 의미함. 대표적인 예로, 코로나(Covid-19)가 있다.

03 보험가입금액 100,000,000원, 자기부담비율 20%의 종합위험보장 마늘 상품에 가입하였다. 보험계약 후 당해연도 10월 31일까지 보상하는 재해로 인해 마늘이 10a당 27,000주가 출현되어 10a당 33,000주로 재파종을 한 경우 재파종보험금의 계산과정과 값을 쓰시오. (5점)

04 다음은 가축재해보험에 가입한 돼지에 관한 내용이다. 아래 주어진 내용을 보고, 각 물음에 답하시오. (단, 주어진 내용 외는 고려하지 않는다.)

〈조건〉

- 사고 당일 포함 직전 5영업일 평균돈육대표가격(전체, 탕박) = 4,800원/kg
- 자돈가격(30kg기준) = 150,000원

(1) 110kg 비육돈 수취가격을 산정하시오. (2점)

(2) 위 주어진 조건을 적용하여, 비육돈 1두(78kg)의 보험가액을 산정하시오. (3점)

05 종합위험보장 상품에서 보험가입시 과거수확량 자료가 없는 경우 산출된 표준수확량의 70%를 평년수확량으로 결정하는 품목 중 특약으로 나무손해보장을 가입할 수 있는 품목 2가지 쓰시오. (5점)

06 종합위험보장 논벼에 관한 내용이다. 계약내용과 조사내용을 참조하여 다음 물음에 답하시오. (15점)

• 계약내용

• 보험가입금액 : 3,500,000원 • 가입면적 : 7,000㎡ • 자기부담비율 : 15%

• 조사내용

• 재이앙 전 피해면적 : 2,100㎡ • 재이앙 후 식물체 피해면적 : 4,900㎡

(1) 재이앙·재직파보험금과 경작불능보험금을 지급하는 경우를 각각 서술하시오. (5점)

(2) 재이앙·재직파보험금과 경작불능보험금의 보장종료시점을 각각 쓰시오. (4점)

(3) 재이앙·재직파보험금의 계산과정과 값을 쓰시오. (6점)

07 농작물재해보험 종합위험보장 양파 상품에 가입하려는 농지의 최근 5년간 수확량 정보이다. 다음 물음에 답하시오. (15점)

(단위 : kg)

구분	2016년	2017년	2018년	2019년	2020년	2021년
평년수확량	1,000	800	900	1,000	1,100	?
표준수확량	900	950	950	900	1,000	1,045
조사수확량	-	-	300	무사고	700	-
보험가입여부	미가입	미가입	가입	가입	가입	-

(1) 2021년 평년수확량 산출을 위한 과거평균수확량의 계산과정과 값을 쓰시오. (8점)

(2) 2021년 평년수확량의 계산과정과 값을 쓰시오. (7점)

08 다음 계약들에 대하여 각각 정부지원액의 계산과정과 값을 쓰시오. (15점)

구분	농작물재해보험	농작물재해보험	가축재해보험
보험 목적물	사과	벼	국산 말 1필
보험가입금액	100,000,000	150,000,000	60,000,000
자기부담비율	15%	10%	보험약관에 따름
영업보험료(원)	12,000,000	1,800,000	5,000,000
순보험료(원)	10,000,000	1,600,000	
정부지원액	(①)	(②)	(③)

- 주계약 가입기준임
- 가축재해보험의 영업보험료는 납입보험료와 동일함
- 정부지원액이란 재해보험가입자가 부담하는 보험료의 일부와 재해보험사업자의 재해 보험의 운영 및 관리에 필요한 비용의 전부 또는 일부를 정부가 지원하는 금액임(지방자치단체의 지원액은 포함되지 않음)
- 재해보험사업자의 재해보험의 운영 및 관리에 필요한 비용은 부가보험료와 동일함

09 종합위험보장 원예시설 상품에서 정하는 시설작물에 대하여 다음 물음에 답하시오. (15점)

(1) 자연재해와 조수해로 입은 손해를 보상하기 위한 4가지 경우를 서술하시오. (9점)

(2) 소손해면책금 적용에 대하여 서술하시오. (3점)

(3) 시설작물 인수제한 내용이다. (　　)에 들어갈 내용을 각각 쓰시오. (3점)

작물의 재배면적이 시설면적의 (①)인 경우 인수 제한한다. 다만, 백합, 카네이션의 경우 하우스 면적의 (①)이라도 동당 작기별 (②) 재배 시 가입 가능

10 종합위험과수 포도에 관한 내용이다. 계약내용과 조사내용을 참조하여 다음 물음에 답하시오. (15점)

• 계약내용

• 보험가입품목 : 포도, 비가림시설
• 특별약관 : 나무손해보장, 수확량감소추가보장
• 품종 : 캠밸얼리
• 수령 : 8년
• 가입주수 : 100주
• 평년수확량 : 1,500kg
• 가입수확량 : 1,500kg
• 비가림시설 가입면적 : 1,000㎡
• 자기부담비율 : 3년 연속가입 및 3년간 수령한 보험금이 순보험료의 100% 이하인 과수원으로 최저자기부담비율 선택
• 포도 보험가입금액: 20,000,000원
• 나무손해보장 보험가입금액: 4,000,000원
• 비가림시설 보험가입금액: 18,000,000원

• 조사내용

• 사고접수 : 2021. 08. 10. 호우, 강풍
• 조사일 : 2021. 08. 13.
• 재해 : 호우
• 조사결과
  - 실제결과주수 : 100주
  - 고사된나무 : 30주
  - 수확량 : 700kg
  - 미보상비율 : 10%
  - 비가림시설 : 피해없음

(1) 계약내용과 조사내용에 따라 지급 가능한 3가지 보험금에 대하여 각각 계산과정과 값을 쓰시오. (9점)

(2) 포도 상품 비가림시설에 대한 보험가입기준과 인수제한 내용이다. (　　)에 들어갈 내용을 각각 쓰시오. (6점)

• 비가림시설 보험가입기준 : (①) 단위로 가입(구조체 + 피복재)하고 최소 가입면적은 (②)이다.
• 비가림시설 인수제한 : 비가림폭이 2.4m ± 15%, 동고가 (③)의 범위를 벗어나는 비가림시설(과수원의 형태 및 품종에 따라 조정)

농작물재해보험 및 가축재해보험 손해평가의 이론과 실무

11 다음은 농작물재해보험 및 가축재해보험 손해평가의 이론과 실무 내용 중 보험사기 방지에 관한 내용이다. (　　)에 들어갈 내용을 각각 쓰시오. (5점)

성립요건	• (①) 또는 보험대상자에게 고의가 있을 것 : (①) 또는 보험대상자의 고의에 회사를 기망하여 착오에 빠뜨리는 고의와 그 착오로 인해 승낙의 의사표시를 하게 하는 것 등 • (②)행위가 있을 것 : (②)이란 허위진술을 하거나 진실을 은폐하는 것, 통상 진실이 아닌 사실을 진실이라 표시하는 행위를 말하거나 알려야 할 경우에 침묵, 진실을 은폐하는 것도 (②)행위에 해당 • 상대방인 회사가 착오에 빠지는 것 : 상대방인 보험자가 착오에 빠지는 것에 대하여 보험자의 (③) 유무는 문제되지 않음
보험사기 조치	• 청구한 사고보험금 (④) 가능 • 약관에 의거하여 해당 (⑤)할 수 있음

12 종합위험 수확감소보장방식 밭작물 품목의 품목별 표본구간별 수확량 조사방법에 관한 내용이다. (　　)에 들어갈 내용을 각각 쓰시오. (5점)

품목	표본구간별 수확량 조사방법
옥수수	표본구간 내 작물을 수확한 후 착립장 길이에 따라 상(①)·중(②)·하(③)로 구분한 후 해당 개수를 조사
차(茶)	표본구간 중 두 곳에 (④) 테를 두고 테 내의 수확이 완료된 새싹의 수를 세고, 남아있는 모든 새싹(1심 2엽)을 따서 개수를 세고 무게를 조사
감자	표본구간 내 작물을 수확한 후 정상 감자, 병충해별 20% 이하, 21 ~ 40% 이하, 41 ~ 60% 이하, 61 ~ 80% 이하, 81 ~ 100% 이하 발병 감자로 구분하여 해당 병충해명과 무게를 조사하고 최대 지름이 (⑤) 미만이거나 피해 정도 50% 이상인 감자의 무게는 실제 무게의 50%를 조사 무게로 함

13 적과전 종합위험방식 사과 품목에서 적과후 착과수조사를 실시하고자 한다. 과수원의 현황(품종, 재배방식, 수령, 주수)이 다음과 같이 확인되었을 때 ①, ②, ③, ④에 대해서는 계산과정과 값을 쓰고, ⑤에 대해서는 산정식을 쓰시오. (단, 적정표본주수 최솟값은 소수점 첫째자리에서 올림하여 다음 예시와 같이 구하시오. 예시 : 10.2 → 11로 기재) (5점)

• 과수원의 현황

품종	재배방식	수령	실제결과주수	고사주수
스가루	반밀식	10	620	10
후지	밀식	5	60	30

• 적과후 착과수 적정표본주수

품종	재배방식	수령	조사대상주수	적정표본주수	적정표본주수 산정식
스가루	반밀식	10	(①)	(③)	(⑤)
후지	밀식	5	(②)	(④)	-

14 종합위험 수확감소보장방식 논작물 관련 내용이다. 계약사항과 조사내용을 참조하여 피해율의 계산과정과 값을 쓰시오. (5점)

• 계약사항

품목	가입면적	평년수확량	표준수확량
벼	2,500㎡	6,000kg	5,000kg

• 조사내용

조사종류	조사수확비율	피해정도	피해면적비율	미보상비율
수확량조사 (수량요소조사)	70%	경미	10% 이상 30% 미만	10%

15 다음은 가축재해보험에서 보험목적물의 감가에 관한 내용이다. 괄호에 알맞은 내용을 순서대로 쓰시오. (5점)

> 손해액은 그 손해가 생긴 때와 장소에서의 보험가액에 따라 계산한다. 보험목적물의 (①)은 손해보험협회의 "보험가액 및 손해액의 평가기준"를 준용하며, 이 보험목적물이 지속적인 개·보수가 이루어져 보험목적물의 가치증대가 인정된 경우 잔가율은 보온덮개·쇠파이프 조인 축사구조물의 경우에는 최대 (②)까지, 그 외 기타 구조물의 경우에는 최대 (③)까지로 수정하여 보험가액을 평가할 수 있다. 다만, 보험목적물이 손해를 입은 장소에서 (④) 이내 실제로 수리 또는 복구되지 않은 때에는 잔가율이 (⑤) 이하인 경우에는 최대 (⑤)로 수정하여 평가한다.

16 농업수입감소보장방식 콩(나물용)에 관한 내용이다. 계약사항과 수확량 조사내용을 참조하여 다음 물음에 답하시오. (15점)

• 계약사항

보험가입금액	자기부담비율	가입면적	평년수확량	농지별 기준가격
10,000,000원	20%	10,000㎡	2,000kg	5,000원/kg

• 수확량 조사내용

〈면적조사〉

실제경작면적	수확불능면적	기수확면적
10,000㎡	1,000㎡	2,000㎡

〈표본조사〉

표본구간 면적	종실중량	함수율
10㎡	2kg	22.6%

〈미보상비율〉 : 10%

※ 농지별 수확기 가격은 「농작물재해보험 및 가축재해보험의 이론과 실무」 수확기 가격 산출법을 따른다.

※ 전국 지역농협의 평균 수매가격 = 4,300원/kg
기초통계 기간 동안 제주도 지역농협의 평균 수매가격 = 4,500원/kg

(1) 수확량의 계산과정과 값을 쓰시오. (5점)

(2) 피해율의 계산과정과 값을 쓰시오. (5점)

(3) 농업수입감소보험금의 계산과정과 값을 쓰시오. (5점)

17 종합위험방식 원예시설·버섯 품목에 관한 내용이다. 각 내용을 참조하여 다음 물음에 답하시오. (15점)

• 표고버섯(원목재배)

표본원목의 전체면적	표본원목의 피해면적	재배원목(본)수	피해원목(본)수	원목(본)당 보장생산비
40㎡	20㎡	2,000개	400개	7,000원

• 표고버섯(톱밥배지재배)

준비기 생산비 계수	피해배지(봉)수	재배배지(봉)수	손해정도비율
66.3%	500개	2,000개	50%

배지(봉)당 보장생산비	생장일수	비고
2,600원	45일	수확기 이전 사고임

• 느타리버섯(균상재배)

준비기 생산비 계수	피해면적	재배면적	손해정도
67.6%	500㎡	2,000㎡	55%

단위면적당 보장생산비	생장일수	비고
11,480원	14일	수확기 이전 사고임

(1) 표고버섯(원목재배) 생산비보장보험금의 계산과정과 값을 쓰시오. (5점)

(2) 표고버섯(톱밥배지재배) 생산비보장보험금의 계산과정과 값을 쓰시오. (5점)

(3) 느타리버섯(균상재배) 생산비보장보험금의 계산과정과 값을 쓰시오. (5점)

18 과실손해조사(감귤, 온주밀감류)에 관한 내용이다. 다음 물음에 답하시오. (15점)

- 계약사항

보험가입금액	가입면적	자기부담비율
25,000,000원	4,800㎡	10%

- 표본주 조사내용(단위 : 개)

구분	30%형 피해과실수	50%형 피해과실수	80%형 피해과실수	100%형 피해과실수
등급 내	80	120	120	60
등급 외	110	130	90	140

※ 정상과실수 : 1,150개

※ 수확전 사고조사는 실시하지 않았음

- 표본조사방법

〈표본조사〉

1. 표본주 선정 : 농지별 가입면적을 기준으로 품목별 표본주수표(별표1)에 따라 농지별 전체 표본주수를 과수원에 고루 분포되도록 선정한다.(단, 필요하다고 인정되는 경우 표본 주수를 줄일 수도 있으나 최소 (①)주 이상 선정한다.)
2. 표본주 조사
   가) 선정한 표본주에 리본을 묶고 주지별(원가지) 아주지(버금가지) (②)개를 수확한다.

(1) 위의 계약사항 및 표본주 조사내용을 참조하여 과실손해피해율의 계산과정과 값을 쓰시오. (7점)

(2) 위의 계약사항 및 표본주 조사내용을 참조하여 과실손해보험금의 계산과정과 값을 쓰시오. (6점)

(3) 위의 표본조사방법에서 (　　)에 들어갈 내용을 각각 쓰시오. (2점)

19 특정위험방식 인삼에 관한 내용이다. 계약사항과 조사내용을 참조하여 다음 물음에 답하시오. (15점)

• 계약사항

인삼 가입금액	경작 칸수	연근	기준수확량 (5년근 표준)	자기부담 비율	해가림시설 가입금액	해가림시설 보험가액
120,000,000원	500칸	5년	0.73kg	20%	20,000,000원	25,000,000원

• 조사내용

사고원인	피해칸	표본칸	표본수확량	지주목간격	두둑폭	고랑폭
화재	350칸	10칸	9.636kg	3m	1.5m	0.7m

해가림시설 피해액	잔존물제거 목적으로 사용된 비용	대위권 보전 목적으로 사용된 비용
5,000,000원	300,000원	200,000원

(1) 인삼 피해율의 계산과정과 값을 쓰시오. (5점)

(2) 인삼 지급보험금의 계산과정과 값을 쓰시오. (5점)

(3) 해가림시설 지급보험금(비용 포함)의 계산과정과 값을 쓰시오. (5점)

20 계약사항과 조사내용을 참조하여 다음 물음에 답하시오. (15점)

• 계약사항

상품명	특약 및 주요사항	평년착과수	가입과중
적과전 종합위험방식 배 품목	• 나무손해보장 특약 • 착과감소 50%선택	100,000개	450g

가입가격	가입주수	자기부담률	
1,200원/kg	750주	과실	10%
		나무	5%

※ 나무손해보장특약의 보험가입금액은 1주당 10만원 적용

• 조사내용

구분	재해 종류	사고 일자	조사 일자	조사내용
계약일 24시 ~ 적과전	우박	5월 30일	5월 31일	〈피해사실확인조사〉 • 피해발생인정 • 미보상비율: 0%
적과후 착과수 조사	-		6월 10일	〈적과후 착과수조사〉

품종	실제결과주수	조사대상주수	표본주1주당 착과수
화산	390주	390주	60개
신고	360주	360주	90개

※ 화산, 신고는 배의 품종임

<table>
<tr><th>구분</th><th>재해
종류</th><th>사고
일자</th><th>조사
일자</th><th>조사내용</th></tr>
<tr><td rowspan="3">적과
종료
이후</td><td>태풍</td><td>9월
1일</td><td>9월
2일</td><td>〈낙과피해조사〉
• 총낙과수 : 4,000개(전수조사)
<table><tr><td>피해과실구성</td><td>정상</td><td>50%</td><td>80%</td><td>100%</td></tr><tr><td>과실수(개)</td><td>1,000</td><td>0</td><td>2,000</td><td>1,000</td></tr></table></td></tr>
<tr><td>조수해</td><td>9월
18일</td><td>9월
20일</td><td>〈나무피해조사〉
• 화산 30주, 신고 30주 조수해로 고사</td></tr>
<tr><td>우박</td><td>5월
30일</td><td>10월
1일</td><td>〈착과피해조사〉
<table><tr><td>피해과실구성</td><td>정상</td><td>50%</td><td>80%</td><td>100%</td></tr><tr><td>과실수(개)</td><td>50</td><td>10</td><td>20</td><td>20</td></tr></table></td></tr>
</table>

※ 적과 이후 자연낙과 등은 감안하지 않으며, 무피해나무의 평균착과수는 적과후 착과수의 1주당 평균착과수와 동일한 것으로 본다.

(1) 착과감소보험금의 계산과정과 값을 쓰시오. (5점)

(2) 과실손해보험금의 계산과정과 값을 쓰시오. (5점)

(3) 나무손해보험금의 계산과정과 값을 쓰시오. (5점)

농업정책보험금융원에서 발표한 최신 내용에 맞추어 기출문제를 수정하였으며, 개정에 따라 시험범위에 해당하지 않는 부분 등은 당해 시험 난이도의 문제로 대체하였음을 알려드립니다.

제8회 손해평가사 기출문제

농작물재해보험 및 가축재해보험의 이론과 실무

01 위험관리 방법 중 물리적 위험관리(위험통제를 통한 대비) 방법 5가지를 쓰시오. (5점)

02 농업재해의 특성 5가지만 쓰시오. (5점)

03 보통보험약관의 해석에 관한 내용이다. ( )에 들어갈 내용을 쓰시오. (5점)

• 기본원칙

보험약관은 보험계약의 성질과 관련하여 (①)에 따라 공정하게 해석되어야 하며, 계약자에 따라 다르게 해석되어서는 안 된다. 보험 약관상의 (②) 조항과 (③) 조항 간에 충돌이 발생하는 경우 (③) 조항이 우선한다.

• 작성자 불이익의 원칙

보험약관의 내용이 모호한 경우에는 (④)에게 엄격·불리하게 (⑤)에게 유리하게 풀이해야 한다.

04 농작물재해보험대상 밭작물 품목 중 자기부담금이 잔존보험가입금액의 3% 또는 5%인 품목 2가지를 쓰시오. (5점)

05 인수심사의 인수제한 목적물에 관한 내용이다. ( )에 들어갈 내용을 쓰시오. (5점)

• 오미자 – 주간거리가 (①)cm 이상으로 과도하게 넓은 과수원
• 포도 – 가입하는 해의 나무 수령이 (②)년 미만인 과수원
• 복분자 – 가입연도 기준, 수령이 1년 이하 또는 (③)년 이상인 포기로만 구성된 과수원
• 보리 – 파종을 11월 (④)일 이후에 실시한 농지
• 양파 – 재식밀도가 (⑤) 주/10 a 미만, 40,000 주/10 a 초과한 농지

06 농업수입감소보장방식 '콩'에 관한 내용이다. 계약내용과 조사내용을 참조하여 다음 물음에 답하시오. (피해율은 %로 소수점 둘째자리 미만 절사. 예시 : 12.678 % → 12.67 %) (15점)

• 계약내용

• 보험가입일 : 2021년 6월 20일
• 평년수확량 : 1,500kg
• 가입수확량 : 1,500kg
• 자기부담비율 : 20%
• 농가수취비율 : 80%
• 전체 재배면적 : 2,500㎡ (백태 1,500㎡, 서리태 1,000㎡)

• 조사내용

• 조사일 : 2021년 10월 20일
• 전체 재배면적 : 2,500㎡ (백태 1,500㎡, 서리태 1,000㎡)
• 수확량 : 1,000kg

〈서울양곡도매시장 연도별 '백태' 평균가격(원/kg)〉

등급 \ 연도	2016	2017	2018	2019	2020	2021
상품	6,300	6,300	7,200	7,400	7,600	6,400
중품	6,100	6,000	6,800	7,000	7,100	6,200

〈서울양곡도매시장 연도별 '서리태' 평균가격(원/kg)〉

등급 \ 연도	2016	2017	2018	2019	2020	2021
상품	7,800	8,400	7,800	7,500	8,600	8,400
중품	7,400	8,200	7,200	6,900	8,200	8,200

(1) 기준가격의 계산과정과 값을 쓰시오. (5점)

(2) 수확기가격의 계산과정과 값을 쓰시오. (5점)

(3) 농업수입감소보장보험금의 계산과정과 값을 쓰시오. (5점)

07 농작물재해보험 '벼'에 관한 내용이다. 다음 물음에 답하시오. (단, 보통약관과 특별약관 보험가입금액은 동일하며, 병해충 특약에 가입되어 있음) (15점)

• 계약사항 등

• 보험가입일 : 2022년 5월 22일
• 품목 : 벼
• 재배방식 : 친환경 직파 재배
• 가입수확량 : 4,500kg
• 보통약관 기본 영업요율 : 12%
• 특별약관 기본 영업요율 : 5%
• 손해율에 따른 할인율 : -13%
• 직파재배 농지 할증률 : 10%
• 친환경 재배 시 할증률 : 8%

• 조사내용

• 민간 RPC(양곡처리장) 지수 : 1.2
• 농협 RPC 계약재배 수매가(원/kg)

연도	수매가	연도	수매가	연도	수매가
2016	1,300	2018	1,600	2020	2,000
2017	1,400	2019	1,800	2021	2,200

※ 계산 시 민간 RPC 지수는 농협 RPC 계약재배 수매가에 곱하여 산출할 것

(1) 보험가입금액의 계산과정과 값을 쓰시오. (5점)

(2) 수확감소보장 보통약관(주계약) 적용보험료의 계산과정과 값을 쓰시오. (천원 단위 미만 절사) (5점)

(3) 병해충보장 특별약관 적용보험료의 계산과정과 값을 쓰시오. (천원 단위 미만 절사) (5점)

08 다음은 '사과'의 적과전 종합위험방식 계약에 관한 사항이다. 다음 물음에 답하시오. (단, 주어진 조건 외 다른 조건은 고려하지 않음) (15점)

구분	품목	보장수준(%)				
		60	70	80	85	90
국고보조율(%)	사과, 배, 단감, 떫은감	60	60	50	38	33

〈 조건 〉

- 품목 : 사과(적과전 종합위험방식)
- 가입금액 : 1,000만 원(주계약)
- 순보험요율 : 15%
- 부가보험요율 : 2.5%
- 착과감소보험금 보장수준 : 70%형
- 자기부담비율 : 20%형

※ 할인·할증률은 고려하지 않는다.

(1) 영업보험료의 계산과정과 값을 쓰시오. (5점)

(2) 부가보험료의 계산과정과 값을 쓰시오. (5점)

(3) 농가부담보험료의 계산과정과 값을 쓰시오. (5점)

09 다음과 같은 '인삼'의 해가림시설이 있다. 다음 물음에 답하시오. (단, 주어진 조건 외 다른 조건은 고려하지 않음) (15점)

- 가입시기 : 2021년 6월
- 농지 내 재료별(목재, 철재)로 구획되어 해가림시설이 설치되어 있음

〈해가림시설(목재)〉

- 시설년도 : 2015년 9월
- 면적 : 4,000㎡
- 단위면적당 시설비 : 30,000원/㎡

※ 해가림시설 정상 사용중

〈해가림시설(철재)〉

- 전체면적 : 6,000㎡
  - 면적① : 4,500㎡ (시설년도: 2017년 3월)
  - 면적② : 1,500㎡ (시설년도: 2019년 3월)
- 단위면적당 시설비 : 50,000원/㎡

※ 해가림시설 정상 사용중이며, 면적①, ② 는 동일 농지에 설치

(1) 해가림시설(목재)의 보험가입금액의 계산과정과 값을 쓰시오. (5점)

(2) 해가림시설(철재)의 보험가입금액의 계산과정과 값을 쓰시오. (10점)

10 다음의 내용을 참고하여 물음에 답하시오. (단, 주어진 조건 외 다른 조건은 고려하지 않음) (15점)

> 甲은 A보험회사의 가축재해보험(소)에 가입했다. 보험가입 기간 중 甲과 동일한 마을에 사는 乙 소유의 사냥개 3마리가 견사를 탈출하여 甲소유의 축사에 있는 소 1마리를 물어 죽이는 사고가 발생했다. 조사결과 폐사한 소는 가축재해보험에 정상적으로 가입되어 있었다.
> - A보험회사의 면·부책 : 부책
> - 폐사한 소의 가입금액 및 손해액 : 500만 원(자기부담금 20%)
> - 乙의 과실 : 100%

(1) A보험회사가 甲에게 지급할 보험금의 계산과정과 값을 쓰시오. (5점)

(2) A보험회사의 ① 보험자대위의 대상(손해발생 책임자), ② 보험자대위의 구분(종류), ③ 대위금액을 쓰시오. (10점)

농작물재해보험 및 가축재해보험 손해평가의 이론과 실무

11 적과전 종합위험방식의 적과종료이후 보상하지 않는 손해에 관한 내용의 일부이다. (　　)에 들어갈 내용을 쓰시오. (5점)

> - 제초작업, 시비관리 등 통상적인 (①)을 하지 않아 발생한 손해
> - 최대순간풍속 (②)의 바람으로 발생한 손해
> - 농업인의 부적절한 (③)로 인하여 발생한 손해
> - 병으로 인해 낙엽이 발생하여 (④)에 과실이 노출됨으로써 발생한 손해
> - 「식물방역법」 제36조(방제명령 등)에 의거 금지 병해충인 과수 (⑤) 발생에 의한 폐원으로 인한 손해 및 정부 및 공공기관의 매립으로 발생한 손해

12 **종합위험 수확감소보장방식의 품목별 과중조사에 관한 내용의 일부이다. (　　)에 들어갈 내용을 쓰시오. (5점)**

• 밤(수확 개시 전 수확량조사 시 과중조사)
품종별 개당 과중 = 품종별 {정상 표본과실 무게 합 + (소과 표본과실 무게 합 × (①))} ÷ 표본과실 수

• 참다래
품종별 개당 과중 = 품종별 〔{50g 초과 표본과실 무게 합 + {50g 이하 표본과실 무게 합 × (②)}〕 ÷ 표본과실 수

• 오미자(수확개시 후 수확량 조사 시 과중조사)
선정된 표본구간별로 표본구간 내 (③)된 과실과 (④)된 과실의 무게를 조사한다.

• 유자(수확개시 전 수확량 조사 시 과중조사)
농지에서 품종별로 착과가 평균적인 3개 이상의 표본주에서 크기가 평균적인 과실을 품종별 (⑤)개 이상(농지당 최소 60개 이상) 추출하여 품종별 과실개수와 무게를 조사한다.

13 **논작물에 대한 피해사실 확인조사 시 추가조사 필요여부 판단에 관한 내용이다. (　　)에 들어갈 내용을 쓰시오. (5점)**

보상하는 재해 여부 및 피해 정도 등을 감안하여 이앙·직파불능 조사(농지 전체 이앙·직파불능 시), 재이앙·재직파 조사(①), 경작불능조사(②), 수확량조사(③) 중 필요한 조사를 판단하여 해당 내용에 대하여 계약자에게 안내하고, 추가조사가 필요할 것으로 판단된 경우에는 (④) 구성 및 (⑤) 일정을 수립한다.

14 종합위험 수확감소보장방식 감자에 관한 내용이다. 다음 계약사항과 조사내용을 참조하여 피해율(%)의 계산과정과 값을 쓰시오. (피해율은 소수점 셋째자리에서 반올림) (5점)

• 계약사항

품목	보험가입금액	가입면적	평년수확량	자기부담비율
감자(고랭지재배)	5,000,000원	3,000㎡	6,000kg	20%

• 조사내용

재해	조사 방법	실제 경작 면적	타작물 면적	미보상 면적	미보상 비율	표본 구간 총 면적	표본구간 총 수확량 조사 내용
호우	수확량 조사 (표본 조사)	3,000㎡	100㎡	100㎡	20%	10㎡	• 정상 감자 5kg • 최대지름 5cm미만 감자 2kg • 병충해(무름병) 감자 4kg • 병충해 손해정도비율 40%

15 종합위험방식 과수품목 및 수확감소보장방식 밭작물 품목 중 (　　)에 들어갈 해당 품목을 쓰시오. (5점)

구분	내용	해당 품목
과수 품목	경작불능조사를 실시하는 품목	(①)
	병충해를 보장하는 품목(특약 포함)	(②)
밭작물 품목	전수조사를 실시해야하는 품목	(③), 팥
	재정식 보험금을 지급하는 품목	(④)
	경작불능조사 대상이 아닌 품목	(⑤)

16 농업용 원예시설물(고정식 하우스)에 강풍이 불어 피해가 발생되었다. 다음 조건을 참조하여 물음에 답하시오. (15점)

구분	손해내역	내용연수	경년감가율	경과년월	보험가입금액	재조달가액	비고
제1동	단동하우스 (구조체손해)	10년	8%	2년	500만 원	300만 원	피복재 손해 제외
제2동	장수PE (피복재단독사고)	1년	40%	1년	200만 원	100만 원	-
제3동	장기성Po (피복재단독사고)	5년	16%	1년	200만 원	100만 원	• 재조달가액 보장특약 가입 • 미복구

(1) 제1동의 지급보험금 계산과정과 값을 쓰시오. (5점)

(2) 제2동의 지급보험금 계산과정과 값을 쓰시오. (5점)

(3) 제3동의 지급보험금 계산과정과 값을 쓰시오. (5점)

17 벼 농사를 짓고 있는 甲은 가뭄으로 농지 내 일부 면적의 벼가 고사되는 피해를 입어 재이앙 조사 후 모가 없어 경작면적의 일부만 재이앙을 하였다. 이후 수확전 태풍으로 도복 피해가 발생해 수확량 조사방법 중 표본조사를 하였으나 甲이 결과를 불인정하여 전수조사를 실시하였다. 계약사항(종합위험 수확감소보장방식)과 조사내용을 참조하여 다음 물음에 답하시오. (15점)

• 계약사항

품종	보험가입금액	가입면적	평년수확량	표준수확량	자기부담비율
동진찰벼	3,000,000원	2,500㎡	3,500kg	3,200kg	20%

• 조사내용

〈재이앙 조사〉

재이앙 전 조사내용		재이앙 후 조사내용	
실제 경작면적	2,500㎡	재이앙 면적	800㎡
피해면적	1,000㎡	-	-

〈수확량 조사〉

표본조사 내용		전수조사 내용	
표본구간 총중량 합계	0.48kg	전체 조곡중량	1,200kg
표본구간 면적	0.96㎡	미보상비율	10%
함수율	16%	함수율	20%

(1) 재이앙보험금의 지급가능한 횟수를 쓰시오. (2점)

(2) 재이앙보험금의 계산과정과 값을 쓰시오. (3점)

(3) 수확감소보험금의 계산과정과 값을 쓰시오. (무게(kg) 및 피해율(%)은 소수점 이하 절사. 예시 : 12.67% → 12%) (10점)

18 배 과수원은 적과전 과수원 일부가 호우에 의한 유실로 나무 50주가 고사되는 피해(자연재해)가 확인되었고, 적과 이후 봉지작업을 마치고 태풍으로 낙과피해조사를 받았다. 계약사항(적과전 종합위험 방식)과 조사내용을 참조하여 다음 물음에 답하시오. (감수과실수와 착과피해인정개수, 피해율(%)은 소수점 이하 절사. 예시 : 12.67% → 12%) (15점)

• 계약사항 및 적과후 착과수 조사내용

계약사항			적과후 착과수 조사내용	
품목	가입주수	평년착과수	실제결과주수	1주당 평균착과수
배(단일 품종)	250주	40,000개	250주	150개

※ 적과종료 이전 특정위험 5종 한정 보장 특약 미가입

• 낙과피해 조사내용

사고일자	조사방법	전체 낙과과실수	낙과피해 구성비율(100개)				
9월 18일	전수조사	7,000개	정상 10개	50%형 80개	80%형 0개	100%형 2개	병해충 과실 8개

(1) 적과종료 이전 착과감소과실수의 계산과정과 값을 쓰시오. (5점)

(2) 적과종료 이후 착과손해 감수과실수의 계산과정과 값을 쓰시오. (5점)

(3) 적과종료 이후 낙과피해 감수과실수의 계산과정과 값을 쓰시오. (5점)

19 가축재해보험 소에 관한 내용이다. 다음 물음에 답하시오. (15점)

• 〈조건 1〉

- 甲은 가축재해보험에 가입 후 A축사에서 소를 사육하던 중, 사료 자동급여기를 설정하고 5일간 A축사를 비우고 여행을 다녀왔음
- 여행을 다녀와 A축사의 출입문이 파손되어 있어 CCTV를 확인해 보니 신원불상자에 의해 한우(암컷) 1마리를 도난당한 것을 확인하고, 바로 경찰서에 도난신고 후 재해보험사업자에게 도난신고확인서를 제출함
- 금번 사고는 보험기간 내 사고이며, 甲과 그 가족 등의 고의 또는 중과실은 없었고, 또한 사고예방 및 안전대책에 소홀히 한 점도 없었음

• 〈조건 2〉

- 보험목적물 : 한우(암컷)
- 보험가입금액 : 2,000,000원
- 자기부담비율 : 20%
- 소재지 : A축사(보관장소)
- 출생일 : 2021년 11월 04일
- 사고일자 : 2022년 08월 14일

• 〈조건 3〉

〈발육표준표〉

한우 암컷	월령	7월령	8월령	9월령	10월령	11월령
	체중	230kg	240kg	250kg	260kg	270kg

〈2022년 월별산지가격동향〉

한우 암컷	구분	5월	6월	7월	8월
	350kg	330만 원	350만 원	340만 원	340만 원
	600kg	550만 원	560만 원	550만 원	550만 원
	송아지(4~5월령)	220만 원	230만 원	230만 원	230만 원
	송아지(6~7월령)	240만 원	240만 원	250만 원	250만 원

(1) 조건 2 ~ 3을 참조하여 한우(암컷) 보험가액의 계산과정과 값을 쓰시오. (5점)

(2) 조건 1 ~ 3을 참조하여 지급보험금과 그 산정이유를 쓰시오. (5점)

(3) 다음 (　　)에 들어갈 내용을 쓰시오. (5점)

소의 보상하는 손해 중 긴급도축은 "사육하는 장소에서 부상, (①), (②), (③) 및 젖소의 유량 감소 등이 발생하는 소(牛)를 즉시 도축장에서 도살하여야 할 불가피한 사유가 있는 경우"에 한한다.

20 수확전 종합위험보장방식 무화과에 관한 내용이다. 다음 계약사항과 조사내용을 참조하여 물음에 답하시오. (피해율(%)은 소수점 셋째자리에서 반올림) (15점)

• 계약사항

품목	보험가입금액	가입주수	평년수확량	표준과중(개당)	자기부담비율
무화과	10,000,000원	300주	6,000kg	80g	20%

• 수확 개시 전 조사내용

〈사고내용〉
- 재해종류 : 우박
- 사고일자 : 2022년 05월 10일

〈나무수 조사〉
- 보험가입일자 기준 과수원에 식재된 모든 나무수 300주(유목 및 인수제한 품종 없음)
- 보상하는 손해로 고사된 나무수 10주
- 보상하는 손해 이외의 원인으로 착과량이 현저하게 감소된 나무수 10주
- 병해충으로 고사된 나무수 20주

〈착과수조사 및 미보상비율 조사〉
- 표본주수 9주
- 표본주 착과수 총 개수 1,800개
- 제초상태에 따른 미보상비율 10%

〈착과피해조사(표본주 임의과실 100개 추출하여 조사)〉
- 가공용으로도 공급될 수 없는 품질의 과실 10개(일반시장 출하 불가능)
- 일반시장 출하 시 정상과실에 비해 가격하락(50% 정도)이 예상되는 품질의 과실 20개
- 피해가 경미한 과실 50개
- 가공용으로 공급될 수 있는 품질의 과실 20개(일반시장 출하 불가능)

• 수확개시 후 조사내용

• 재해종류 : 우박
• 사고일자 : 2022년 09월 05일
• 표본주 3주의 결과지 조사
[고사결과지수 5개, 정상결과지수(미고사결과지수) 20개, 병해충 고사결과지수 2개]
• 착과피해율 30%
• 농지의 상태 및 수확정도 등에 따라 조사자가 기준일자를 2022년 08월 20일로 수정함
• 잔여수확량 비율

사고발생 월	잔여수확량 산정식(%)
8월	{100 − (1.06 × 사고발생일자)}
9월	{(100 − 33) − (1.13 × 사고발생일자)}

(1) 수확전 피해율(%)의 계산과정과 값을 쓰시오. (6점)

(2) 수확후 피해율(%)의 계산과정과 값을 쓰시오. (6점)

(3) 지급보험금의 계산과정과 값을 쓰시오. (3점)

농업정책보험금융원에서 발표한 최신 내용에 맞추어 기출문제를 수정하였으며, 개정에 따라 시험범위에 해당하지 않는 부분 등은 당해 시험 난이도의 문제로 대체하였음을 알려드립니다.

제9회 손해평가사 기출문제

농작물재해보험 및 가축재해보험의 이론과 실무

01 가축재해보험에 가입한 A축사에 다음과 같은 지진 피해가 발생하였다. 보상하는 손해내용에 해당하는 경우에는 "해당"을, 보상하지 않는 손해내용에 해당하는 경우에는 "미해당"을 쓰시오. (단, 주어진 조건 외 다른 사항은 고려하지 않음) (5점)

- 지진으로 축사의 급배수설비가 파손되어 이를 복구한 비용 500만 원: (①)
- 지진으로 축사 벽의 2m 균열을 수리한 비용 150만 원: (②)
- 지진 발생 시 축사의 기계장치 도난손해 200만 원: (③)
- 지진으로 축사 내 배전반이 물리적으로 파손되어 복구한 비용 150만 원: (④)
- 지진으로 축사의 대문이 파손되어 이를 복구한 비용 130만 원: (⑤)

02 종합위험 생산비보장 품목의 보험기간 중 보장개시일에 관한 내용이다. 다음 해당 품목의 ( )에 들어갈 내용을 쓰시오. (5점)

품목	보장개시일	초과할 수 없는 정식(파종) 완료일(판매개시연도 기준)
대파	정식 완료일 24시, 다만 보험계약시 정식 완료일이 경과한 경우 계약체결일 24시	(①)
고랭지배추	정식 완료일 24시, 다만 보험계약시 정식 완료일이 경과한 경우 계약체결일 24시	(②)
당근	파종 완료일 24시, 다만 보험계약시 파종 완료일이 경과한 경우 계약체결일 24시	(③)
브로콜리	정식 완료일 24시, 다만 보험계약시 정식 완료일이 경과한 경우 계약체결일 24시	(④)
시금치(노지)	파종 완료일 24시, 다만 보험계약시 파종 완료일이 경과한 경우 계약체결일 24시	(⑤)

03 작물특정 및 시설종합위험 인삼손해보장방식의 자연재해에 대한 설명이다. (   )에 들어갈 내용을 쓰시오. (5점)

> • 폭설은 기상청에서 대설에 대한 특보(대설주의보, 대설경보)를 발령한 때 해당 지역의 눈 또는 (①)시간 신적설이 (②)cm 이상인 상태
> • 냉해는 출아 및 전엽기(4 ~ 5월) 중에 해당 지역에 최저기온 (③)℃ 이하의 찬 기온으로 인하여 발생하는 피해를 말하며, 육안으로 판별 가능한 냉해 증상이 있는 경우에 피해를 인정
> • 폭염은 해당 지역에 최고기온 (④)℃ 이상이 7일 이상 지속되는 상태를 말하며, 잎에 육안으로 판별 가능한 타들어간 증상이 (⑤)% 이상 있는 경우에 인정

04 가축재해보험 협정보험가액 특별약관이 적용되는 가축 중 유량검정젖소에 관한 내용이다. (   )에 들어갈 내용을 쓰시오. (5점)

> 유량검정젖소란 젖소개량사업소의 검정사업에 참여하는 농가 중에서 일정한 요건을 충족하는 농가(직전 월의 (①)일 평균유량이 (②)kg 이상이고 평균 체세포수가 (③)만 마리 이하를 충족하는 농가)의 소(최근 산차 305일 유량이 (④)kg 이상이고, 체세포수가 (⑤)만 마리 이하인 젖소)를 의미하며 요건을 충족하는 유량검정젖소는 시가에 관계 없이 협정보험가액 특약으로 보험가입이 가능하다.

05 농작물재해보험 보험료 방재시설 할인율의 방재시설 판정기준에 관한 내용이다. (   )에 들어갈 내용을 쓰시오. (5점)

> • 방풍림은 높이가 (①)미터 이상의 영년생 침엽수와 상록활엽수가 (②)미터 이하의 간격으로 과수원 둘레 전체에 식재되어 과수원의 바람 피해를 줄일 수 있는 나무
> • 방풍망은 망구멍 가로 및 세로가 6 ~ 10mm의 망목네트를 과수원 둘레 전체나 둘레일부(1면 이상 또는 전체둘레의 (③)% 이상)에 설치
> • 방충망은 망구멍이 가로 및 세로가 (④)mm 이하의 망목네트로 과수원 전체를 피복
> • 방조망은 망구멍의 가로 및 세로가 (⑤)mm를 초과하고 새의 입출이 불가능한 그물, 주 지주대와 보조 지주대를 설치하여 과수원 전체를 피복

06 甲의 사과과수원에 대한 내용이다. 조건 1 ~ 3을 참조하여 다음 물음에 답하시오. (단, 주어진 조건 외 다른 사항은 고려하지 않음) (15점)

• 조건 1

• 2018년 사과(홍로/3년생/밀식재배) 300주를 농작물재해보험에 신규로 보험가입함
• 2019년과 2021년도에는 적과 전에 우박과 냉해피해로 과수원의 적과후착과량이 현저하게 감소하였음
• 사과(홍로)의 일반재배방식 표준수확량은 아래와 같음

수령	5년	6년	7년	8년	9년
표준수확량	6,000kg	8,000kg	8,500kg	9,000kg	10,000kg

• 조건 2

〈甲의 과수원 과거수확량 자료〉

구분	2018년	2019년	2020년	2021년	2022년
평년착과량	1,500kg	3,200kg	-	4,000kg	3,700kg
표준수확량	1,500kg	3,000kg	4,500kg	5,700kg	6,600kg
적과후착과량	2,000kg	800kg	-	950kg	6,000kg
보험가입여부	가입	가입	미가입	가입	가입

• 조건 3

〈2023년 보험가입내용 및 조사결과 내용〉

• 적과전 종합위험방식Ⅱ 보험가입(적과종료 이전 특정위험 5종 한정보장 특별약관 미가입)
• 가입가격: 2,000원/kg
• 보험가입당시 계약자부담보험료: 200,000원(미납보험료 없음)
• 자기부담비율 20%
• 착과감소보험금 보장수준 50%형 가입
• 2023년 과수원의 적과 전 냉해피해로, 적과후착과량이 2,500kg으로 조사됨
• 미보상감수량 없음

(1) 2023년 평년착과량의 계산과정과 값(kg)을 쓰시오. (5점)

(2) 2023년 착과감소보험금의 계산과정과 값(원)을 쓰시오. (5점)

(3) 만약 2023년 적과전 사고가 없이 적과후착과량이 2,500kg으로 조사되었다면, 계약자 甲에게 환급해야 하는 차액보험료의 계산과정과 값(원)을 쓰시오. (보험료는 일원 단위 미만 절사. 예시 : 12,345.678원 → 12,345원) (5점)

07 종합위험 과실손해보장방식 감귤에 관한 내용이다. 다음의 조건 1 ~ 2를 참조하여 다음 물음에 답하시오. (단, 주어진 조건 외 다른 사항은 고려하지 않음) (15점)

• 조건 1

• 감귤(온주밀감) / 5년생
• 보험가입금액 : 10,000,000원(자기부담비율 20%)
• 가입특별약관 : 동상해과실손해보장 특별약관

• 조건 2

① 과실손해조사(수확 전 사고조사는 없었음. 주품종 수확 이후 사고발생함)
• 사고일자 : 2022년 11월 15일
• 피해사실 확인조사를 통해 보상하는 재해로 확인됨
• 표본주수 2주 선정 후 표본조사내용

• 등급 내 피해과실수 30개
• 등급 외 피해과실수 24개
• 기준과실수 280개

• 미보상비율 : 20%

② 동상해과실손해조사
• 사고일자 : 2022년 12월 20일
• 피해사실 확인조사를 통해 보상하는 재해(동상해)로 확인됨
• 표본주수 2주 선정 후 표본조사내용

기수확과실	정상과실	80% 피해과실	100% 피해과실
86개	100개	50개	50개

• 수확기 잔존비율(%) : 100 − 1.5 × 사고 발생일자(사고발생 월 12월 기준)
• 미보상비율 : 10%

(1) 과실손해보장 보통약관 보험금의 계산과정과 값(원)을 쓰시오. (5점)

(2) 동상해과실손해보장 특별약관 보험금의 계산과정과 값(원)을 쓰시오. (10점)

08 다음은 손해보험 계약의 법적 특성이다. 각 특성에 대하여 기술하시오. (15점)

- 유상계약성
- 쌍무계약성
- 상행위성
- 최고 선의성
- 계속계약성

09 작물특정 및 시설종합위험 인삼손해보장방식의 해가림시설에 관한 내용이다. 다음 물음에 답하시오. (15점) (단, A시설과 B시설은 별개 계약임)

시설	시설유형	재배면적	시설년도	가입시기
A시설	목재B형	3,000㎡	2017년 4월	2022년 10월
B시설	07-철인-A-2형	1,250㎡	2014년 5월	2022년 11월

(1) A시설의 보험가입금액의 계산과정과 값(원)을 쓰시오. (7점)

(2) B시설의 보험가입금액의 계산과정과 값(원)을 쓰시오. (8점)

10 종합위험 밭작물(생산비보장) 고추 품목의 인수제한 목적물에 대한 내용이다. 다음 각 농지별 보험 가입 가능 여부를 "가능" 또는 "불가능"으로 쓰고, 불가능한 농지는 그 사유를 쓰시오. (15점)

- A농지 : 고추 정식 5개월 전 인삼을 재배한 농지로, 가입금액 300만 원으로 가입 신청 (①)
- B농지 : 직파하고 재식밀도가 1,000m^2당 1,500주로 가입 신청 (②)
- C농지 : 해당년도 5월 1일 터널재배로 정식하여 풋고추 형태로 판매하기 위해 재배하는 농지로 가입 신청 (③)
- D농지 : 군사시설보호구역 중 군사시설의 최외곽 경계선으로부터 200미터 내의 농지이나, 통상적인 영농활동이나 손해평가가 가능한 보험 가입금액이 200만 원인 시설재배 농지로 가입 신청 (④)
- E농지 : m^2당 2주의 재식밀도로 4월 30일 노지재배로 식재하고 가입 신청 (⑤)

11 종합위험 수확감소보장에서 '감자'(봄재배, 가을재배, 고랭지재배) 품목의 병·해충등급별 인정비율이 90 %에 해당하는 병·해충을 5개 쓰시오. (5점)

12 적과전 종합위험방식 '떫은 감' 품목이 적과 종료일 이후 태풍피해를 입었다. 다음 조건을 참조하여 물음에 답하시오. (단, 주어진 조건 외 다른 사항은 고려하지 않음) (5점)

• 조건 1

조사대상주수	총표본주의 낙엽수 합계	표본주수
550주	120개	12주

※ 모든 표본주의 각 결과지(신초, 1년생 가지)당 착엽수와 낙엽수의 합계 : 10개

(1) 낙엽률의 계산과정과 값(%)을 쓰시오. (2점)

(2) 낙엽률에 따른 인정피해율의 계산과정과 값(%)을 쓰시오. (단, 인정피해율 (%)은 소수점 셋째자리에서 반올림. 예시: 12.345% → 12.35%로 기재) (3점)

13 종합위험 생산비보장방식 '브로콜리'에 관한 내용이다. 보험금 지급사유에 해당하며, 아래 조건을 참조하여 보험금의 계산과정과 값(원)을 쓰시오. (단, 주어진 조건 외 다른 사항은 고려하지 않음) (5점)

• 조건 1

보험가입금액	자기부담비율
15,000,000원	3%

• 조건 2

실제경작면적 (재배면적)	피해면적	정식일로부터 사고 발생일까지 경과일수
1,000㎡	600㎡	65일

※ 수확기 이전에 보험사고가 발생하였고, 기발생 생산비보장보험금은 없음

• 조건 3

〈피해 조사결과〉

정상	50%형 피해송이	80%형 피해송이	100%형 피해송이
22개	30개	15개	33개

14 종합위험 수확감소보장방식 '유자'(동일 품종, 동일 수령) 품목에 관한 내용으로 수확개시전 수확량 조사를 실시하였다. 보험금 지급사유에 해당하며 아래의 조건을 참조하여 보험금의 계산과정과 값(원)을 쓰시오. (단, 주어진 조건 외 다른 사항은 고려하지 않음) (5점)

• 조건 1

보험가입금액	평년수확량	자기부담비율	미보상비율
20,000,000원	8,000kg	20%	10%

• 조건 2

조사대상주수	고사주수	미보상주수	표본주수	총표본주의 착과량
370주	10주	20주	8주	160kg

• 조건 3

〈착과피해 조사결과〉

정상과	50%형 피해과실	80%형 피해과실	100%형 피해과실
30개	20개	20개	30개

15 종합위험 수확감소보장 밭작물(마늘, 양배추) 상품에 관한 내용이다. 보험금 지급사유에 해당하며, 아래의 조건을 참조하여 다음 물음에 답하시오. (5점)

• 조건

품목	재배지역	보험가입금액	보험가입면적	자기부담비율
마늘	의성	3,000,000원	1,000m^2	20%
양배추	제주	2,000,000원	2,000m^2	10%

(1) '마늘'의 재파종 전조사 결과는 1a 당 출현주수 2,400 주이고, 재파종 후 조사 결과는 1a 당 출현주수 3,100주로 조사되었다. 재파종보험금(원)을 구하시오. (3점)

(2) '양배추'의 재정식 전조사 결과는 피해면적 500m^2이고, 재정식 후 조사 결과는 재정식면적 500m^2으로 조사되었다. 재정식보험금(원)을 구하시오. (2점)

16 다음은 가축재해보험에 관한 내용이다. 다음 물음에 답하시오. (15점)

(1) 가축재해보험에서 모든 부문 축종에 적용되는 보험계약자 등의 계약 전·후 알릴 의무와 관련한 내용의 일부분이다. 다음 ( )에 들어갈 내용을 쓰시오. (5점)

〈계약 전 알릴 의무〉

계약자, 피보험자 또는 이들의 대리인은 보험계약을 청약할 때 청약서에서 질문한 사항에 대하여 알고 있는 사실을 반드시 사실대로 알려야 할 의무이다. 보험계약자 또는 피보험자가 고의 또는 중대한 과실로 계약 전 알릴 의무를 이행하지 않은 경우에 보험자는 그 사실을 안 날로부터 (①)월 내에, 계약을 체결한 날로부터 (②)년 내에 한하여 계약을 해지할 수 있다. 그러나 보험자가 계약 당시에 그 사실을 알았거나 중대한 과실로 인하여 알지 못한 때에는 그러하지 아니하다.

〈계약 후 알릴 의무〉

- 보험목적 또는 보험목적 수용장소로부터 반경 (③)km 이내 지역에서 가축 전염병 발생(전염병으로 의심되는 질환 포함) 또는 원인 모를 질병으로 집단 폐사가 이루어진 경우
- 보험의 목적 또는 보험의 목적을 수용하는 건물의 구조를 변경, 개축, 증축하거나 계속하여 (④)일 이상 수선할 때
- 보험의 목적 또는 보험의 목적이 들어있는 건물을 계속하여 (⑤)일 이상 비워두거나 휴업하는 경우

(2) 가축재해보험 소에 관한 내용이다. 다음 조건을 참조하여 한우(수컷)의 지급보험금(원)을 쓰시오. (단, 주어진 조건 외 다른 사항은 고려하지 않음) (10점)

〈조건〉

- 보험목적물 : 한우(수컷, 2021. 4. 1. 출생)
- 가입금액 : 6,500,000원, 자기부담비율 : 20 %, 중복보험 없음
- 사고일 : 2023. 7. 3.(경추골절의 부상으로 긴급도축)
- 보험금 청구일 : 2023. 8. 1.
- 이용물 처분액 : 800,000원(도축장발행 정산자료의 지육금액)
- 2023년 한우(수컷) 월별 산지 가격동향

구분	4월	5월	6월	7월	8월
350kg	3,500,000원	3,220,000원	3,150,000원	3,590,000원	3,600,000원
600kg	3,780,000원	3,600,000원	3,654,000원	2,980,000원	3,200,000원

17 종합위험 시설작물 손해평가 및 보험금 산정에 관하여 다음 물음에 답하시오. (15점)

(1) 농업용 시설물 감가율과 관련하여 아래 ( )에 들어갈 내용을 쓰시오. (5점)

<table>
<tr><th colspan="4">고정식 하우스</th></tr>
<tr><th colspan="2">구분</th><th>내용연수</th><th>경년감가율</th></tr>
<tr><td rowspan="2">구조체</td><td>단동하우스</td><td>10년</td><td>(①)%</td></tr>
<tr><td>연동하우스</td><td>15년</td><td>(②)%</td></tr>
<tr><td rowspan="2">피복재</td><td>장수 PE</td><td>(③)년</td><td>(④)%
고정감가</td></tr>
<tr><td>장기성 Po</td><td>5년</td><td>(⑤)%</td></tr>
</table>

(2) 다음은 원예시설 작물 중 '쑥갓'에 관련된 내용이다. 아래의 조건을 참조하여 생산비 보장보험금(원)을 구하시오. (단, 아래 제시된 조건 이외의 다른 사항은 고려하지 않음) (10점)

<table>
<tr><th>품 목</th><th>보험가입금액</th><th>피해면적</th><th>재배면적</th><th>손해정도</th><th>보장생산비</th></tr>
<tr><td>쑥 갓</td><td>2,600,000원</td><td>500㎡</td><td>1,000㎡</td><td>50%</td><td>2,600원/㎡</td></tr>
<tr><td colspan="6">• 보상하는 재해로 보험금 지급사유에 해당(1사고, 1동, 기상특보재해)
• 구조체 및 부대시설 피해 없음
• 수확기 이전 사고이며, 생장일수는 25일
• 중복보험은 없음</td></tr>
</table>

18 종합위험 수확감소보장방식 '논작물'에 관한 내용으로 보험금 지급사유에 해당하며, 아래 물음에 답하시오. (단, 주어진 조건 외 다른 사항은 고려하지 않음) (15점)

(1) 종합위험 수확감소보장방식 논작물(조사료용 벼)에 관한 내용이다. 다음 조건을 참조하여 경작불능보험금의 계산식과 값(원)을 쓰시오. (3점)

• 조건

보험가입금액	보장비율	사고발생일
10,000,000원	계약자는 최대보장비율 가입조건에 해당되어 이를 선택하여 보험가입을 하였다.	7월 15일

(2) 종합위험 수확감소보장방식 논작물(벼)에 관한 내용이다. 다음 조건을 참조하여 표본조사에 따른 수확량감소보험금의 계산과정과 값(원)을 쓰시오. (단, 표본구간 조사 시 산출된 유효중량은 g단위로 소수점 첫째자리에서 반올림. 예시 : 123.4g → 123g, 피해율은 %단위로 소수점 셋째자리에서 반올림. 예시 : 12.345% → 12.35%로 기재) (6점)

• 조건 1

보험가입금액	가입면적 (실제경작면적)	자기부담비율	평년수확량	품종
10,000,000원	3,000㎡	10%	1,500kg	메벼

• 조건 2

기수확면적	표본구간면적합계	표본구간작물중량합계	함수율	미보상비율
500㎡	1.3㎡	400g	22%	20%

(3) 종합위험 수확감소보장방식 논작물(벼)에 관한 내용이다. 다음 조건을 참조하여 전수조사에 따른 수확량감소보험금의 계산과정과 값(원)을 쓰시오. (단, 조사대상면적수확량과 미보상감수량은 kg단위로 소수점 첫째자리에서 반올림. 예시 : 123.4kg → 123kg, 단위면적당 평년수확량은 소수점 첫째자리까지 kg단위로 기재. 피해율은 %단위로 소수점 셋째자리에서 반올림. 예시 : 12.345 % → 12.35 %로 기재) (6점)

• 조건 1

보험가입금액	가입면적 (실제경작면적)	자기부담비율	평년수확량	품종
10,000,000원	3,000㎡	10%	1,500kg	찰벼

• 조건 2

고사면적	기수확면적	작물중량합계	함수율	미보상비율
300㎡	300㎡	540kg	18%	10%

19 종합위험 수확감소보장 밭작물 '옥수수' 품목에 관한 내용이다. 보험금 지급사유에 해당하며, 아래의 조건을 참조하여 물음에 답하시오. (단, 주어진 조건 외 다른 사항은 고려하지 않음) (15점)

• 조건

품종	보험가입금액	보험가입면적	표준수확량	
대학찰 (연농2호)	20,000,000원	8,000㎡	2,000kg	
가입가격	재식시기지수	재식밀도지수	자기부담비율	표본구간 면적합계
2,000원/kg	1	1	10%	16㎡

면적조사결과			
조사대상면적	고사면적	타작물면적	기수확면적
7,000㎡	500㎡	200㎡	300㎡

표본구간내 수확한 옥수수				
착립장길이 (13cm)	착립장길이 (14cm)	착립장길이 (15cm)	착립장길이 (16cm)	착립장길이 (17cm)
8개	10개	5개	9개	2개

(1) 피해수확량의 계산과정과 값(kg)을 쓰시오. (5점)

(2) 손해액의 계산과정과 값(원)을 쓰시오. (5점)

(3) 수확감소보험금의 계산과정과 값(원)을 쓰시오. (5점)

20 수확전 과실손해보장방식 '복분자'품목에 관한 내용이다. 다음 물음에 답하시오. (15점)

(1) 아래 표는 복분자의 과실손해보험금 산정 시 수확일자별 잔여수확량 비율(%)을 구하는 식이다. 다음 ( )에 들어갈 계산식을 쓰시오. (10점)

사고일자	경과비율(%)
6월 1일 ~ 7일	(①)
6월 8일 ~ 20일	(②)

(2) 아래 조건을 참조하여 과실손해보험금(원)을 구하시오. (단, 피해율은 %단위로 소수점 셋째자리에서 반올림. 예시 : 12.345 % → 12.35 %로 기재, 주어진 조건 외 다른 사항은 고려하지 않음) (5점)

• 조건

품목	보험가입금액	가입포기수	자기부담비율	평년결과모지수
복분자	5,000,000원	1,800포기	20%	7개

수확전 사고 조사내용						
사고일자	사고원인	표본구간 살아있는 결과모지수 합계	표본조사 결과		표본 구간수	미보상 비율
			전체 결실수	수정불량 결실수		
4월 10일	냉해	250개	400개	200개	10	20%

제10회 손해평가사 기출문제

농작물재해보험 및 가축재해보험의 이론과 실무

01 **다음은 가축재해보험의 사업운영체계에 관한 내용이다. (　　)에 들어갈 내용을 쓰시오. (5점)**

> 가축재해보험에 대한 중요사항을 심의하는 (　　)은/는 농림축산식품부장관 소속으로 차관을 위원장으로 한다.

02 **위험의 발생 빈도와 평균적인 손실 규모에 따라 아래의 표와 같은 네 가지 위험관리수단이 고려될 수 있다. 각각의 경우에 적절한 위험관리 방법을 쓰시오. (5점)**

• 위험 특성에 따른 위험관리 방법

손실규모(심도) \ 손실횟수(빈도)	많음(多)	적음(少)
큼(大)	①	②
작음(小)	③	④

03 **농작물재해보험 대상품목에 관한 인수제한목적물 기준이다. (　　)에 들어갈 내용을 쓰시오. (5점)**

대상품목	인수제한 목적물
참다래(비가림시설)	가입면적이 (①) ㎡ 미만인 참다래 비가림시설
밀	(②)재배방식에 의한 봄 파종을 실시한 농지
콩	출현율이 (③)% 미만인 농지
메밀	9월 (④)일 이후에 파종을 실시 또는 할 예정인 농지
자두	가입하는 해의 나무수령(나이) (⑤)년 미만인 과수원

04 아래 내용은 가축재해보험 부문별 보상하는 손해와 보상하지 않는 손해의 내용이다. (　　)에 들어갈 내용을 쓰시오. (5점)

<table>
<tr><th>부분명</th><th>계약</th><th>보상하는 손해</th><th>보상하지 않는 손해</th></tr>
<tr><td>종모우</td><td rowspan="2">보통
약관</td><td>• 법정전염병을 제외한 질병 또는 각종 사고(풍해, 수해, 설해 등 자연재해, 화재)로 인한 폐사
• 가축사체 잔존물 처리비용</td><td rowspan="2">• 독극물의 투약에 의한 폐사 손해
• 보험의 목적이 도난 또는 행방불명된 경우</td></tr>
<tr><td>(①)</td><td>• 법정전염병을 제외한 질병 또는 각종 사고(풍해, 수해, 설해 등 자연재해, 화재)로 인한 폐사, 불임의 사유로 입은 손해
• 부상[경추골절, (②), 탈구·탈골]으로 긴급도축을 하여야 하는 경우</td></tr>
<tr><td>기타
가축</td><td>특별
약관
(사슴,
양자동
부가)</td><td>• 법정전염병을 제외한 질병 또는 각종 사고(풍해, 수해, 설해 등 자연재해, 화재)로 인한 폐사
• 부상, (③), 난산으로 긴급도축을 하여야 하는 경우</td><td>• 신규가입일 경우 가입일로부터 (④) 이내 질병 관련 사고</td></tr>
</table>

05 아래 내용은 위험관리 수단으로 활용하는 보험의 기능에 관한 내용이다. (　　)에 들어갈 내용을 쓰시오. (5점)

> 보험제도의 성립을 방해하는 요인으로 보험자가 계약자에 대한 정보를 완전히 파악하지 못하고 계약자는 자신의 정보를 보험자에게 제대로 알려주지 않아 (①)이/가 발생하면 계약체결 전에 예측한 위험보다 높은 위험이 가입하여 사고 발생률을 증가시키는 (②)이/가 발생할 수 있고, 계약 체결 후 계약자가 평소의 관리를 소홀히 한다거나 손실이 발생할 경우 경감하려는 노력을 하지 않는 (③)이/가 발생할 수 있다.

06 적과전 종합위험방식Ⅱ 떫은감 상품에 관한 내용이다. 다음 조건을 참고하여 물음에 답하시오. (단, 주어진 문제 조건 외 다른 조건은 고려하지 않음) (15점)

• 계약사항

- 보장내용 : 과실손해보장(5종한정특약미가입)
- 평년착과량(가입수확량) : 15,000kg
- 가입일자 : 2024년 2월 7일
- 가입주수 : 300주
- 평균과중 : 160g
- 가입가격(kg당) : 1,200원
- 보통약관영업요율 : 11%
- 과수원할인할증율 : 없음
- 순보험요율 : 10%
- 지자체보험지원비율 : 순보험료의 30%
- 부가보험료 : 순보험료의 10%
- 보장수준 : 가입 가능한 최대 수준
- 자기부담비율 : 가입 가능한 최소 수준
- 방재시설할인율 : 20%

• 조사사항

- 조사일자 : 2024년 8월 2일
- 재해내용 : 냉해·호우피해
- 적과후착과수 : 37,500개
- 미보상감수량 : 450kg

• 보험료 및 보험금 지급내용 (단위 : 천원)

구분	영업보험료	순보험료	부가보험료	지급보험금	
				착과감소 보험금	과실손해 보험금
2019년	1,733	1,575	158		
2020년	1,832	1,665	167	1,000	2,000
2021년	1,733	1,575	158	3,000	
2022년	1,931	1,755	176	1,800	
2023년	1,782	1,620	162		1,500

• 정부의 농가부담보험료 지원 비율

구분	품목	보장 수준(%)				
		60	70	80	85	90
국고보조율 (%)	사과, 배, 단감, 떫은감	60	60	50	38	33

(1) 정부보조보험료의 계산식과 값을 쓰시오. (7점)

(2) 계약자부담보험료의 계산식과 값을 쓰시오. (3점)

(3) 착과감소보험금의 계산식과 값을 쓰시오. (5점)

07 종합위험 수확감소보장방식 마늘 품목에 관한 내용이다. 다음 조건을 참고하여 물음에 답하시오. (단, 주어진 문제 조건 외 다른 조건은 고려하지 않고, 피해율은 소수점 둘째자리 미만 절사. 예시 : 12.678% → 12.67%) (15점)

- 계약자 甲은 제주특별자치도 서귀포시 대정읍 소재에서 마늘농사를 짓고 있다.
- 계약자 甲은 2023년 10월 5일 농지 5,000㎡에 의성품종 마늘을 파종하여, 보험가입금액 15,000,000원, 평년수확량 10,000kg, 최저자기부담비율로 농작물 재해보험 계약을 체결하였다.
- 이후 통상적인 영농활동을 하며 농사를 짓던 중 2023년 10월 20일 호우피해가 발생하여 보험회사에 사고 접수하였고, 조사결과 농지 전체면적에서 75,000주가 출현되어 2023년 10월 31일 160,000주를 재파종하였다.

(1) 보험회사에서 계약자 甲에게 지급하여야 할 보험금의 지급사유를 쓰시오. (3점)

(2) 보험회사에서 계약자 甲에게 지급하여야 할 보험금의 계산과정과 값을 쓰시오. (5점)

(3) 밭작물 공통 인수제한 목적물을 제외한 마늘 품목의 인수제한 목적물을 쓰시오. (7점)

08 종합위험방식 수확감소보장 보리 품목에 관한 내용이다. 다음 조건을 참고하여 물음에 답하시오. (단, 주어진 문제 조건 외 다른 조건은 고려하지 않음) (15점)

• 과거수확량자료

구분	2019년	2020년	2021년	2022년	2023년	2024년
표준수확량	4,500kg	5,000kg	6,300kg	6,000kg	5,700kg	6,100kg
평년수확량	5,000kg	5,500kg	6,800kg	6,500kg	6,200kg	?
조사수확량	무사고	무사고	무사고	무사고	무사고	
보험가입여부	여	여	여	여	여	

• 보험계약조건

- 가입수확량 : 최소가입　　　　- 가입가격 : 2,000원/kg

(1) 2024년 평년수확량에 대한 계산식과 값을 쓰시오. (10점)

(2) 2024년 평년수확량을 활용하여 보험가입금액의 계산식과 값을 쓰시오. (단, 천원 단위 절사) (5점)

09 농업수입감소보장 포도품목에 관한 내용이다. 다음 조건을 참고하여 물음에 답하시오. (단, 주어진 문제 조건 외 다른 조건은 고려하지 않고, 피해율은 소수점 둘째자리 미만 절사. 예시 : 12.678% → 12.67%) (15점)

• 계약사항, 조사사항, 기타사항

계약사항	조사사항	기타사항
- 품종 : 캠벨얼리(시설) - 평년수확량 : 10,000kg - 가입수확량 : 6,000kg - 가입일자 : 2023년 12월 18일 - 가입주수 : 300주 - 자기부담비율 : 20%	- 조사일자 : 2024년 6월 12일 - 재해내용 : 냉해피해 - 수확량 : 6,500kg - 미보상감수량 : 200kg	- 기준가격과 수확기 가격 산출시 동일한 농가수취비율 적용 - 기준가격산출 시 보험가입직전 5년(2019~2023년) 적용 - 보험가입금액은 천원 단위 절사

• 연도별 농가수취비율

구분	2019년	2020년	2021년	2022년	2023년
농가수취비율	78%	70%	76%	80%	74%

• 서울시 농수산식품공사 가락시장 연도별 가격(원/kg)

구분	2019년	2020년	2021년	2022년	2023년	2024년
중품	4,600	5,000	5,300	5,100	5,100	5,400
상품	5,300	5,600	5,800	5,300	5,700	5,900

(1) 2024년 기준가격의 계산식과 값을 쓰시오. (5점)

(2) 2024년 수확기가격의 계산식과 값을 쓰시오. (3점)

(3) 2024년 농업수입감소보장보험금의 계산식과 값을 쓰시오. (7점)

10 농작물재해보험 원예시설 상품의 보험계약이 무효, 효력상실 또는 해지된 경우 계약자 또는 피보험자의 책임 유무에 따른 보험료의 반환에 대하여 서술하시오. (단, 보험기간이 1년이 초과하는 계약은 제외한다.) (15점)

(1) 계약자 또는 피보험자의 책임없는 사유에 의하는 경우 (7점)

(2) 계약자 또는 피보험자의 책임있는 사유에 의하는 경우 (8점)

농작물재해보험 및 가축재해보험 손해평가의 이론과 실무

11 종합위험 수확감소보장방식 및 비가림과수 품목의 현지조사를 실시하고자 한다. (　)에 들어갈 내용을 쓰시오. (5점)

계약사항			조사종류	최소 표본 과실수(개)
농지	품목	품종 수		
A	복숭아	2	수확량조사 - 과중조사	(①)
B	포도	2	착과피해조사 - 피해구성조사	(②)
C	밤	1	수확량조사 - 과중조사	(③)
D	자두	4	착과피해조사 - 품종별 표본과실 선정 및 피해구성조사	(④)
E	참다래	2	수확량조사 - 과중조사	(⑤)

※ 조사당시 품종별 기 수확은 없는 조건임

12 가축재해보험에 관한 내용의 일부이다. (　)에 들어갈 내용을 쓰시오. (5점)

- 한우(암컷,수컷 - 거세우 포함) 보험가액 산정에 관한 내용 중 연령(월령)이 4개월 이상 5개월 이하인 경우, 보험가액 =「농협축산정보센터」에 등재된 전전월 전국산지평균가격(①) ~ (②)월령 송아지 가격의 암송아지는 (③)%, 수송아지는(④)% 적용
- 한우수컷 월령이 25개월을 초과한 경우에는 655kg으로, 한우 암컷 월령이 40개월을 초과한 경우에는 (⑤)kg으로 인정한다.

13 가축재해보험의 축사에 관한 내용이다. 다음의 계약사항 및 조사내용을 참조하여 금번 사고 보험금의 계산과정과 값을 구하시오. (단, 주어진 조건 외 다른 사항은 고려하지 않음) (5점)

• 계약사항

목적물		건축 면적 및 구조	보험가입금액	자기부담비율
축사	A동	600㎡ / 경량철골조 판넬지붕	160,000,000원	5%
	B동	300㎡ / 경량철골조 판넬지붕		

• 조사내용

- 금번 태풍피해로 B동 축사의 지붕 일부가 파손됨(손해액 8,000,000원)
- 금번 사고시점의 A동 및 B동 축사의 보험가액 산정자료

구분	재조달가액(신축가액)	감가상각액 (경과년수 및 경년감가율을 적용한 금액임)
A동 축사	170,000,000원	20,000,000원
B동 축사	80,000,000원	30,000,000원

- 동 보험의 보험기간 중 금번 사고 2개월 전에 A동 축사에 화재가 발생하여 보험금 60,000,000원이 지급됨

14 농작물재해보험에서 보장하는 다음의 품목 중 물음에 답하시오. (5점)

복분자, 월동무, 사료용 옥수수, 고구마, 고추, 콩, 밀, 조사료용 벼, 당근, 양배추

(1) 경작불능보험금만 보상하는 품목 2가지를 쓰시오. (2점)

(2) 생산비 보장방식 품목 3가지를 쓰시오. (3점)

15 종합위험 수확감소보장방식 벼 품목의 다음 계약사항과 조사내용을 참조하여 물음에 답하시오. (5점)

• 계약사항

품목	가입면적	보험가입금액	자기부담비율	평년수확량	가입 특약
벼	4,000㎡	4,000,000원	10%	3,000kg	병충해보장특약

• 조사내용

조사종류	조사내용	조사결과
수확량조사 (표본조사)	실제경작면적	4,000㎡
	벼멸구로 피해를 입어 고사한 면적	300㎡
	이화명충으로 고사한 면적	100㎡
	목도열병으로 고사한 면적	200㎡
	집중호우로 도복되어 고사한 면적	100㎡
	고추가 식재된 하우스 시설 면적	400㎡
	표본구간 ㎡당 유효중량	350g/㎡

(1) 수확량의 계산과정과 값을 구하시오. (단, 수확량은 kg단위로, 소수점 둘째자리에서 반올림하여 다음 예시와 같이 구하시오. 예시 : 123.45kg → 123.5kg) (3점)

(2) 피해율의 계산과정과 값을 구하시오. (단, 피해율은 소수점 셋째자리에서 반올림하여 다음 예시와 같이 구하시오. 예시 : 12.345% →12.35%) (2점)

16 농업수입보장방식 마늘에 관한 내용이다. 다음의 계약사항 및 조사내용을 참조하여 물음에 답하시오. (단, 주어진 조건 외 다른 사항은 고려하지 않음) (15점)

• 계약사항

품종	보험가입금액	가입면적	평년수확량	자기부담비율	기준가격
대서(난지형)	15,000,000원	2,000㎡	6,000kg	20%	2,500원/kg

• 조사내용

- 재해종류 : 한해(가뭄)
- 면적조사 및 표본구간 면적

실제경작면적	타작물 및 미보상 면적	표본구간수	표본구간	
			이랑 길이	이랑 폭
2,000㎡	200㎡	5	1m	2m

(모든 표본구간의 이랑 길이와 이랑 폭은 같음)

- 모든 표본구간 수확량

피해구분	정상 마늘	80%형 피해 마늘	100%형 피해 마늘
합계	18kg	10kg	2kg

-미보상비율 : 10%
- 수확적기까지 잔여일수 10일, 잔여일수 1일당 작물이 1%(0.01)씩 비대해지는 것으로 산정할 것
- 수확기가격 : 1,800원/kg

(1) 표본구간 단위면적당 수확량(kg/㎡)의 계산과정과 값을 구하시오. (단, 단위면적당 수확량(kg/㎡)은 소수점 둘째자리에서 반올림하여 다음 예시와 같이 구하시오. 예시 : 123.45kg → 123.5kg) (5점)

(2) 농업수입감소보험금의 계산과정과 값을 구하시오. (단, 피해율은 소수점 셋째자리에서 반올림하여 다음 예시와 같이 구하시오. 예시 : 12.345% → 12.35%) (5점)

(3) 만약 위 계약사항 및 조사내용으로 감소된 수확량이 보상하는 재해로 인한 것이 아니라면, 이때의 농업수입감소보험금의 계산과정과 값을 구하시오. (단, 피해율은 소수점 셋째자리에서 반올림하여 다음 예시와 같이 구하시오. 예시 : 12.345% → 12.35%) (5점)

17 종합위험 생산비보장방식 고추에 관한 내용이다. 다음의 조건을 참조하여 물음에 답하시오. (단, 주어진 조건 외 다른 사항은 고려하지 않음) (15점)

• 조건 1

- 갑(甲)은 2023년 5월 10일 고추를 노지재배방식으로 정식하고, 보험가입금액 10,000,000원(자기부담비율 5%, 재배면적 3,000㎡)으로 가입함
- 2023년 7월 9일 태풍으로 피해가 발생하여 사고접수 후 조사를 받고 생산비보장 보험금을 수령함
- 갑(甲)이 정식일로부터 100일 후 수확을 시작하였으나, 수확을 하던 중 시들음병이 발생한 것을 확인 후 병충해로 사고접수를 함
- 이후 갑(甲)의 요청에 의해 시들음병 피해에 대한 생산비보장 손해조사(수확개시일로부터 경과일수 10일)를 받았음

• 조건 2

- 2023년 7월 9일 태풍피해가 발생함(정식일로부터 경과일수 60일)
- 실제경작면적 3,000㎡, 피해면적 1,500㎡
- 준비기생산비계수 49.5%
- 손해정도비율조사(표본이랑 합계임)

구분	정상	20%형 피해	40%형 피해	60%형 피해	80%형 피해	100%형 피해	합계
주수	25주	60주	50주	35주	40주	40주	250주

• 조건 3

- 수확기 중 시들음병 피해발생
- 실제경작면적 3,000m, 피해면적 2,400㎡
- 표준수확일수 50일, 평균손해정도비율 70%, 미보상비율 10%

• 조건 4

- 수확개시일로부터 30일 경과 후 시들음병에 의한 피해면적이 농지 전체(재배면적 3,000㎡)로 확대됨
- 평균손해정도비율, 미보상비율은 조건3과 같음

(1) 조건1～조건2를 참조하여 조건2의 생산비보장보험금의 계산과정과 값을 구하시오. (5점)

(2) 조건1~조건3을 참조하여 조건3의 생산비보장보험금의 계산과정과 값을 구하시오. (단, 계산과정에서 산출되는 금액은 소수점 이하 절사하여 다음 예시와 같이 구하시오. 예시 : 1234.56원 → 1234원) (7점)

(3) 조건1~조건4를 참조하여 조건4의 생산비보장보험금 및 산정근거를 쓰시오. (3점)

18 떫은감 과수원을 경작하는 갑(甲)은 적과전 종합위험방식 II에 가입한 후 적과 전에 냉해, 집중호우, 조수해 피해를 입고 2023년 7월 30일 적과후착과수 조사를 받았다. 다음의 계약사항과 조사내용을 참조하여 물음에 답하시오. (단, 주어진 조건 외 다른 사항은 고려하지 않음) (15점)

• 계약사항

품목	가입 주수	보험가입금액	자기부담 비율	평년착과수	가입 특약
떫은감	250주	20,000,000원	10%	30,000개	5종 한정보장, 나무손해보장

- 나무손해 가입금액 주당 100,000원(자기부담비율 5%)

• 조사내용

조사종류	조사내용	조사결과
피해사실 확인조사 (적과전 실시)	2023년 4월 5일 냉해로 고사한 주수	10주
	2023년 6월 1일 집중호우로 유실되거나 도복되어 고사한 주수	유실 10주, 도복 40주
	2023년 6월 25일 멧돼지 피해로 고사한 주수	10주
적과후 착과수조사	병충해로 고사한 주수	10주
	조사 대상주수를 산정하여 착과수조사 결과 표본주 1주당 평균착과수	100개
	잡초 등 제초작업 불량으로 인한 미보상비율	10%

(1) 착과감소과실수의 계산과정과 값을 구하시오. (5점)

(2) 미보상감수과실수의 계산과정과 값을 구하시오. (5점)

(3) 나무손해보험금의 계산과정과 값을 구하시오. (5점

19 종합위험 수확감소방식 복숭아에 관한 내용이다. 다음의 계약사항과 조사내용을 참조하여 물음에 답하시오. (단, 피해율은 소수점 셋째 자리에서 반올림하여 다음 예시와 같이 구하시오. 예시 : 12.345% → 12.35%) (15점)

• 계약사항

품목	품종	가입주수	보험가입금액	자기부담비율	평년수확량	표준수확량	가입특약
복숭아	조생	100주	70,000,000원	10%	25,000kg	8,000kg	수확감소 추가보장특약
	만생	250주				12,000kg	

• 조사내용

- 착과수조사(조사일자 : 2023년 6월 20일)

품종	실제결과주수	미보상주수	표본주 1주당 착과수	미보상비율	
조생	100주	5주	100개	10%	착과수조사 전 사고 없음
만생	250주	10주	180개		

- 2023년 8월 13일 우박 피해(조사일자: 2023년 8월 15일)

품종	금차 착과수	낙과피해 과실수	착과피해 구성율	낙과피해 구성율	과중조사
조생	0개	0개	-	-	기 수확
만생	20,000개	6,000개	60%	80%	개당 350g

※ 우박 피해는 만생 품종 수확 중 발생한 피해임

(1) 수확량의 계산과정과 값을 구하시오. (5점)

(2) 수확감소보험금의 계산과정과 값을 구하시오. (5점)

(3) 수확감소 추가보장특약 보험금의 계산과정과 값을 구하시오. (5점)

20 적과전 종합위험방식Ⅱ 사과품목에 대한 사항이다. 다음 조건을 참조하여 물음에 답하시오. (단, 주어진 조건 외 다른 사항은 고려하지 않음) (15점)

• 계약사항

품목	보험 가입금액	가입 주수	평년착과수	자기 부담 비율	특약 및 주요사항
사과	45,000,000원	650주	75,000개	15%	• 나무손해보장 미가입 • 적과전5종한정보장 미가입 • 가을동상해부담보 가입 • 착과감소보험금 보장수준 70%형

- 가입가격: 2,000원/kg, 가입과중: 300g

• 조사내용

<table>
<tr><th>구분</th><th>재해 종류</th><th>사고 일자</th><th>조사 일자</th><th>조사내용</th></tr>
<tr><td rowspan="2">계약일 24시 ~ 적과전</td><td>동상해 (언 피해)</td><td>4월 9일</td><td>4월 10일</td><td>〈피해사실확인조사〉
• 피해발생 인정
• 미보상비율 : 0%</td></tr>
<tr><td>우박</td><td>6월 8일</td><td>6월 9일</td><td>〈피해사실확인조사〉
• 피해발생 인정
• 미보상비율 : 0%</td></tr>
<tr><td>적과후 착과수 조사</td><td>-</td><td></td><td>6월 25일</td><td>〈적과후착과수조사〉
<table>
<tr><th>품종</th><th>실제결과 주수</th><th>조사대상 주수</th><th>표본주 1주당 착과수</th></tr>
<tr><td>미얀마</td><td>320주</td><td>320주</td><td>65개</td></tr>
<tr><td>후지</td><td>330주</td><td>330주</td><td>70개</td></tr>
</table>
※ 미얀마, 후지는 사과의 품종임</td></tr>
</table>

<table>
<tr><th>구분</th><th>재해
종류</th><th>사고
일자</th><th>조사
일자</th><th>조사내용</th></tr>
<tr><td rowspan="3">적과
종료
이후</td><td>일소</td><td>9월 10일</td><td>9월 11일</td><td>〈낙과피해조사〉
• 총 낙과수 : 1,000개(전수조사), (착과피해는 없는 것으로 함)<table><tr><td>피해과실구성</td><td>정상</td><td>50%</td><td>80%</td><td>100%</td></tr><tr><td>과실수(개)</td><td>0</td><td>500</td><td>0</td><td>500</td></tr></table></td></tr>
<tr><td>태풍</td><td>9월 25일</td><td>9월 26일</td><td>〈낙과피해조사〉
• 총 낙과수 : 2,000개(전수조사)<table><tr><td>피해과실구성</td><td>정상</td><td>50%</td><td>80%</td><td>100%</td></tr><tr><td>과실수(개)</td><td>400</td><td>1,000</td><td>0</td><td>600</td></tr></table></td></tr>
<tr><td>우박</td><td>6월 8일</td><td>10월 3일</td><td>〈착과피해조사〉<table><tr><td>피해과실구성</td><td>정상</td><td>50%</td><td>80%</td><td>100%</td></tr><tr><td>과실수(개)</td><td>170</td><td>80</td><td>0</td><td>50</td></tr></table></td></tr>
</table>

※ 적과 이후 자연낙과 등은 감안하지 않음

(1) 착과감소보험금의 계산과정과 값을 구하시오. (5점)

(2) 과실손해보험금의 계산과정과 값을 구하시오. (10점)

PART

3

손해평가사 기출문제 정답 및 해설

제1회 손해평가사 기출문제 정답 및 해설

농작물재해보험 및 가축재해보험의 이론과 실무

01 답 : 꽃눈분화, 평년착과량, 신초발아, 미보상감수량, 보험가액 끝

02 답 : 100만 원, 200만 원, 1,000㎡, 50만 원, 300㎡ 끝

03 답 : 이앙, 직파(담수점파), 출수, 구제역, 축산휴지 끝

04 과수 4종(주요과수 : 사과, 배, 단감, 떫은감) 가입하는 해의 나무 수령(나이)이 다음 기준 미만인 경우 보험 인수가 제한된다.

가) 사과 : 밀식재배 3년, 반밀식재배 4년, 일반재배 5년
나) 배 : 3년
다) 단감·떫은감 : 5년

보험가입이 가능한 주수
= 사과(밀식재배,3년) 250주 + 배(3년) 180주 + 떫은감(6년) 195주
= 625주

답 : 625주 끝

05 답 : 7일, 50% 끝

06 인수심사

가. 인수 제한 목적물
1) 과수(공통)
가) 보험가입금액이 200만 원 미만인 과수원
나) 품목이 혼식된 과수원(다만, 품목의 결과주수가 90% 이상인 과수원은 주 품목에 한하여 가입 가능)
다) 제초작업, 시비관리 등 통상적인 영농활동을 하지 않은 과수원

라) 전정, 비배관리 잘못 또는 품종갱신 등의 이유로 수확량이 현저하게 감소할 것이 예상되는 과수원

마) 시험연구를 위해 재배되는 과수원

바) 하나의 과수원에 식재된 나무 중 일부 나무만 가입하는 과수원

사) 하천부지 및 상습 침수지역에 소재한 과수원

아) 판매를 목적으로 경작하지 않는 과수원

자) 가식(假植)되어 있는 과수원

차) 기타 인수가 부적절한 과수원

2) 과수 4종(주요과수 : 사과, 배, 단감, 떫은감) 가입하는 해의 나무 수령(나이)이 다음 기준 미만인 경우

가) 사과 : 밀식재배 3년, 반밀식재배 4년, 일반재배 5년

나) 배 : 3년

다) 단감·떫은감 : 5년

답 : 농작물재해보험 가입이 거절된 사유

① 하천 소재 과수원

② 반밀식재배 4년 미만인 과수원

③ 가식되어 있는 과수원 끝

07 답 :

옥수수	• 수확감소보장 – 수확기종료 시점 (단, 판매개시연도 9월 30일을 초과할 수 없음) • 경작불능보장 – 수확개시 시점 (다만, 사료용 옥수수는 판매개시연도 8월31일을 초과할 수 없음)
마늘	• 수확감소보장 – 수확기종료 시점(단, 이듬해 6월 30일을 초과할 수 없음) • 경작불능보장 – 수확개시 시점 • 재파종보장 – 판매개시연도 10월 31일
고구마	• 수확감소보장 – 수확기종료 시점 (단, 판매개시연도 10월 31일을 초과할 수 없음) • 경작불능보장 – 수확개시 시점
차	• 수확감소보장 – 햇차 수확종료 시점 (다만, 이듬해 5월 10일을 초과할 수 없음)

복분자	• 과실손해위험보장 – 이듬해 5월 31일이전 : 이듬해 5월31일 – 이듬해 6월 1일이후 : 이듬해 수확기종료 시점 다만, 이듬해 6월 20일을 초과할 수 없음 • 경작불능위험보장 – 수확개시 시점 다만, 이듬해 5월 31일을 초과할 수 없음

끝

08 답 : 잔가율 – 잔가율 20%와 자체 유형별 내용연수를 기준으로 경년감가율 산출 및 내용연수가 경과한 경우라도 현재 정상 사용 중인 시설의 경제성을 고려하여 잔가율을 최대 30%로 수정할 수 있다. 끝

09 답 : 보상하지 않는 손해

〈적과종료 이후〉

가) 계약자, 피보험자 또는 이들의 법정대리인의 고의 또는 중대한 과실로 인한 손해
나) 수확기에 계약자 또는 피보험자의 고의 또는 중대한 과실로 수확하지 못하여 발생한 손해
다) 제초작업, 시비관리 등 통상적인 영농활동을 하지 않아 발생한 손해
라) 원인의 직·간접을 묻지 않고 병해충으로 발생한 손해
마) 보장하지 않는 재해로 제방, 댐 등이 붕괴되어 발생한 손해
바) 최대순간풍속 14m/sec미만의 바람으로 발생한 손해
사) 보장하는 자연재해로 인하여 발생한 동녹(과실에 발생하는 검은 반점 병) 등 간접손해
아) 보상하는 손해에 해당하지 않은 재해로 발생한 손해
자) 저장한 과실에서 나타나는 손해
차) 저장성 약화, 과실경도 약화 등 육안으로 판별되지 않는 손해
카) 농업인의 부적절한 적엽(잎 제거)으로 인하여 발생한 손해
타) 병으로 인해 낙엽이 발생하여 태양광에 과실이 노출됨으로써 발생한 손해
파) 식물방역법 제36조(방제명령 등)에 의거 금지 병해충인 과수 화상병 발생에 의한 폐원으로 인한 손해 및 정부 및 공공기관의 매립으로 발생한 손해
하) 전쟁, 혁명, 내란, 사변, 폭동, 소요, 노동쟁의, 기타 이들과 유사한 사태로 생긴 손해

끝

10 인수심사

인수제한 목적물[논작물(벼, 맥류)]

가) 공통

(1) 보험가입금액이 50만 원 미만인 농지

(2) 하천부지에 소재한 농지

(3) 최근 3년 연속 침수피해를 입은 농지. 다만, 호우주의보 및 호우경보 등 기상특보에 해당되는 재해로 피해를 입은 경우는 제외함

(4) 오염 및 훼손 등의 피해를 입어 복구가 완전히 이루어지지 않은 농지

(5) 보험가입 전 벼의 피해가 확인된 농지

(6) 통상적인 재배 및 영농활동을 하지 않는다고 판단되는 농지

(7) 보험목적물을 수확하여 판매를 목적으로 경작하지 않는 농지(채종농지 등)

(8) 농업용지가 다른 용도로 전용되어 수용예정농지로 결정된 농

(9) 전환지(개간, 복토 등을 통해 논으로 변경한 농지), 휴경지 등 농지로 변경하여 경작한지 3년 이내인 농지

(10) 최근 5년 이내에 간척된 농지

(11) 도서 지역의 경우 연륙교가 설치되어 있지 않고 정기선이 운항하지 않는 등 신속한 손해평가가 불가능한 지역에 소재한 농지

※ 단, 벼 · 조사료용 벼 품목의 경우 연륙교가 설치되어 있거나, 농작물재해보험 위탁계약을 체결한 지역 농·축협 또는 품목농협(지소포함)이 소재하고 있고 손해평가인 구성이 가능한 지역은 보험 가입 가능

(12) 기타 인수가 부적절한 농지

나) 벼

(1) 밭벼를 재배하는 농지

(2) 군사시설보호구역 중 통제보호구역내의 농지(단, 통상적인 영농활동 및 손해평가가 가능하다고 판단되는 농지는 인수 가능)

※ 통제보호구역 : 민간인통제선 이북지역 또는 군사기지 및 군사시설의 최외곽 경계선으로부터 300미터 범위 이내의 지역

답 :

(1) 인수가능 여부

① △△리 1번지 농지 인수가능

② △△리 100번지 농지 인수불가

(2) 해당 사유

① 보험가입금액이 50만 원 미만인 농지는 인수불가하다. 하지만 △△리 1번지 농지는 180만 원, △△리 100번지 농지는 50만 원으로 두 농지 모두 인수가능하다.

② 최근 3년 연속 침수피해를 입은 농지는 인수불가하다. 하지만, 호우주의보 및 호우경보 등 기상특보에 해당되는 재해로 피해를 입은 경우는 제외하므로, 두 농지 모두 인수가능하다.

③ 최근 5년 이내에 간척된 농지는 인수불가하다. 때문에 6년 전에 간척된 △△리 1번지 농지는 인수가능하지만, 4년 전에 간척된 △△리 100번지 농지는 인수불가하다. 끝

농작물재해보험 및 가축재해보험 손해평가의 이론과 실무

11 답 : 생육시기, 품목, 재해종류 끝

12 과중조사

> 과중 조사는 사고 접수가 된 농지에 한하여 품종별로 수확 시기에 각각 실시한다. 농지에서 품종별로 착과가 평균적인 3주 이상의 표본주에서 크기가 평균적인 과실을 품종별 20개 이상(포도는 농지당 30개 이상, 복숭아·자두는 농지당 40개 이상) 추출하여 품종별 과실 개수와 무게를 조사한다.

답 :
과중조사 횟수 - 4회(각 품종별 수확시기가 다른 4품종이므로)
최소 표본주수 - 12주수(4회(= 4품종) × 3주/회)
최소 추출과실개수 - 80개 (품종별 20개 × 4품종 = 80개 〉 농지별 40개) 끝

13 [별표 3] 과실 분류에 따른 피해인정계수
〈복숭아 외〉

과실분류	피해인정계수	비 고
정상과	0	피해가 없거나 경미한 과실
50%형 피해과실	0.5	일반시장에 출하할 때 정상과실에 비해 50% 정도의 가격하락이 예상되는 품질의 과실 (단, 가공공장공급 및 판매 여부와 무관)

80%형 피해과실	0.8	일반시장 출하가 불가능하나 가공용으로 공급될 수 있는 품질의 과실(단, 가공공장공급 및 판매여부와 무관)
100%형 피해과실	1	일반시장 출하가 불가능하고 가공용으로도 공급될 수 없는 품질의 과실

답 :

참다래	정상과(0)	50%(0.5)	80%(0.8)	100%(1)
포도	정상과(0)	50%(0.5)	80%(0.8)	100%(1)
밤	정상과(0)	50%(0.5)	80%(0.8)	100%(1)

끝

14 답 : 지주목 간격, 비대추정지수, 고사결과모지수, 평년결과모지수 끝

15 답 : 삽식일, 파종일, 잎, 줄기, 수염 끝

〈품목별 수확량조사 적기〉

품목	수확량조사 적기
양파	양파의 비대가 종료된 시점 (식물체의 도복이 완료된 때)
마늘	마늘의 비대가 종료된 시점 (잎과 줄기가 1/2~2/3 황변하여 말랐을 때와 해당 지역의 통상 수확기가 도래하였을 때)
고구마	고구마의 비대가 종료된 시점 (삽식일로부터 120일 이후에 농지별로 적용)
감자 (고랭지재배)	감자의 비대가 종료된 시점 (파종일로부터 110일 이후)
감자 (봄재배)	감자의 비대가 종료된 시점 (파종일로부터 95일 이후)
감자 (가을재배)	감자의 비대가 종료된 시점 (파종일로부터 제주지역은 110일 이후, 이외 지역은 95일 이후)

옥수수	옥수수의 수확 적기(수염이 나온 후 25일 이후)
차(茶)	조사 가능일 직전 (조사 가능일은 대상 농지에 식재된 차나무의 대다수 신초가 1심 2엽의 형태를 형성하며 수확이 가능할 정도의 크기(신초장 4.8cm 이상, 엽장 2.8cm 이상, 엽폭 0.9cm 이상)로 자란 시기를 의미하며, 해당 시기가 수확연도 5월 10일을 초과하는 경우에는 수확년도 5월 10일을 기준으로 함)
콩	콩의 수확 적기 (콩잎이 누렇게 변하여 떨어지고 꼬투리의 80 ~ 90% 이상이 고유한 성숙(황색)색깔로 변하는 시기인 생리적 성숙기로부터 7 ~ 14일이 지난 시기)
팥	팥의 수확 적기(꼬투리가 70 ~ 80% 이상이 성숙한 시기)
양배추	양배추의 수확 적기(결구 형성이 완료된 때)

16 답 :

적과후 착과수조사	(1) 나무조사 과수원 내 품종·재배방식·수령별 실제결과주수, 미보상주수, 고사주수, 수확불능주수를 파악한다. (2) 조사 대상주수 계산 품종·재배방식·수령별 실제결과주수에서 미보상주수, 고사주수, 수확불능주수를 빼고 조사 대상주수를 계산한다. (3) 적정표본주수 산정 (가) 조사 대상주수 기준으로 품목별 표본주수표에 따라 과수원별 전체 적정표본주수를 산정한다. (나) 적정표본주수는 품종·재배방식·수령별 조사 대상주수에 비례하여 배정하며, 품종·재배방식·수령별 적정표본주수의 합은 전체 표본주수보다 크거나 같아야 한다. 적정표본주수 = 전체 표본주수 × (품종별 조사 대상주수 / 조사 대상주수 합) (소수점 이하 첫째 자리에서 올림)

<table>
<tr><td></td><td>(4) 표본주 선정 및 리본 부착
품종·재배방식·수령별 조사대상주수의 특성이 골고루 반영될 수 있도록 표본주를 선정 후 조사용 리본을 부착하고 조사내용 및 조사자를 기재한다.
(5) 조사 및 조사내용 현지조사서 등 기재
선정된 표본주의 품종, 재배방식, 수령 및 착과수(착과과실수)를 조사하고 현지 조사서 및 리본에 조사내용을 기재한다.
(6) 품종·재배방식·수령별 착과수는 다음과 같이 산출한다.
품종·재배방식·수령별 착과수 = $\left(\frac{\text{품종·재배방식·수령별 표본주의착과수 합계}}{\text{품종·재배방식·수령별 표본주합계}}\right)$ × 품종·재배방식·수령별 조사대상주수
※ 품종·재배방식·수령별 착과수의 합계를 과수원별「적과후 착과수」로 함
(7) 미보상비율 확인
보상하는 손해 이외의 원인으로 인해 감소한 과실의 비율을 조사한다.</td></tr>
<tr><td>태풍(강풍)
낙엽률조사</td><td>① 조사 대상주수 기준으로 품목별 표본주수표의 표본주수에 따라 주수를 산정한다.
② 표본주 간격에 따라 표본주를 정하고, 선정된 표본주에 리본을 묶고 동서남북 4곳의 결과지(신초, 1년생 가지)를 무작위로 정하여 각 결과지 별로 낙엽수와 착엽수를 조사하여 리본에 기재한 후 낙엽률을 산정한다(낙엽수는 잎이 떨어진 자리를 센다).
③ 사고 당시 착과과실수에 낙엽률에 따른 인정피해율을 곱하여 해당 감수과실수로 산정한다.
인정피해율
단감 = (1.0115 × 낙엽률) − (0.0014 × 경과일수)
떫은 감 = 0.9662 × 낙엽률 − 0.0703</td></tr>
</table>

우박 착과피해조사	(1) 착과피해조사는 착과된 과실에 대한 피해 정도를 조사하는 것으로 해당 피해에 대한 확인이 가능한 시기에 실시하며, 대표품종(적과후 착과수 기준 60% 이상 품종)으로 하거나 품종별로 실시할 수 있다. (2) 착과피해조사에서는 가장 먼저 착과수를 확인하여야 하며, 이때 확인할 착과수는 적과후 착과수조사와는 별개의 조사를 의미한다. 다만, 이전 실시한 (적과후) 착과수조사(이전 착과피해조사 시 실시한 착과수조사 포함)의 착과수와 금차 조사 시의 착과피해조사 시점의 착과수가 큰 차이가 없는 경우에는 별도의 착과수 확인 없이 이전에 실시한 착과수조사값으로 대체할 수 있다. (3) 착과수 확인은 실제결과주수에서 고사주수, 수확불능주수, 미보상주수 및 수확 완료주수를 뺀 조사 대상주수를 기준으로 적정 표본주수를 산정하며 이후 조사방법은 위「적과후 착과수조사」방법과 같다. (4) 착과수 확인이 끝나면 수확이 완료되지 않은 품종별로 표본 과실을 추출한다. 이때 추출하는 표본과실수는 품종별 1주 이상(과수원당 3주 이상)으로 하며, 추출한 표본 과실을「과실 분류에 따른 피해인정계수」〈별표 3 참고〉 에 따라 품종별로 정상과, 50%형 피해과, 80%형 피해과 100%형 피해과로 구분하여 해당 과실 개수를 조사한다. 다만, 거대재해 등 필요 시에는 해당 기준 표본수의 1/2만 조사도 가능하다. 또한, 착과피해조사 시 따거나 수확한 과실은 계약자의 비용부담으로 한다. (5) 조사 당시 수확이 완료된 품종이 있거나 피해가 경미하여 피해구성조사로 추가적인 감수가 인정되기 어려울 때에는 품종별로 피해구성조사를 생략 할 수 있다. 대표품종만 조사한 경우에는 품종별 피해상태에 따라 대표품종의 조사 결과를 동일하게 적용할 수 있다.

고사나무 조사	(1) 고사나무조사 필요여부 확인 ① 수확완료 후 고사나무가 있는 경우에만 조사 실시 ② 기조사(착과수조사 및 수확량조사 등) 시 확인된 고사나무 이외에 추가 고사 나무가 없는 경우(계약자 유선 확인 등)에는 조사 생략 가능 (2) 보상하는 재해로 인한 피해여부 확인 보상하지 않는 손해로 고사한 나무가 있는 경우 미보상 고사주수로 조사한다{(미보상 고사주수는 고사나무조사 이전 조사(적과후 착과수조사, 착과피해조사 및 낙과피해조사)에서 보상하는 재해 이외의 원인으로 고사하여 미보상주수로 조사된 주수를 포함한다)}. (3) 고사주수 조사 품종별·재배방식별·수령별로 실제결과주수, 수확완료 전 고사주수, 수확완료 후 고사주수 및 미보상 고사주수(보상하는 재해 이외의 원인으로 고사한 나무)를 조사한다{(수확완료 전 고사주수는 고사나무조사 이전 조사(적과후 착과수조사, 착과피해조사 및 낙과피해조사)에서 보상하는 재해로 고사한 것으로 확인 된 주수를 의미하며, 수확완료 후 고사주수는 보상하는 재해로 고사한 나무 중 고사나무조사 이전 조사에서 확인되지 않은 나무주수를 말한다}.

끝

17

(1) 계약 1 누적감수과실수

태풍낙과 감수과실수 = 총낙과과실수 × (낙과피해구성률 − MaxA) × 1.07
= 1,000개 × {(500 + 240 + 60)/1,000 − 0} × 1.07
= 856개

우박 착과 감수과실수 = 사고당시 착과과실수 × (착과피해구성률 − MaxA)
= 5,000개 × {(10 + 8 + 7)/100 − 0} = 1,250개

사고당시 착과과실수 = 6,000개 − 1,000개 = 5,000개

누적감수과실수 = 856개 + 1,250개 = 2,106개

답 : 2,106개 끝

(2) 계약 2 누적감수과실수

종합위험/자연재해/착과손해 인정분 감수과실수
= 적과후 착과수 9,000개 × 0.05 = 450개
적과후 착과수 9,000개 ÷ 평년착과수 20,000개
= 0.45 = 45% 〈 60% 미만인 경우 해당

태풍낙과 감수과실수 = 총낙과과실수 × (낙과피해구성률 − MaxA) × 1.07
= 2,000개 × {(700 + 640 + 160)/2,000 − 0.05} × 1.07 = 1,498개

우박 착과 감수과실수 = 사고당시 착과과실수 × (착과피해구성률 − MaxA)
= 7,000개 × {(20 + 40 + 10)/100 − 0.05} = 4,550개

사고당시 착과과실수 = 9,000개 − 2,000개 = 7,000개

누적감수과실수 = 450개 + 1,498개 + 4,550개 = 6,498개

답 : 6,498개 끝

18

고추 생산비보장 보험금 = (잔존보험가입금액 × 경과비율 × 피해율 × 병충해 등급별 인정비율) − 자기부담금
= (5,000,000원 × 0.7475 × 0.4 × 0.7) − 250,000원 = 796,500원

잔존보험가입금액 = 보험가입금액 − 보상액(기발생 생산비보장보험금합계액)
= 10,000,000원 − 5,000,000원 = 5,000,000원

(수확기 이전에 보험사고가 발생한 경우)
경과비율 = 준비기생산비계수 + {(1 − 준비기생산비계수) × (생장일수 ÷ 표준생장일수)}
= 0.495 + {(1−0.495) × (50÷100)} = 0.7475

피해율 = 면적피해비율 × 평균손해정도비율 × (1 − 미보상비율) = 0.5 × 0.8 × (1 − 0) = 0.4

답 : 796,500원 끝

19

(1) 답 :

① 재이앙·재직파 보험금 지급사유 : 보험기간 내에 보장하는 재해로 면적 피해율이 10%를 초과하고, 재이앙(재직파)한 경우(1회지급)

② 경작불능 보험금 지급사유 : 보험기간 내에 보장하는 재해로 식물체 피해율이 65% 이상(벼(조곡) 분질미는 60%)이고, 계약자가 경작불능보험금을 신청한 경우(보험계약 소멸)

③ 수확감소 보험금 지급사유 : 보험기간 내에 보장하는 재해로 피해율이 자기부담비율을 초과하는 경우 끝

(2)

〈조건 1〉
재이앙·재직파 보험금 = 보험가입금액 × 25% × 면적 피해율
= 2,000,000원 × 0.25 × 0.5 = 250,000원

〈조건 2〉
경작불능 보험금 = 보험가입금액 × 일정비율(자기부담비율 15%인 경우 42%)
= 2,000,000원 × 0.42 = 840,000원

〈조건 3〉
수확감소보험금 = 보험가입금액 × (피해율 − 자기부담비율)
= 2,000,000원 × (0.5 − 0.2) = 600,000원

피해율 = (평년수확량 − 수확량 − 미보상감수량) ÷ 평년수확량
= (1,400kg − 500kg − 200kg) ÷ 1,400kg = 0.5

답 :
〈조건 1〉 재이앙·재직파 보험금 = 250,000원
〈조건 2〉 경작불능 보험금 = 840,000원
〈조건 3〉 수확감소보험금 = 600,000원 끝

20 답 :

유형	조사시기	조사방법
수량요소 조사	수확전 14일 전후	(1) 표본포기수 : 4포기(가입면적과 무관함) (2) 표본포기 선정 재배 방법 및 품종 등을 감안하여 조사대상 면적에 동일한 간격으로 골고루 배치될 수 있도록 표본포기를 선정한다. 다만, 선정한 포기가 표본으로 부적합한 경우(해당 포기의 수확량이 현저히 많거나 적어서 표본으로 대표성을 가지기 어려운 경우 등)에는 가까운 위치의 다른 포기를 표본으로 선정한다. (3) 표본포기조사 선정한 표본포기별로 이삭상태 점수 및 완전낟알상태 점수를 조사한다. (4) 수확비율 산정 (가) 표본포기별 이삭상태 점수(4개) 및 완전낟알상태 점수(4개)를 합산한다. (나) 합산한 점수에 따라 조사수확비율 환산표에서 해당하는 수확비율 구간을 확인한다. (다) 해당하는 수확비율구간 내에서 조사 농지의 상황을 감안하여 적절한 수확비율을 산정한다. (5) 피해면적 보정계수 산정 : 피해정도에 따른 보정계수를 산정한다. (6) 병해충 단독사고 여부 확인(벼만 해당) 농지의 피해가 자연재해, 조수해 및 화재와는 상관없이 보상하는 병해충만으로 발생한 병해충 단독사고인지 여부를 확인한다. 이때, 병해충 단독사고로 판단될 경우에는 가장 주된 병해충명을 조사한다.

표본조사	알곡이 여물어 수확이 가능한 시기	(1) 표본구간수 선정 조사대상 면적에 따라 아래 적정 표본구간수 이상의 표본구간수를 선정한다. 다만, 가입면적과 실제경작면적이 10% 이상 차이가 날 경우(계약 변경 대상)에는 실제경작면적을 기준으로 표본구간수를 선정한다. (2) 표본구간 선정 선정한 표본구간수를 바탕으로 재배 방법 및 품종 등을 감안하여 조사대상 면적에 동일한 간격으로 골고루 배치될 수 있도록 표본구간을 선정한다. 다만, 선정한 구간이 표본으로 부적합한 경우(해당 작물의 수확량이 현저히 많거나 적어서 표본으로 대표성을 가지기 어려운 경우 등)에는 가까운 위치의 다른 구간을 표본구간으로 선정한다. (3) 표본구간 면적 및 수량조사 (가) 표본구간 면적 : 표본구간마다 4포기의 길이와 포기당 간격을 조사한다(단, 농지 및 조사 상황 등을 고려하여 4포기를 2포기로 줄일 수 있다). (나) 표본중량조사 : 표본구간의 작물을 수확하여 해당 중량을 측정한다. (다) 함수율조사 : 수확한 작물에 대하여 함수율을 3회 이상 실시하여 평균값을 산출한다. (4) 병해충 단독사고 여부 확인(벼만 해당) 농지의 피해가 자연재해, 조수해 및 화재와는 상관없이 보상하는 병해충만으로 발생한 병해충 단독사고인지 여부를 확인한다. 이때, 병해충 단독사고로 판단될 경우에는 가장 주된 병해충명을 조사한다.

전수조사	수확 시	(1) 전수조사대상 농지 여부 확인 전수조사는 기계수확(탈곡 포함)을 하는 농지에 한한다. (2) 조곡의 중량조사 대상 농지에서 수확한 전체 조곡의 중량을 조사하며, 전체 중량 측정이 어려운 경우에는 콤바인, 톤백, 콤바인용 포대, 곡물적재함 등을 이용하여 중량을 산출한다. (3) 조곡의 함수율조사 수확한 작물에 대하여 함수율을 3회 이상 실시하여 평균값을 산출한다. (4) 병해충 단독사고 여부 확인 농지의 피해가 자연재해, 조수해 및 화재와는 상관없이 보상하는 병해충만으로 발생한 병해충 단독사고인지 여부를 확인한다. 이때, 병해충 단독사고로 판단될 경우에는 가장 주된 병해충명을 조사한다.

끝

제2회 손해평가사 기출문제 정답 및 해설

 농작물재해보험 및 가축재해보험의 이론과 실무

01 답 : 5년, 실제수확량, 표준수확량, 가입횟수 끝

02 과수 4종(주요과수 : 사과, 배, 단감, 떫은감) 가입하는 해의 나무 수령(나이)이 다음 기준 미만인 경우 인수가 제한된다.

> 가) 사과 : 밀식재배 3년, 반밀식재배 4년, 일반재배 5년
> 나) 배 : 3년
> 다) 단감·떫은감 : 5년

계약인수는 과수원(농지) 단위로 가입하고 개별 과수원(농지)당 최저 보험가입금액은 200만 원 이상이다. 단, 하나의 리, 동에 있는 각각 보험가입금액 200만 원 미만의 두 개의 과수원(농지)은 하나의 과수원(농지)으로 취급하여 계약 가능하다.

※ 2개의 과수원(농지)을 합하여 인수한 경우 1개의 과수원(농지)으로 보고 손해평가를 한다.

답 :

(1) 보험가입이 가능한 과수원 구성 : ① 1번 과수원 + 2번 과수원, ② 3번 과수원

(2) 이유 : 1번, 2번, 3번 과수원 모두 밀식재배 3년 미만(3번 과수원), 반밀식재배 4년 미만(1번 과수원), 일반재배 5년 미만(2번 과수원)에 인수제한 기준에 해당사항이 없다.

같은 동에 위치하는 1번 과수원(보험가입금액 130만 원), 2번 과수원(보험가입금액 110만 원)은 각각 보험가입금액이 200만 원 미만으로 단독가입은 안되지만, 보험가입금액 200만 원 미만의 두 개의 과수원으로 하나의 과수원(농지)으로 취급하여 가입이 가능하다.

3번 과수원은 보험가입금액이 200만 원 이상으로 단독 가입가능하다.

끝

03 답 :

(1) 보험가입 가능여부 : 가입가능

(2) 이유 :

농업용시설물 및 시설작물의 경우 단지 면적이 300㎡ 이상이여야 가입이 가능하다. 문제의 경우는 900㎡로 그 이상에 해당하여 가입가능함

시설작물(오이)의 재배면적이 시설면적의 50% 미만이거나, 재식밀도가 1,500주/10a 미만인 경우에는 인수가 제한되지만, 문제의 경우는 50%와 1,500주/10a로 모두 그 이상에 해당하여 가입가능함

끝

04 답 : ① 전액, ② 미경과비율, ③ 중대한 과실, ④ 보험계약대출이율, ⑤ 연단위 복리 끝

05

보험료 = 보통약관 보험가입금액 × 지역별 보통약관 영업요율 × (1 − 부보장 및 한정보장 특별약관 할인율) × (1 ± 손해율에 따른 할인·할증률) × (1 − 방재시설 할인율)

= 10,000,000원 × 0.2 × (1 − 0) × (1 − 0.2) × (1 − 0.1) = 1,440,000원

답 : 1,440,000원 끝

06

(1) 최근 3년간 보험에 가입 중이며 3년간 수령한 보험금이 순보험료의 120% 미만(60%)인 경우 선택할 수 있는 최저 자기부담비율은 10%이다.

답 : 10% 끝

(2) 나무손해보장 특약의 보험가입금액 = 700주 × 10만 원 = 7,000만 원

자기부담비율 = 5%

답 : 7,000만 원, 5% 끝

07

(1) 답 : 포도, 대추, 참다래 끝

(2) 답 : 해당 목적물인 비가림시설의 구조체와 피복재의 재조달가액을 기준으로 수리비를 산출한다. 끝

(3) 답 : 물리적으로 분리 가능한 시설 1동을 기준으로 보험목적물별 평가한다. 끝

(4) 답 :

피복재	피복재의 피해 면적을 조사한다.
구조체	(1) 손상된 골조를 재사용할 수 없는 경우 : 교체수량 확인 후 교체 비용 산정 (2) 손상된 골조를 재사용할 수 있는 경우 : 보수면적 확인 후 보수비용 산정

끝

08

(1) 답 : 적과종료 후 기준수확량이 가입수확량보다 적은 경우 가입수확량 조정을 통해 보험가입금액을 감액한다. 끝

(2)

차액보험료 = (감액분 계약자부담보험료 × 감액미경과비율) − 미납입보험료
= (150,000원 × 0.9) − 0 = 135,000원

단감, 5종 한정특약가입, 착과감소보험금 보장수준 50%(가장 낮은 것) 일 때 감액미경과비율은 90%

〈감액미경과비율〉

적과종료 이전 특정위험 5종 한정보장 특별약관에 가입하지 않은 경우

품목	착과감소보험금 보장수준 50%형	착과감소보험금 보장수준 70%형
사과, 배	70%	63%
단감, 떫은감	84%	79%

적과종료 이전 특정위험 5종 한정보장 특별약관에 가입한 경우

품목	착과감소보험금 보장수준 50%형	착과감소보험금 보장수준 70%형
사과, 배	83%	78%
단감, 떫은감	90%	88%

답 : 135,000원 끝

(3) 답 : 차액보험료는 적과후 착과수 조사일이 속한 달의 다음 달 말일 이내에 지급한다. 끝

(4) 답 : 적과후 착과수조사 이후 착과수가 적과후 착과수보다 큰 경우에는 지급한 차액보험료를 다시 정산한다. 끝

09

(1) 답 : ① 판매개시연도 7월 31일, ② 출수기 전, ③ 수확 개시 시점, ④ 판매개시연도 11월 30일, ⑤ 이듬해 6월 30일 끝

(2) 답 : 10개 끝

구분	품목	보장명 (보통약관)				
		이앙·직파 불능보장	재이앙·재직파 보장	수확감소 보장	경작불능 보장	수확불능 보장
종합위험 수확감소 보장	〈예〉 벼	○	○	○	○	○
	조사료용 벼				○	
	밀			○	○	
	보리			○	○	

10

(1) 답 : 보장하는 재해로 식물체 피해율이 65% 이상이고, 계약자가 경작불능보험금을 신청한 경우 끝

(2) 답 : 경작불능보험금을 지급한 때에는 그 손해보상의 원인이 생긴 때로부터 해당 농지에 대한 보험 계약은 소멸된다. 끝

(3) 답 :
① 보험가입금액이 200만 원 미만인 농지
② 통상적인 재배 및 영농활동을 하지 않는 농지
③ 다른 작물과 혼식되어 있는 농지
④ 시설재배 농지
⑤ 하천부지 및 상습 침수지역에 소재한 농지
⑥ 판매를 목적으로 경작하지 않는 농지
⑦ 도서지역의 경우 연륙교가 설치되어 있지 않고 정기선이 운항하지 않는 등 신속한 손해평가가 불가능한 지역에 소재한 농지
⑧ 군사시설보호구역 중 통제보호구역내의 농지(단, 통상적인 영농활동 및 손해평가가 가능하다고 판단되는 농지는 인수가능)
⑨ 기타 인수가 부적절한 농지
⑩ 극조생종, 조생종, 중만생종을 혼식한 농지
⑪ 재식밀도가 23,000주/10a 미만, 40,000주/10a 초과인 농지
⑫ 9월 30일 이전 정식한 농지
⑬ 양파 식물체가 똑바로 정식되지 않은 농지(70° 이하로 정식된 농지)
⑭ 부적절한 품종을 재배하는 농지(예 : 고랭지 봄파종 재배 적응 품종 → 게투린, 고떼이황, 고랭지 여름, 덴신, 마운틴1호, 스프링골드, 사포로기, 울프, 장생대고, 장일황, 하루히구마 등)
⑮ 무멀칭농지
⑯ 시설재배농지 끝

농작물재해보험 및 가축재해보험 손해평가의 이론과 실무

11

(1) 실제결과주수

실제결과주수 = 가입일자를 기준으로 농지(과수원)에 식재된 모든 나무 수 − 인수조건에 따라 보험에 가입할 수 없는 나무(유목 및 제한 품종)수
= 1,000주 − 150주 = 850주

답 : 850주 끝

(2) 나무손해보장 특별약관보험금

나무손해보장 특별약관보험금 = 보험가입금액 × (피해율 − 자기부담비율 5%)
= 8,000만 원 × (0.1 − 0.05) = 400만 원
피해율 = 피해주수(고사된 나무) ÷ 실제결과주수 = 85주 ÷ 850주 = 0.1

답 : 400만 원 끝

12 답 :

① 20%형, 40%형, 60%형, 80%형

② 보험가액의 20%를 손해액으로 산출한다.

③ 손해액의 10% 끝

13 답 : ① 수정불량환산, ② 미보상, ③ 평년 끝

14 병충해감수량

병충해감수량 = 병충해 입은 괴경의 무게 × 손해정도비율 × 인정비율
= 10kg × 0.6 × 0.9 = 5.4kg

답 : 5.4kg 끝

〈손해정도에 따른 손해정도 비율〉

품목	손해정도	손해정도비율	손해정도	손해정도비율
감자	1 ~ 20%	20%	61 ~ 80%	80%
	21 ~ 40%	40%	81 ~ 100%	100%
	41 ~ 60%	60%		

〈병·해충 등급별 인정 비율〉

구분		병·해충	인정비율
품목	급수		
감자	1급	역병, 갈쭉병, 모자이크병, 무름병, 둘레썩음병, 가루더뎅이병, 잎말림병, 감자뿔나방	90%
	2급	홍색부패병, 시들음병, 마른썩음병, 풋마름병, 줄기검은병, 더뎅이병, 균핵병, 검은무늬썩음병, 줄기기부썩음병, 진딧물류, 아메리카잎굴파리, 방아벌레류	70%
	3급	반쪽시들음병, 흰비단병, 잿빛곰팡이병, 탄저병, 겹둥근무늬병, 오이총채벌레, 뿌리혹선충, 파밤나방, 큰28점박이무당벌레, 기타	50%

15 답 : ① 5cm, ② 3cm, ③ 3.5cm, ④ 최대 지름, ⑤ 50% 끝

16 답 :

(1) 조사대상 : 사고 여부와 관계없이 보험에 가입한 농지

(2) 조사시기 : 최초 수확 품종 수확기 직전

(3) 조사방법 :

① 주수 조사

농지내 품종별·수령별 실제결과주수, 미보상주수 및 고사나무주수를 파악한다.

② 조사 대상주수 계산

품종별·수령별 실제결과주수에서 미보상주수 및 고사나무주수를 빼서 조사대상주수를 계산하다.

③ 표본주수 산정

- 과수원별 전체 조사대상주수를 기준으로 품목별 표본주수표에 따라 농지별 전체 표본주수를 산정한다.
- 적정 표본주수는 품종별·수령별 조사대상주수에 비례하여 산정하며, 품종별·수령별 적정표본주수의 합은 전체 표본주수보다 크거나 같아야 한다.

④ 표본주 선정

- 조사대상주수를 농지별 표본주수로 나눈 표본주 간격에 따라 표본주 선정 후 해당 표본주에 표시리본을 부착한다.
- 동일품종·동일재배방식·동일수령의 농지가 아닌 경우에는 품종별·재배방식별·수령별 조사대상주수의 특성이 골고루 반영될 수 있도록 표본주를 선정한다.

⑤ 착과된 전체 과실수 조사

선정된 표본주별로 착과된 전체 과실수를 세고 표시리본에 기재한다.

⑥ 미보상비율 확인 : 품목별 미보상비율 적용표에 따라 미보상비율을 조사한다.

끝

17

〈태풍〉

낙과피해 과실수 = 1,000개

낙엽피해 과실수 = 654개

사고당시 착과과실수 × (인정피해율 − MaxA) × (1 − 미보상비율)

=(5,000개 − 1,000개) × (0.16345−0) × (1 − 0) = 653.8개 = 654개

인정피해율 = (1.0115 × 낙엽률) − (0.0014 × 경과일수)

= (1.0115 × 0.3) − (0.0014 × 100) = 0.30345 − 0.14 = 0.16345

〈우박〉

우박피해 과실수 = 546개

사고당시 착과과실수 × (착과피해구성률 − MaxA)

= 4,000개 × (0.3 − 0.16345) = 546.2개 = 546개

착과피해구성률 = (4개 × 1 + 20개 × 0.8 + 20개 × 0.5) / 100개 = 0.3

〈가을동상해〉

가을동상해 피해 과실수 = 300개
사고당시 착과과실수 × (착과피해구성률 − MaxA)
= 3,000개 × (0.4 − 0.3) = 300개

착과피해구성률 = (6개 × 1 + 30개 × 0.8 + 20개 × 0.5) / 100개 = 0.4

적과종료 이후 누적감수과실수 = 1,000개 + 654개 + 546개 + 300개 = 2,500개

답 : 2,500개 끝

18

(1)

피해율 = (평년수확량 − 수확량 − 미보상감수량) ÷ 평년수확량
= (6,000kg − 3,050kg − 295kg) ÷ 6,000kg = 0.4425

수량요소조사 수확량 = 표준수확량 × 조사수확비율 × 피해면적 보정계수
= 5,000kg × 0.61 × 1 = 3,050kg

조사내용	1번 포기	2번 포기	3번 포기	4번 포기
포기당 이삭수	151	162	172	151
이삭당 완전낟알수	512	491	815	754

18점 → 조사수확비율 61%

미보상 감수량 = (6,000kg − 3,050kg) × 0.1 = 295kg

답 : 44.25% 끝

(2)

피해율 = (평년수확량 − 수확량 − 미보상감수량) ÷ 평년수확량
= (6,000kg − 3,327kg − 267kg) ÷ 6,000kg = 0.401

표본조사 수확량 = (표본구간 단위면적당 유효중량 × 조사대상면적) + {단위면적당 평년수확량 × (타작물 및 미보상면적 + 기수확면적)}
= 0.8kg × (1 − 0.07) × {(1 − 0.17)÷(1 − 0.15)}÷1.2㎡ × (6,000㎡ − 700㎡ − 300㎡) + 6,000kg / 6,000㎡ × 300㎡ = 3,027.058824 + 300 = 3,327kg

메벼 기준함수율 = 15%

미보상감수량 = (6,000kg − 3,327kg) × 0.1 = 267.3 = 267kg

답 : 40.1% 끝

(3)

수확감소보험금 = 보험가입금액 × (피해율 − 자기부담비율)
= 10,200,000원 × (0.401 − 0.2) = 2,050,200원
하나의 농지에 대하여 여러종류의 수확량 조사가 실시되었을 경우, 피해율 적용 우선순위는 전수, 표본, 수량요소 순임. 위 경우에는 표본조사의 피해율 40.1%를 적용함

답 : 2,050,200원 끝

19

(1) 답 :
① 지급사유 : 보험기간 내에 보장하는 재해로 10a당 식물체 주수가 30,000주보다 적어지고, 10a당 30,000주 이상으로 재파종한 경우(1회에 한하여 보상한다.)
② 계산식 : 재파종보험금 = 보험가입금액 × 35% × 표준피해율
표준피해율(10a기준) = (30,000 − 식물체 주수) ÷ 30,000
끝

(2)

재파종보험금 = 보험가입금액 × 35% × 표준피해율
= 1,000만 원 × 0.35 × 0.4 = 140만 원

표준피해율(10a기준) = (30,000 − 18,000) ÷ 30,000 = 0.4
1㎡ = 18주이므로 10a(=1,000㎡) = 18,000주

답 : 140만 원 끝

20

(1)

수확량 = (표본구간 단위면적당 수확량 × 조사대상면적) + {단위면적당 평년수확량 × (타작물 및 미보상면적+기수확면적)}
= 0.1kg/㎡ × 7,000㎡ + 0.247kg/㎡ × 2,000㎡ = 1,194kg

표본구간 단위면적당 수확량 = 1.2kg ÷ 12㎡ = 0.1kg/㎡

조사대상면적 = 실제경작면적 − 고사면적 − 타작물 및 미보상 면적 − 기수확면적
= 10,000㎡ − 1,000㎡ − 0㎡ − 2,000㎡ = 7,000㎡

단위면적당 평년수확량 = 평년수확량 ÷ 실제경작면적 = 2,470kg ÷ 10,000㎡
= 0.247kg/㎡

답 : 1,194kg 끝

(2)

기준수입 = 평년수확량 × 농지별 기준가격
= 2,470kg × 3,900원/kg
= 9,633,000원

답 : 9,633,000원 끝

(3)

실제수입 = (수확량 + 미보상감수량) × 최솟값(농지별 기준가격, 농지별 수확기가격)
= (1,194kg + 200kg) × 3,900원/kg = 5,436,600원

답 : 5,436,600원 끝

(4)

피해율 = (기준수입 − 실제수입) ÷ 기준수입
= (9,633,000원 − 5,436,600원) ÷ 9,633,000원 = 0.43562753 = 43.56%

답 : 43.56% 끝

(5)

농업수입감소보험금 = 보험가입금액 × (피해율 − 자기부담비율)
= 900만 원 × (0.4356 − 0.2) = 2,120,400원

답 : 2,120,400원 끝

제3회 손해평가사 기출문제 정답 및 해설

 농작물재해보험 및 가축재해보험의 이론과 실무

01 답 : ① 과실, ② 나무, ③ 농업용시설물, ④ 수령, ⑤ 재배방식 끝

02 답 : ① 9월1일, ② 11월10일, ③ 11월15일, ④ 9월30일, ⑤ kg당 평균 가격 끝

03 답 : ① ×, ② ×, ③ ○, ④ ×, ⑤ ○ 끝

① 세균구멍병으로 발생한 손해 : 자두품목의 경우 원인의 직·간접을 묻지 않고 병해충으로 발생한 손해는 보상하지 않는 손해에 해당한다(다만, 복숭아의 세균구멍병으로 인한 손해는 제외).
②, ④ 보상하지 않는 손해에 해당
③ 기온이 0°C 이상에서 발생한 이상저온에 의한 손해 : 자연재해 중 냉해에 해당하는 손해로 보상하는 손해
⑤ 최대 순간풍속 15m/sec의 바람으로 발생한 손해 : 자연재해 중 태풍(강풍)에 해당하는 손해로 보상하는 손해

04

나무손해보장특약 보험금 = 보험가입금액 × {피해율 − 자기부담비율(5%)}
= 20,000,000원 × (0.25 − 0.05) = 4,000,000원
피해율 = 피해주수(고사된 나무) ÷ 실제결과주수 = 50주 ÷ 200주 = 0.25(25%)

답 : 4,000,000원 끝

05 답 : ① 농업경영정보, ② 축산업 허가(등록), ③ 사육가축, ④ 주택, ⑤ 가축사육과 무관한 건물 끝

06

(1) 답 : 자연재해, 조수해, 화재 끝

(2) 답 :

① 계약자, 피보험자 또는 이들의 법정대리인의 고의 또는 중대한 과실로 인한 손해
② 제초작업, 시비관리 등 통상적인 영농활동을 하지 않아 발생한 손해
③ 보장하지 않는 재해로 제방, 댐 등이 붕괴되어 발생한 손해
④ 피해를 입었으나 회생 가능한 나무 손해
⑤ 토양관리 및 재배기술의 잘못된 적용으로 인해 생기는 나무 손해
⑥ 병충해 등 간접손해에 의해 생긴 나무 손해
⑦ 하우스, 부대시설 등의 노후 및 하자로 생긴 손해
⑧ 계약체결 시점 현재 기상청에서 발령하고 있는 기상특보 발령 지역의 기상특보 관련 재해로 인한 손해
⑨ 보상하는 손해에 해당하지 않은 재해로 발생한 손해
⑩ 전쟁, 혁명, 내란, 사변, 폭동, 소요, 노동쟁의, 기타 이들과 유사한 사태로 생긴 손해
끝

07

(1) 답 :

① 최소자기부담금(30만 원)과 최대자기부담금(100만 원)을 한도로 보험사고로 인하여 발생한 손해액의 10%에 해당하는 금액을 적용한다.
② 피복재단독사고는 최소자기부담금(10만 원)과 최대자기부담금(30만 원)을 한도로 한다.
③ 농업용 시설물과 부대시설 모두를 보험의 목적으로 하는 보험계약은 두 보험의 목적의 손해액 합계액을 기준으로 자기부담금을 산출하고 두 목적물의 손해액 비율로 자기부담금을 적용한다.
④ 자기부담금은 단지 단위, 1사고 단위로 적용한다.
⑤ 화재로 인한 손해는 자기부담금을 적용하지 않는다. 끝

(2) 답 : 보장하는 재해로 1사고당 생산비보험금이 10만 원 이하인 경우 보험금이 지급되지 않고, 소손해면책금(10만 원)을 초과하는 경우 손해액 전액을 보험금으로 지급한다. 끝

08

(1) 답 :

지급사유 : 보험기간 내에 보장하는 재해로 식물체 피해율이 65% 이상이고, 계약자가 경작불능보험금을 신청한 경우에 지급한다(보험계약 소멸).

지급금액 산출식 : 보험가입금액 × 42% 끝

(2) 답 :

지급사유 : 보험기간 내에 보장하는 재해로 피해율이 자기부담비율을 초과하는 경우에 지급한다.

지급금액 산출식 : 보험가입금액 × {피해율 − 자기부담비율(15%)} 끝

(3) 답 :

지급사유 : 보험기간 내에 보장하는 재해로 보험의 목적인 벼(조곡) 제현율이 65% 미만으로 떨어져 정상 벼로써 출하가 불가능하게 되고, 계약자가 수확불능보험금을 신청한 경우 지급한다(보험계약 소멸).

지급금액 산출식 : 보험가입금액 × 57% 끝

09

(1)

년도	서울 가락도매시장 캠벨얼리(노지) 연도별 평균 가격(원/kg)	
	중품	상품
2012	3,000	3,600
2013	3,200	5,400
2014	2,500	3,200
2015	3,000	3,600
2016	2,900	3,700

기준가격 = 서울시농수산식품공사 가락도매시장 연도별 중품과 상품 평균가격의 보험가입 직전 5년(가입연도 포함) 올림픽 평균값 × 농가수취비율
= 3,300원/kg × 0.8 = 2,640원/kg

년도	중품과 상품 평균가격(원/kg)
2012	3,300
2013	~~4,300~~
2014	~~2,850~~
2015	3,300
2016	3,300

답 : 2,640원/kg 끝

(2)

수확기가격
= 수확연도 서울시농수산식품공사 가락도매시장 중품과 상품 평균가격 × 농가수취비율
= 3,450원/kg × 0.8 = 2,760원/kg

년도	서울 가락도매시장 캠벨얼리(노지) 연도별 평균 가격(원/kg)	
	중품	상품
2017	3,000	3,900

수확연도 서울시농수산식품공사 가락도매시장 중품과 상품 평균가격
= (3,000 + 3900) ÷ 2 = 3,450원/kg

답 : 2,760원/kg 끝

10 답 :

(1) 정의

유량검정젖소란 젖소개량사업소의 검정사업에 참여하는 농가 중에서 일정한 요건을 충족하는 농가의 소를 의미하며 요건을 충족하는 유량검정젖소는 시가에 관계없이 협정보험가액 특약으로 보험가입이 가능하다.

(2) 가입기준(대상농가)

직전 월의 305일 평균 유량이 10,000kg 이상이고, 평균 체세포수가 30만 마리 이하를 충족하는 농가가 대상이 된다.

(3) 가입기준(대상젖소)

대상농가 기준을 충족하는 젖소 중 최근 산차 305일 유량이 11,000kg 이상이고, 체세포수가 20만 마리 이하인 젖소가 대상이다. 끝

농작물재해보험 및 가축재해보험 손해평가의 이론과 실무

11 답 : ① 수확불능(고사)면적, ② 재조사, ③ 조사대상주수, ④ 기수확면적, ⑤ 미보상주수 끝

12 답 : ① 30개, ② 40개, ③ 40개, ④ 60개, ⑤ 80개 끝

> 농지에서 품종별로 착과가 평균적인 3주 이상의 표본주에서 크기가 평균적인 과실을 품종별 20개 이상(포도는 농지당 30개 이상, 복숭아·자두는 농지당 40개 이상) 추출하여 품종별 과실 개수와 무게를 조사한다.

13 답 : ① 도복, ② 120, ③ 95, ④ 꼬투리, ⑤ 결구 끝

14 답 : ① 도살, ② 위탁 도살, ③ 가축전염병예방법, ④ 살처분, ⑤ 도태 권고 끝

15 답 : ① 차, ② 벼, ③ 감자 끝

16 답 :

(1)

① 잔존물처리비용 : 보험목적물이 폐사한 경우 사고 현장에서의 잔존물의 견인비용 및 차에 싣는 비용(사고현장 및 인근 지역의 토양, 대기 및 수질 오염물질 제거비용과 차에 실은 후 폐기물 처리비용은 포함하지 않는다. 다만, 적법한 시설에서의 렌더링비용은 포함한다.) 다만, 보장하지 않는 위험으로 보험의 목적이 손해를 입거나 관계 법령에 의하여 제거됨으로써 생긴 손해에 대하여는 보상하지 않는다.

② 손해방지비용 : 보험사고가 발생 시 손해의 방지 또는 경감을 위하여 지출한 필요 또는 유익한 비용. 다만 약관에서 규정하고 있는 보험목적의 관리 의무를 위하여 지출한 비용은 제외한다.

③ 대위권 보전비용 : 재해보험사업자가 보험사고로 인한 피보험자의 손실을 보상해주고, 피보험자가 보험사고와 관련하여 제3자에 대하여 가지는 권리가 있는 경우 보험금을 지급한 재해보험사업자는 그 지급한 금액의 한도에서 그 권리를 법률상 당연히 취득하게 되며 이와 같이 보험사고와 관련하여 제3자로부터 손해의 배상을 받을 수 있는 경우에는 그 권리를 지키거나 행사하기 위하여 지출한 필요 또는 유익한 비용을 보상한다.

④ 잔존물보전비용 : 보험사고로 인해 멸실된 보험목적물의 잔존물을 보전하기 위하여 지출한 필요 또는 유익한 비용. 잔존물 보전비용은 재해보험사업자가 보험금을 지급하고 잔존물을 취득할 의사표시를 하는 경우에 한하여 지급한다.

⑤ 기타 협력비용 : 재해보험사업자의 요구에 따르기 위하여 지출한 필요 또는 유익한 비용

끝

(2) 답 :

① 보험의 목적이 입은 손해에 의한 보험금과 잔존물 처리비용의 합계액은 보험증권에 기재된 보험가입금액을 한도로 한다. 잔존물 처리비용은 손해액의 10%를 초과할 수 없다.

② 비용손해 중 손해방지비용, 대위권 보전비용 및 잔존물 보전비용은 약관상 지급보험금의 계산을 준용하여 계산한 금액이 보험가입금액을 초과하는 경우에도 이를 지급한다. 단, 이 경우에 자기부담금은 차감하지 않는다.

③ 비용손해 중 기타 협력비용은 보험가입금액을 초과한 경우에도 이를 전액 지급한다.

끝

17

(1)

피해수확량 = (표본구간 단위면적당 피해수확량 × 표본조사대상면적) + (단위면적당 표준수확량 × 고사면적)
= 0.405kg/㎡ × 7,000㎡ + 0.5kg/㎡ × 1,000㎡
= 2,835kg + 500kg = 3,335kg

표본구간 피해수확량 합계 = (표본구간 "하"품 이하 옥수수 개수 + "중"품 옥수수 개수 × 0.5) × 표준중량 × 재식시기지수 × 재식밀도지수
= (20개 + 10개 × 0.5) × 0.18kg/개 × 1 × 0.9 = 4.05kg

표본구간 단위면적당 피해수확량 = 표본구간 피해수확량 합계 ÷ 표본구간 면적
= 4.05kg ÷ 10㎡ = 0.405kg/㎡

표본조사대상면적
= 실제경작면적 − 고사면적 - 타작물 및 미보상면적 − 기수확면적
= 10,000㎡ − 1,000㎡ − 2,000㎡ = 7,000㎡

단위면적당 표준수확량 = 표준수확량 ÷ 실제경작면적
= 5,000kg ÷ 10,000㎡ = 0.5kg/㎡

답 : 3,335kg 끝

(2)

손해액 = (피해수확량 − 미보상감수량) × 가입가격
= 3,335kg × 2,000원/kg = 6,670,000원

답 : 6,670,000원 끝

(3)

수확감소보험금 = Min(보험가입금액, 손해액) − 자기부담금
= Min(15,000,000원, 6,670,000원) − 3,000,000원
= 3,670,000원

자기부담금 = 보험가입금액 × 자기부담비율 = 15,000,000원 × 0.2 = 3,000,000원

답 : 3,670,000원 끝

18

(1)

피해율 = (기준수입 − 실제수입) ÷ 기준수입
= (4,000,000원 − 1,800,000원) ÷ 4,000,000원 = 0.55 = 55%

기준수입 = 평년수확량 × 농지별 기준가격 = 1,000kg × 4,000원/kg = 4,000,000원

실제수입 = (수확량 + 미보상감수량) × 최솟값(농지별 기준가격, 농지별 수확기가격)
= (500kg+100kg) × 3,000원/kg = 1,800,000원

답 : 55% 끝

(2)

농업수입감소보험금 = 보험가입금액 × (피해율 − 자기부담비율)
= 4,000,000원 × (0.55 − 0.2) = 1,400,000원

답 : 1,400,000원 끝

19

(1)

적과후 착과수 = (20주 × 240개 / 3주) + (60주 × 960개 / 8주) + (20주 × 330개/3주)
= 1,600개 + 7,200개 + 2,200개 = 11,000개

답 : 11,000개 끝

(2)

누적감수과실수 = 550개 + 950개 + 3,718개 + 119개 + 30개 + 333개 = 5,700개

① (종합위험) 적과종료 이전 자연재해(우박)로 인한 적과종료 이후 착과손해 부분
착과율 = 적과후 착과수 ÷ 평년착과수 = 11,000개 ÷ 22,000개 = 0.5

감수과실수 = 적과후 착과수 × 5% = 11,000개 × 0.05 = 550개

② 강풍 낙과피해부분
= 총낙과과실수 × (낙과피해구성률 − MaxA) = 1,000개 × (1−0.05) = 950개

③ 강풍 낙엽피해부분
= 사고당시 착과과실수 × (인정피해율 − MaxA)
= 10,000개 × (0.42175 − 0.05) = 3717.5 = 3,718개

사고당시 착과과실수 = 11,000개 − 1,000개 = 10,000개

인정피해율 = (1.0115 × 낙엽률) − (0.0014 × 경과일수)
= (1.0115 × 0.5) − (0.0014 × 60) = 0.50575 − 0.084 = 0.42175

④ 태풍 낙과피해부분
= 총낙과과실수 × (낙과피해구성률 − MaxA)
= 500개 × (0.66 − 0.42175) = 119.125 = 119개

낙과피해구성률 = (200개 + 100개 × 0.8 + 100개 × 0.5) ÷ 500개 = 0.66

⑤ 태풍 낙엽피해부분
사고당시 착과과실수 × (인정피해율 − MaxA)
= 9,500개 × (0.4249 − 0.42175) = 29.925 = 30개

사고당시 착과과실수 = 10,000개 − 500개 = 9,500개

인정피해율 = (1.0115 × 낙엽률) − (0.0014 × 경과일수)
= (1.0115 × 0.6) − (0.0014 × 130) = 0.6069 − 0.182 = 0.4249

⑥ 우박 착과피해부분
사고당시 착과과실수 × (착과피해구성률 − MaxA)
= 9,500개 × (0.46 − 0.4249) = 333.45 = 333개

사고당시 착과과실수 = 9,500개
착과피해구성률 = (20개 + 20개 × 0.8 + 20개 × 0.5) ÷ 100개 = 0.46

⑦ 가을동상해 착과피해부분
사고당시 착과과실수 × (착과피해구성률 − MaxA)
= 3,000개 × (0.3755 − 0.46) = 0
※ "(착과피해구성률 − MaxA)"의 값이 영(0)보다 작은 경우 : 금차 감수과실수는 영(0)으로 함

사고당시 착과과실수 : 3,000개

착과피해구성률 = (50개 × 0.0031 × 10 + 10개 + 20개 × 0.8 + 20개 × 0.5) ÷ 100개
= 0.3755

답 : 5,700개 끝

20

(1)

표본구간 유효중량 = 표본구간 작물 중량 합계 × (1 − Loss율) × {(1 − 함수율) ÷ (1 − 기준함수율)}
= 0.3kg × (1−0.07) × {(1 − 0.235) ÷ (1 − 0.15)} = 0.2511kg

Loss율 : 7%
메벼 기준 함수율 = 15%

답 : 0.2511kg 끝

(2)

피해율 = (평년수확량 − 수확량 − 미보상감수량) ÷ 평년수확량
= (3,500kg − 2,008.8kg − 0kg) ÷ 3,500kg = 0.426057142 = 0.4261 = 42.61%

수확량 = (표본구간 단위면적당 유효중량 × 조사대상면적) + {단위면적당 평년수확량 × (타작물 및 미보상면적 +기수확면적)
= 0.5022kg/㎡ × 4,000㎡ + 0.7kg/㎡ × 0 = 2,008.8kg

표본구간 단위면적당 유효중량 = 표본구간 유효중량 ÷ 표본구간 면적
= 0.2511kg ÷ 0.5㎡ = 0.5022kg/㎡
조사대상면적 = 5,000㎡ − 1,000㎡ − 0㎡ − 0㎡ = 4,000㎡

단위면적당 평년수확량 = 평년수확량 ÷ 실제경작면적
= 3,500kg ÷ 5,000㎡ = 0.7kg/㎡

미보상감수량 = (평년수확량 − 수확량) × 미보상비율
= (3,500kg − 2,008.8kg) × 0 = 0kg

답 : 42.61% 끝

(3)

수확감소보장 보험금 = 보험가입금액 × (피해율 − 자기부담비율)
= 5,500,000원 × (0.4261 − 0.15) = 1,518,550원

답 : 1,518,550원 끝

제4회 손해평가사 기출문제 정답 및 해설

 농작물재해보험 및 가축재해보험의 이론과 실무

01 답 :

① 계약 및 기본사항 확인
② 보상하는 재해 여부 심사
③ 관련조사 선택 및 실시
④ 미보상비율(양) 확인
⑤ 조사결과 설명 및 서명확인 끝

02 답 : ① ×, ② ×, ③ ○, ④ ×, ⑤ × 끝

① 단동하우스와 연동하우스는 최소가입면적이 300㎡로 같고, 유리온실은 가입면적의 제한이 없다.
② 1년 이내에 철거 예정인 고정식 시설은 인수제한 목적물에 해당한다.
③ 작물의 재배면적이 시설면적의 50% 미만인 경우 인수제한된다.
④ 이동식하우스는 존치기간이 1년 미만인 하우스로 시설작물 경작 후 하우스를 철거하여 노지작물을 재배하는 농지의 하우스를 말한다.
⑤ 목재, 죽재로 시공된 시설은 인수제한 목적물에 해당한다.

03 답 :

평년착과량 = {A + (B − A) × (1 − Y / 5)} × C / D
= {6,400 + (8,400 − 6,400) × (1 − 3 / 5)} × 9,350/8,500 = 7,920kg

A : (6,500 + 5,600 + 7,100) ÷ 3 = 6,400
B : (7,300 + 8,700 + 9,200) ÷ 3 = 8,400
C : 9,350
D : 8,500

답 : 7,920kg 끝

04 답 : (1) 1개 (2) 3개 (3) 3개 (4) 1개 (5) 3개 끝

밭작물	재파종 보장	경작불능 보장	수확감소 보장	수입보장	생산비 보장	해가림시설 보장
차	×	×	○	×	×	×
인삼	×	×	×	×	×	○
고구마, 감자(가을감자)	×	○	○	○	×	×
콩, 양파	×	○	○	○	×	×
마늘	○	○	○	○	×	×
고추	×	×	×	×	○	×

05 ①

비가림시설 보험가입금액 : 비가림시설의 ㎡당 시설비에 비가림시설 면적을 곱하여 산정 (산정된 금액의 80% ~ 130% 범위 내에서 계약자가 보험가입금액 결정)
계약자가 가입할 수 있는 보험가입금액의 최소값
= 2,500㎡ × 15,000원/㎡ × 0.8
= 30,000,000원

답 : 30,000,000원 끝

②

비가림시설 보험가입금액 : 비가림시설의 ㎡당 시설비에 비가림시설 면적을 곱하여 산정 (산정된 금액의 80% ~ 130% 범위 내에서 계약자가 보험가입금액 결정)
계약자가 가입할 수 있는 보험가입금액의 최대값
= 2,500㎡ × 15,000원/㎡ × 1.3
= 48,750,000원

답 : 48,750,000원 끝

③

보험료 = 순보험료 + 부가보험료
부가보험료는 전액 정부지원으로 계약자가 부담하는 부가보험료는 없음
순보험료 = 보험가입금액 × 순보험요율 × 할인·할증률, 하지만 문제 조건으로 할인·할증은 없는 것으로 주어졌기 때문에 감안할 내용이 없음. 그래서 순보험료는 보험가입금액 × 순보험요율로 계산하고, 정부 및 지방자치단체 보조금 부분을 제외한 부분이 계약자 부담 보험료가 됨. 보험료의 최소값은 최소 보험가입금액으로 계산한 값임

계약자가 부담할 보험료의 최소값 = 30,000,000원 × 0.05 × (1 − 0.8) = 300,000원

답 : 300,000원 끝

06

(1) 답 : 가입수확량에 가입가격을 곱하여 산출한다(천원 단위 절사). 적과종료 후 기준수확량이 가입수확량보다 적은 경우 가입수확량 조정을 통해 보험가입금액을 감액한다. 끝

(2) 답 : 보험에 가입한 결과주수에 1주당 가입가격을 곱하여 계산한 금액으로 한다. 보험에 가입한 결과주수가 과수원 내 실제결과주수를 초과하는 경우에는 보험가입금액을 감액한다. 끝

(3) 답 : 차액보험료 = (감액분 계약자부담보험료 × 감액미경과비율) − 미납입보험료
※ 감액분 계약자부담보험료는 감액한 가입금액에 해당하는 계약자부담보험료 끝

(4) 답 : 차액보험료는 적과후 착과수 조사일이 속한 달의 다음 달 말일 이내에 지급한다. 끝

(5) 답 : 적과후 착과수조사 이후 착과수가 적과후 착과수보다 큰 경우에는 지급한 차액보험료를 다시 정산한다. 끝

07

(1) 답 : ① A농지 보험가입 가능여부 = 가입불가, 이유 = 고추는 보험가입금액 200만 원 미만인 농지는 인수가 제한되기 때문에 가입불가
② B농지 보험가입 가능여부 = 가입가능, 이유 = 보험가입금액이 200만 원 미만에 해당되지 않고, 10a 당 재식주수도 1,500주 미만 4,000주 초과에 해당하지 않으며, 정식일자도 4월 1일 이전과 5월 31일 이후에 해당하지 않으며, 재배작형도 노지재배, 터널재배 이외의 재배작형으로 재배하지 않기 때문에 가입가능
③ C농지 보험가입 가능여부 = 가입불가, 이유 = 10a당 재식주수가 5,000주로 인수제한 목적물의 기준인 4,000주/10a를 초과하기 때문에 가입불가 끝

(2) 답 : 병충해가 있는 경우 생산비보장 보험금 계산식 = (잔존보험가입금액 × 경과비율 × 피해율 × 병충해 등급별 인정비율) − 자기부담금
잔존보험가입금액 = 보험가입금액 − 보상액(기발생 생산비보장보험금합계액) 끝

(3) 답 :
수확기 이전에 보험사고가 발생한 경우 경과비율 계산식
= 준비기생산비계수 + {(1 − 준비기생산비계수) × (생장일수 ÷ 표준생장일수)}
① 준비기생산비계수는 49.5%
② 생장일수는 정식일로부터 사고발생일까지 경과일수
③ 표준생장일수는 100일
④ 생장일수를 표준생장일수로 나눈 값은 1을 초과할 수 없다. 끝

08

(1) 답 : 폭염(暴炎)으로 인해 보험의 목적에 일소(日燒)가 발생하여 생긴 피해를 말한다. 끝

(2) 답 : 보장하는 손해에도 불구하고 적과종료 이후 일소피해로 인해 입은 손해는 보상하지 않는다. 끝

(3) 답 : 6% 끝

09

(1) 답 : 환급보험료 = 계약자부담보험료 × 미경과비율
※ 계약자부담보험료는 최종 보험가입금액 기준으로 산출한 보험료 중 계약자가 부담

한 금액 끝

(2) 답 :
① 계약자 또는 피보험자가 임의 해지하는 경우
② 사기에 의한 계약, 계약의 해지 또는 중대 사유로 인한 해지에 따라 계약을 취소 또는 해지하는 경우
③ 보험료 미납으로 인한 계약이 효력을 상실한 경우 끝

(3) 답 : ① 보험계약대출이율, ② 연단위 복리 끝

10

(1) 월령 2개월 질병사고 폐사
전전월 전국산지평균 분유떼기 젖소 암컷 가격 100만 원 × 50% = 50만 원

답 : 50만 원(500,000원) 끝

(2) 월령 11개월 대사성 질병 폐사
분유떼기암컷가격 + (수정단계가격 − 분유떼기암컷가격) / 6 × (사고월령 − 7개월)
= 100만 원 + (300만 원 − 100만 원) / 6 × (11 − 7) = 2,333,333.333원
= 2,330,000원(만원 미만 절사)

답 : 233만 원(2,330,000원) 끝

(3) 월령 20개월 유량감소 긴급 도축
수정단계가격 + (초산우가격 − 수정단계가격) / 6 × (사고월령 − 18개월)
= 300만 원 + (350만 원 − 300만 원) / 6 × (20 − 18) = 3,166,666.667
= 3,160,000원(만원 미만 절사)

답 : 316만 원(3,160,000원) 끝

(4) 월령 35개월 급성고창 폐사
초산우가격 + (다산우가격 − 초산우가격) / 9 × (사고월령 − 31개월)
= 350만 원 + (480만 원 − 350만 원) / 9 × (35 − 31) = 4,077,777.778
= 4,070,000원(만원 미만 절사)

답 : 407만 원(4,070,000원) 끝

(5) 월령 60개월 사지골절 폐사
다산우가격 + (노산우가격 − 다산우가격) / 12 × (사고월령 − 55개월)
= 480만 원 + (300만 원 − 480만 원) / 12 × (60 − 55) = 405만 원

답 : 405만 원(4,050,000원) 끝

농작물재해보험 및 가축재해보험 손해평가의 이론과 실무

11 답 : ① 조사대상주수, ② 결과지, ③ 단감(1.0115 × 낙엽률) − (0.0014 × 경과일수), 떫은 감 0.9662 × 낙엽률 − 0.0703 끝

12 답 : ① 고구마, ② 재파종, ③ 피해사실확인조사, ④ 재정식, ⑤ 목측 끝

13

A농가 식물체피해율 = 고사식물체 면적 ÷ 가입식물체 면적
= 900㎡ ÷ 1,200㎡ = 0.75
식물체피해율 65%이상에 해당 + 계약자가 경작불능보험금 신청

A농가 경작불능보험금 = 보험가입금액 × 40% = 3,000,000원 × 0.4 = 1,200,000원

〈자기부담비율별 경작불능보험금 지급비율표〉

자기부담비율	10%형	15%형	20%형	30%형	40%형
지급 비율	45%	42%	40%	35%	30%

B농가 식물체피해율 = 고사식물체 면적 ÷ 가입식물체 면적
= 850㎡ ÷ 1,500㎡ = 0.56666
식물체피해율 65% 이상 해당 ×

B농가 경작불능보험금 = 0원

답 : A농가 경작불능보험금 = 1,200,000원, B농가 경작불능보험금 = 0원 끝

14

착과감소과실수 = Min(평년착과수 − 적과후 착과수, 평년착과수 × 최대인정피해율)
= Min(20,000개 − 10,000개, 20,000개 × 0.4) = 8,000개

(적과종료 전에 인정된 착과감소과실수가 있는 과수원) 기준착과수
= 적과후 착과수 + 착과감소과실수 = 10,000개 + 8,000개 = 18,000개

답 : 착과감소과실수 8,000개, 기준착과수 18,000개 끝

15

답 : ① 축산휴지손해, ② 가축계열화, ③ 쇠고기 이력제도, ④ 산욕마비, ⑤ 급성고창증 끝

16

농업수입감소보험금 = 보험가입금액 × (피해율 − 자기부담비율)
= 30,000,000원 × (0.36 − 0.2) = 4,800,000원

보험가입금액 = 가입수확량 × 기준(가입)가격
= 10,000kg × 3,000원/kg = 30,000,000원

피해율 = (기준수입 − 실제수입) ÷ 기준수입
= (30,000,000원−19,200,000원) ÷ 30,000,000원 = 0.36

기준수입 = 평년수확량 × 농지별 기준가격
= 10,000kg × 3,000원/kg = 30,000,000원

실제수입 = (수확량 + 미보상감수량) × 최솟값(농지별 기준가격, 농지별 수확기가격)
= (7,100kg + 580kg) × 2,500원/kg = 19,200,000원

수확량 = (표본구간 단위면적당 수확량 × 조사대상면적) + {단위면적당 평년수확량 × (타작물 및 미보상면적 + 기수확면적)}
= (3kg/㎡ × 1,700㎡) + (4kg/㎡ × 500㎡) = 5,100kg + 2,000kg = 7,100kg

미보상감수량 = (평년수확량 − 수확량) × 미보상비율
= (10,000kg − 7,100kg) × 0.2
= 580kg

조사대상면적
= 실제경작면적 − 수확불능면적 − 타작물 및 미보상면적 − 기수확면적
= 2,500㎡ − 300㎡ − 500㎡ − 0㎡ = 1,700㎡

표본구간 단위면적당 수확량 = (표본구간 수확량 × 환산계수) ÷ 표본구간 면적
환산계수 미적용 문제조건, 표본구간 단위면적당 수확량
= 표본구간 수확량 ÷ 표본구간 면적 = 30kg ÷ 10㎡ = 3kg/㎡

단위면적당 평년수확량 = 평년수확량 ÷ 실제경작면적
= 10,000kg ÷ 2,500㎡ = 4kg/㎡

답 : 4,800,000원 끝

17

(1) 답 : ① 서양종(양봉)은 꿀벌이 있는 상태의 소비(巢脾)가 3매 이상 있는 벌통,
② 동양종(토종벌, 한봉)은 봉군(蜂群)이 있는 상태의 벌통 끝

(2) 답 : 잔존물 보전비용은 재해보험사업자가 보험금을 지급하고 잔존물을 취득할 의사표시를 하는 경우에 한하여 지급한다. 끝

(3) 답 : 잔존물처리비용, 손해방지비용, 대위권 보전비용, 잔존물 보전비용, 기타 협력비용 끝

18 답 : ① 이앙 한계일(7월31일) 이후
② 수확포기가 확인되는 시점
③ 보험기간 내에 보장하는 재해로 농지 전체를 이앙·직파하지 못하게 된 경우
④ 보험기간 내에 보장하는 재해로 면적 피해율이 10%를 초과하고, 재이앙(재직파)한 경우
⑤ 보험기간 내에 보장하는 재해로 식물체 피해율이 65% 이상이고, 계약자가 경작불능보험금을 신청한 경우

⑥ 보험기간 내에 보장하는 재해로 보험의 목적인 벼(조곡) 제현율이 65% 미만으로 떨어져 정상 벼로써 출하가 불가능하게 되고, 계약자가 수확불능보험금을 신청한 경우
⑦ 보험가입금액 × 25% × 면적 피해율, 면적 피해율 = 피해면적 ÷ 보험가입면적
⑧ 보험가입금액 × 55% 끝

19

답 : ① 2점, ② 2점, ③ 2점, ④ 1점, ⑤ 4점, ⑥ 5점, ⑦ 1점, ⑧ 3점, ⑨ 20점, ⑩ 80%, ⑪ 1,280kg, ⑫ 14.67% 끝

⑩ 조사수확비율 20점 해당 수치 중 가장 큰 비율 적용 = 80%

⑪ 수확량 = 표준수확량 × 조사수확비율
= 1,600kg × 0.8 = 1,280kg
피해면적 보정계수는 고려하지 않는다는 조건있음

⑫ 피해율 = (평년수확량 − 수확량 − 미보상감수량) ÷ 평년수확량
= (1,500 − 1,280 − 0) ÷ 1,500 = 0.146666 = 0.1467 = 14.67%

20

(1)

적과후 착과수 = (품종·재배방식·수령별 표본주의 착과수 합계 / 품종·재배방식·수령별 표본주 합계) × 품종·재배방식·수령별 조사대상주수
= (840개 / 7주 × 200주) + (1,690개 / 13주 × 300주)
= 24,000 + 39,000 = 63,000개

A품종 조사대상주수 = 실제결과주수 200주 − 고사주수 0주 − 수확불능주수 0주 − 미보상주수 0주 − 수확완료주수 0주 = 200주

B품종 조사대상주수 = 실제결과주수 300주 − 고사주수 0주 − 수확불능주수 0주 − 미보상주수 0주 − 수확완료주수 0주 = 300주

답 : 63,000개 끝

(2)

누적감수과실수 = 3,150개 + 750개 + 12,400개 + 1,250개 + 325개 = 17,875개

① 적과종료 이전 자연재해로 인한 적과종료 이후 착과손해 부분
감수과실수 = 적과후 착과수 × 5%
= 63,000개 × 0.05 = 3,150개

착과율 = 적과후 착과수 ÷ 평년착과수 = 63,000개 ÷ 120,000개
= 0.525 (60%미만인 경우에 해당)

② 일소 낙과피해 부분
감수과실수 = 총낙과과실수 × (낙과피해구성률 − MaxA)
= 1,000개 × (0.8 − 0.05) = 750개

낙과피해구성률 = 80개 / 100개 = 0.8

③ 일소 착과피해 부분
감수과실수 = 사고당시 착과과실수 × (착과피해구성률 − MaxA)
= (63,000개−1,000개) × (0.25−0.05) = 12,400개

착과피해구성률 = (50개 × 0.8 + 20개 × 0.5) / 200개 = 0.25

적과후 착과수의 6% = 3,780개 〈 일소피해(낙과 + 착과)부분
= 750개 + 12,400개 = 13,150개

④ 우박
착과피해부분
감수과실수 = 사고당시 착과과실수 × (착과피해구성률 − MaxA)
= 5,000개 × (0.5 − 0.25) = 1,250개
착과피해구성률 = (100개 × 0.8 + 40개 × 0.5) / 200개 = 0.5

낙과피해부분
감수과실수 = 총낙과과실수 × (낙과피해구성률 − MaxA)
= 500개 × (0.9 − 0.25) = 325개
낙과피해구성률 = 90개 / 100개 = 0.9

답 : 17,875개 끝

제5회 손해평가사 기출문제 정답 및 해설

농작물재해보험 및 가축재해보험의 이론과 실무

01 답 : ① 피보험이익, ② 금전, ③ 최대 손해액, ④ 적과, ⑤ 자연낙과 끝

02 답 : ① 미보상감수량

② 보장하는 재해 이외의 원인으로 감소되었다고 평가되는 부분을 말하며, 계약 당시 이미 발생한 피해, 병해충으로 인한 피해 및 제초상태 불량 등으로 인한 수확감소량으로써 감수량에서 제외된다. (감수량 중 보상하는 재해 이외의 원인으로 감소한 양) 끝

03

평년수확량 = {A + (B − A) × (1 − Y / 5)} × C / B

- A(과거평균수확량) = Σ과거 5년간 수확량 ÷ Y
- B(평균표준수확량) = Σ과거 5년간 표준수확량 ÷ Y
- C(당해연도(가입연도) 표준수확량)
- Y = 과거수확량 산출연도 횟수(가입횟수)

과거수확량

조사수확량 〉 평년수확량50% → 조사수확량

평년수확량 50% ≧ 조사수확량 → 평년수확량 50%

무사고 시 → Max(표준수확량 × 1.1, 평년수확량 × 1.1)

2015년 : 조사수확량 7,000 〉 평년수확량50% 4,000 → 7,000

2016년 : 평년수확량50% 4,050 ≧ 조사수확량 4,000 → 4,050

2017년 : Max(8,200 × 1.1, 8,100 × 1.1) → 9,020

2018년 : Max(8,200 × 1.1, 8,300 × 1.1) → 9,130

2019년 : 조사수확량 8,500 〉 평년수확량 50% 4,200 → 8,500

A = (7,000 + 4,050 + 9,020 + 9,130 + 8,500) ÷ 5 = 7,540

B = 8,200

C = 8,200

평년수확량 = {7,540 + (8,200 − 7,540) × (1 − 5 / 5)} × 8,200 / 8,200 = 7,540

답 : 7,540kg 끝

04 답 : ① 폭염재해보장 특약, 전기적장치위험보장 특약
② 화재대물배상책임 특약 끝
※ 참고 : 폭염재해보장 특약은 전기적장치위험보장 특약 가입자에 한하여 가입가능
축사는 기존에 특별약관 형식으로 가입했었지만, 현재 보통약관 형식으로 바뀌었다.

05 답 : ① 협정보험가액 특약, ② 종빈우, 종빈돈, 종가금,(자돈, 종모돈, 유량검정젖소) 끝

06

(1) 답 :
① 계약자에게 설치시기를 고지 받아 해당일자를 기초로 감가상각 하되, 최초 설치시기를 특정하기 어려운 때에는 인삼의 정식시기와 동일한 시기로 할 수 있다.
② 해가림시설 구조체를 재사용하여 설치를 하는 경우에는 해당 구조체의 최초 설치시기를 기초로 감가상각하며, 최초 설치시기를 알 수 없는 경우에는 해당 구조체의 최초 구입시기를 기준으로 감가상각한다. 끝

(2) 답 :
① 동일한 재료(목재 또는 철제)로 설치하였으나 설치시기 경과년수가 각기 다른 해가림시설 구조체가 상존하는 경우, 가장 넓게 분포하는 해가림시설 구조체의 설치시기를 동일하게 적용한다.
② 1개의 농지 내 감가상각률이 상이한 재료(목재 + 철제)로 해가림시설을 설치한 경우, 재료별로 설치구획이 나뉘어 있는 경우에만 인수 가능하며, 각각의 면적만큼 구분하여 가입한다. 끝

07 답 :
A씨 딸기 생산비보장보험금
= 피해작물 재배면적 × 단위면적당 보장생산비 × 경과비율 × 피해율

B씨 시금치 생산비보장보험금
= 피해작물 재배면적 × 단위면적당 보장생산비 × 경과비율 × 피해율

C씨 부추 생산비보장보험금
= 부추 재배면적 × 부추 단위면적당 보장생산비 × 피해율 × 70%

D씨 장미(보상하는 재해로 나무가 죽은 경우) 생산비보장보험금
= 장미 재배면적 × 장미 단위면적당 나무고사 보장생산비 × 피해율 끝

08

(1) 답 :
해당 품목 = 벼
보험금 지급사유 = 보험기간 내에 보장하는 재해로 면적 피해율이 10%를 초과하고, 재이앙(재직파)한 경우 보험금을 1회 지급한다.
보험금 산출식
= 보험가입금액 × 25% × 면적 피해율, 면적 피해율 = 피해면적 ÷ 보험가입면적 끝

(2) 답 :
해당 품목 = 마늘
보험금 지급사유 = 보험기간 내에 보장하는 재해로 10a당 식물체주수가 30,000주보다 적어지고, 10a당 30,000주 이상으로 재파종한 경우 1회에 한하여 보상한다.
보험금 산출식 = 지급보험금 = 보험가입금액 × 35% × 표준출현 피해율, 표준출현 피해율(10a 기준) = (30,000 − 식물체주수) ÷ 30,000 끝

(3) 답 :
해당 품목 = 양배추
보험금 지급사유 = 보험기간 내에 보장하는 재해로 면적 피해율이 자기 부담비율을 초과하고, 재정식한 경우 1회 지급한다.
보험금 산출식
= 보험가입금액 × 20% × 면적 피해율, 면적 피해율 = 피해면적 ÷ 보험 가입면적 끝

09

①
답 : 보장하는 재해로 인하여 피해율이 자기부담비율을 초과하는 경우에 지급한다. 끝

②

보험금 = 보험가입금액 × (피해율 − 자기부담비율)
= 25,000,000원 × (0.45 − 0.15)
= 7,500,000원

피해율 = (평년수확량 − 수확량 − 미보상감수량 + 병충해감수량) ÷ 평년수확량
= (9,000kg − 4,500kg − 450kg) ÷ 9,000kg = 0.45

미보상감수량 = (평년수확량 - 수확량) × 최댓값(미보상비율 1, 미보상비율 2, …)
= (9,000kg − 4,500kg) × 0.1 = 450kg

답 : 7,500,000원 끝

③

보험금 = 보험가입금액 × 피해율 × 10%
= 25,000,000원 × 0.45 × 0.1 = 1,125,000원

답 : 1,125,000원 끝

10

답 : ① 수확개시 시점. 다만, 이듬해 10월31일을 초과할 수 없음, ② 12월 1일, ③ 이듬해 11월 30일, ④ 이듬해 7월 31일, ⑤ 태풍(강풍), 우박, ⑥ 이듬해 8월 1일, ⑦ 이듬해 수확기 종료 시점. 다만, 이듬해 10월 31일을 초과할 수 없음, ⑧ 판매개시연도 12월 1일, ⑨ 이듬해 11월 30일, ⑩ 이듬해 10월 10일, ⑪ 판매개시연도, ⑫ 발아기, ⑬ 판매개시연도 11월 30일, ⑭ 발아기, ⑮ 이듬해 2월 말일 끝

11

①

13주 × 440주 / 690주 = 8.289855072 = 9주

답 : 9주 끝

②

9주 × 4가지/주 = 36가지

답 : 36가지 끝

③

36가지 × 5개/가지 = 180개

답 : 180개 끝

④

13주 × 250주 / 690주 = 4.710144928 = 5주

답 : 5주 끝

⑤

5주 × 4가지/주 = 20가지

답 : 20가지 끝

⑥

20가지 × 5개/가지 = 100개

답 : 100개 끝

12 답 : ① 고구마, ② 고구마, ③ 양파, ④ 마늘(난지형), ⑤ 0.72 끝

13

수확량 = (품종·수령별 착과수 × 품종별 과중 × {1 − 피해구성률)} +
(품종·수령별 면적(㎡)당 평년수확량 × 품종·수령별 미보상주수 × 품종·수령별 재식면적)
= 235,000개 × 0.0528kg/개 × (1 − 0.3) + 0 (미보상주수가 없으므로) = 8,685.6kg
= 8,686kg

품종·수령별 착과수 = 품종·수령별 표본조사 대상면적 × 품종·수령별 면적(㎡)당 착과수
= 5,000㎡ × 47개/㎡ = 235,000개

품종·수령별 표본조사 대상면적 = 품종·수령별 재식 면적 × 품종·수령별 표본조사 대상 주수
= 4 × 5 × (300 − 50) = 5,000㎡

품종·수령별 면적(㎡)당 착과수 = 품종·수령별(표본구간 착과수 ÷ 표본구간 넓이)
= 850개 ÷ 18㎡ = 47.22222 = 47개/㎡

표본구간 넓이 = (윗변 + 아랫변) × 높이 ÷ 2 × 8구간
= (1.2+1.8) × 1.5 ÷ 2 × 8
= 2.25㎡ × 8 = 18㎡

품종별 과중 = (1,440g × 0.7 + 2,160g) ÷ (36개 + 24개) = 52.8g/개
= 0.0528kg/개

답 : 8,686kg 끝

14

보험가입금액=1,000만 원 〈 보험가액 = 30두 × 50만 원/두 =1,500만 원
→ 일부보험
보험금 = Min(1,500만 원 × 1,000만 원 / 1,500만 원, 1,000만 원) × (1 − 0.1)
= 900만 원

재해보험사업자가 잔존물 취득의사가 없으므로 지급할 잔존물보전비용으로 산정할 금액 없음

지급보험금(비용 포함) = 900만 원 + 30만 원 = 930만 원

답 : 930만 원 끝

15

피해율 = 7월 31일 이전 사고피해율 + 8월1일 이후 사고피해율 = 34.18%

7월31일 이전 사고피해율 = 20%

8월1일 이후 사고피해율
= (1 − 수확전 사고 피해율) × 잔여수확량비율 × 결과지 피해율
= 0.8 × 0.5909 × 0.3 = 0.141816 = 0.1418 = 14.18%

잔여수확량비율 = {(100 − 33) − (1.13 × 사고발생일)}
= {(100 − 33) − (1.13 × 7)} = 59.09%

결과지피해율
= (고사결과지수 + 미고사결과지수 × 착과피해율 − 미보상고사결과지수) ÷ 기준결과지수
= (20개 + 20개 × 0 − 8) ÷ 40개 = 0.3

고사결과지수 = 보상고사결과지수 + 미보상고사결과지수 = 12 + 8 =20개
기준결과지수 = 고사결과지수 + 미고사결과지수 = 20개 + 20개 = 40개

답 : 34.18% 끝

16

(1)

보험가액 = 2,200칸 × 3.3㎡/칸 × 5,500원/㎡
= 39,930,000원

보험가액의 20% = 7,986,000원

피해액 = 400칸 × 3.3㎡/칸 × 5,500원/㎡ = 7,260,000원 〈 보험가액의 20%
※ 피해액이 보험가액의 20%이하인 경우에는 감가를 적용하지 않는다.
  피해액 = 손해액 = 7,260,000원

답 : 7,260,000원 끝

(2)

자기부담금 = 10만 원 ≤ 손해액의 10% ≤ 100만 원
손해액의 10% = 7,260,000원 × 0.1 = 726,000원

답 : 726,000원 끝

(3)

보험가입금액 = 보험가액
보험금 = Min(손해액 − 자기부담금, 보험가입금액)
= Min(7,260,000원 − 726,000원, 39,930,000원) = 6,534,000원 → 6,530,000원

답 : 6,530,000원 끝

17

① 답 : 포도, 대추, 참다래 끝

② 답 : 해당 목적물인 비가림시설의 구조체와 피복재의 재조달가액을 기준금액으로 수리비를 산출한다. 끝

③ 답 :

피복재	• 피복재의 피해면적을 조사한다.
구조체	• 손상된 골조를 재사용할 수 없는 경우 : 교체 수량 확인 후 교체 비용 산정 • 손상된 골조를 재사용할 수 있는 경우 : 보수 면적 확인 후 보수 비용 산정

끝

18

(1) 답 : 흰잎마름병, 줄무늬잎마름병, 세균성벼알마름병, 도열병, 깨씨무늬병, 먹노린재, 벼멸구 끝

(2) 답 : ① 피해율 = 70%, ② 보험금 = 8,840,000원, ③ 피해율 = 61.9%, ④ 보험금 = 6,894,300원 끝

A농지 피해율 = (평년수확량 − 수확량 − 미보상감수량) ÷ 평년수확량
= (13,600kg − 2,720kg − 0) ÷ 13,600kg = 0.8
평년수확량 = 16,000㎡ × 0.85kg/㎡ = 13,600kg
미보상감수량 = 0
병해충 단독사고일 경우 병해충 최대인정피해율 70%를 적용

A농지 보험금 = 보험가입금액 × (피해율 − 자기부담비율)
= 17,680,000원 × (0.7 − 0.2) = 8,840,000원
보험가입금액 = 13,600kg × 1,300원/kg = 17,680,000원

B농지 피해율 = A농지 피해율 = (평년수확량 − 수확량 − 미보상감수량) ÷ 평년수확량
= (10,500kg − 4,000kg − 0) ÷ 10,500kg = 0.619047619 = 0.6190
평년수확량 = 12,500㎡ × 0.84kg/㎡ = 10,500kg

B농지 보험금 = 보험가입금액 × (피해율 − 자기부담비율)
= 14,700,000원 × (0.619 − 0.15) = 6,894,300원
보험가입금액 = 10,500kg × 1,400원/kg = 14,700,000원

(3) 답 : ⑤ 7,072,000원, ⑥ 6,174,000원 끝

A농지 보험금(자기부담비율 20%형) = 보험가입금액 × 40%
= 17,680,000원 × 0.4
= 7,072,000원

B농지 보험금(자기부담비율 15%형) = 보험가입금액 × 42%
= 14,700,000원 × 0.42
= 6,174,000원

19

(1)

수확일로부터 수확종료일까지의 기간 중 1/5 경과시점에서 사고가 발생
→ 수확기 중 사고
경과비율 = 1 − (수확일수 ÷ 표준수확일수) = 1 − (10일 ÷ 50일) = 0.8
수확일수 = 수확개시일부터 사고발생일까지 경과일수 = 50일 × 1/5 = 10일
표준수확일수 = 수확개시일부터 수확종료일까지의 일수 = 50일

답 : 0.8 끝

(2)

정식일로부터 수확개시일까지의 기간 중 1/5 경과시점에서 사고가 발생
→ 수확기 이전 사고
경과비율 = a + (1 − a) × (생장일수 ÷ 표준생장일수)
= 0.4 + (1 − 0.4) × (18일 ÷ 90일) = 0.52

a = 준비기 생산비 계수 40%
생장일수 = 정식(파종)일로부터 사고발생일까지 경과일수 = 90일 × 1/5 = 18일
표준생장일수 = 정식일로부터 수확개시일까지 표준적인 생장일수 = 90일

피해율 = 피해비율 × 손해정도비율
= 0.3 × 0.4 = 0.12 = 12%
손해정도30% = 손해정도비율40%

생산비보장보험금
= 피해작물 재배면적 × 단위면적당 보장생산비 × 경과비율 × 피해율
= 1,000㎡ × 15,800원/㎡ × 0.52 × 0.12 = 985,920원

답 : 985,920원 끝

20 답 : 착과감소보험금 = 252,000원, 과실손해보험금 = 11,685,200원 끝

착과감소보험금
= (착과감소량 − 미보상감수량 − 자기부담감수량) × 가입가격 × 70%
= (5,200kg − 1,840kg − 3,000kg) × 1,000원 / kg × 70% = 252,000원

착과감소량 = 착과감소과실수 × 가입과중 = 13,000개 × 0.4kg / 개 = 5,200kg

착과감소과실수 = 최솟값(평년착과수 − 적과후 착과수, 평년착과수 × 최대인정피해율)
= 최솟값(75,000개 − 62,000개, 75,000개 × 0.3) = 13,000개

적과후 착과수 = (140개 / 주 × 300주) + (100개 / 주 × 200주) = 62,000개

최대인정피해율 = 0.3
우박 유과타박률 = 90개 / 300개 = 0.3
집중호우 나무피해율 = {100주 + 40주 + (90주 × 210개 / 300개)} ÷ 750주
= 0.27066666

미보상감수량
= 착과감소량 × Max미보상비율 + 미보상주수 × 주당평년착과수 × 가입과중
= 5,200kg × 0.2 + 20주 × 75,000개 / 750주 × 0.4kg / 개 = 1,040kg + 800kg
= 1,840kg

자기부담감수량 = (적과후 착과수 + 착과감소과실수) × 가입과중 × 자기부담비율
= (62,000개 + 13,000개) × 0.4kg / 개 × 0.1 = 3,000kg

한도체크 = 보험가입금액 × (1 − 자기부담비율)
= 30,000,000원 × (1 − 0.1) =27,000,000원

과실손해보험금
= (적과종료이후 누적감수량 − 자기부담감수량) × 가입가격
= (11,685.2kg − 0) × 1,000원 / kg = 11,685,200원

누적감수량 = 29,213개 × 0.4kg / 개 = 11,685.2kg

누적감수과실수 = 2,600개 + 26,613개 + 0개 = 29,213개

태풍낙과피해 감수과실수 = 총낙과과실수 × (낙과피해구성률 − MaxA)
= 5,000개 × (0.52−0) = 2,600개
낙과피해구성률 = (1,000 × 1 + 2,000 × 0.8) / 5,000 = 0.52

태풍낙엽피해 감수과실수
= 사고당시 착과과실수 × (인정피해율 − Max A)
= 57,000개 × (0.4669 − 0) = 26,613.3 = 26,613개

사고당시 착과수= 62,000개 − 5,000개 = 57,000개

인정피해율 = (1.0115 × 낙엽률) − (0.0014 × 경과일수)
= (1.0115 × 0.6) − (0.0014 × 100) = 0.6069 − 0.14 = 0.4669

낙엽률 = 180개 / 300개 = 0.6

우박 착과피해 감수과실수 = 사고당시 착과과실수 × (착과피해구성률 − Max A)
= 57,000개 × (0.33−0.4669) = 0개

착과피해구성률 = (20 × 1 + 10 × 0.8 + 10 × 0.5) ÷ 100 = 0.33

자기부담감수량 = 3000kg − (5,200kg − 1,840kg) = 0

한도체크 = 보험가입금액 × (1 − 자기부담비율)
= 30,000,000원 × (1 − 0.1)
= 27,000,000원

제6회 손해평가사 기출문제 정답 및 해설

농작물재해보험 및 가축재해보험의 이론과 실무

01 답 : ① 한 덩어리, ② 필지(지번), ③ 자기부담비율, ④ 50, ⑤ 꽃눈분화 끝

02 답 : 감자(봄재배), 감자(가을재배), 감자(고랭지재배), 옥수수, 콩 끝

03 답 : ① 이듬해 10월10일, ② 꽃눈분화기, ③ 이듬해 11월30일, ④ 신초발아기, ⑤ 판매개시연도 10월31일 끝

04 답 : ① 농업정책보험금융원, ② 농림축산식품부(재해보험정책과), ③ 금융위원회, ④ 농업재해보험심의회, ⑤ 금융감독원 끝

05 답 : ① 계약자·피보험자, ② 재해보험사업자, ③ 손해평가반, ④ 7일, ⑤ 50%까지 끝

06 답 :

① 10%형 : 최근 3년간 연속 보험가입과수원으로서 3년간 수령한 보험금이 순보험료의 120% 미만인 경우에 한하여 선택 가능하다.

② 15%형 : 최근 2년간 연속 보험가입과수원으로서 2년간 수령한 보험금이 순보험료의 120% 미만인 경우에 한하여 선택 가능하다.

③ 20%형, 30%형, 40%형 : 제한 없음. 끝

07 답 :

① 복숭아 상품의 평년수확량 산출식 = {A + (B − A) × (1 − Y/5)} × C/B

② 산출식 구성요소

• A(과거평균수확량) = Σ과거 5년간 수확량 ÷ Y

• B(평균표준수확량) = Σ과거 5년간 표준수확량 ÷ Y

• C(당해연도(가입연도) 표준수확량)

• Y = 과거수확량 산출연도 횟수(가입횟수) 끝

08

(1)

잡초가 농지 면적의 60% 이상으로 분포하는 경우 제초상태는 매우 불량으로 미보상비율은 20% 이상 적용할 수 있다. 문제조건에 따라 적용할 수 있는 미보상비율 중 최저비율이기 때문에 20% 적용
병해충상태에서 세균구멍병외 다른 병해충은 없는 것으로 확인되었고, 세균구멍병은 보상하는 병해충으로 병해충상태 미보상비율 판단에서는 제외되므로, 병해충상태 부분에서는 해당없음으로 미보상비율 0%
기타 : 해당없음으로 미보상비율 0%
미보상비율은 제초상태, 병해충상태 및 기타 항목에 따라 개별 적용한 해당 비율을 합산하여 산정한다. 20% + 0% + 0% = 20%

답 : 20% 끝

(2)

수확감소보험금 = 보험가입금액 × (피해율 − 자기부담비율)
= 40,000,000원 × (0.42 − 0.1) = 12,800,000원

피해율 = {(평년수확량 − 수확량 − 미보상감수량) + 병충해감수량} ÷ 평년수확량
= {(10,000kg − 6,000kg − 800kg) + 1,000kg} ÷ 10,000 = 0.42

미보상감수량 = (평년수확량−수확량) × Max미보상비율
= (10,000kg − 6,000kg) × 0.2 = 800kg

최근 3년간 연속 보험가입과수원으로서 3년간 수령한 보험금이 순보험료의 98%인 과수원이 선택할 수 있는 최저 자기부담비율 = 10%

답 : 12,800,000원 끝

09

(1)

비가림시설의 최소가입면적은 200㎡
비가림시설의 보험가입금액은 비가림시설의 ㎡당 시설비에 비가림시설 면적을 곱하여 산정(산정된 금액의 80% ~ 130% 범위 내에서 계약자가 보험가입금액을 결정)

최소 보험가입금액 = 18,000원/㎡ × 200㎡ × 0.8 = 2,880,000원

답 : 2,880,000원 끝

(2)

최대 보험가입금액 = 19,000원/㎡ × 300㎡ × 1.3 = 7,410,000원

답 : 7,410,000원 끝

(3)

목재 경년감가율 = 13.33%
인삼 해가림시설의 보험가입금액 = 30,000원/㎡ × 300㎡ × (1 − 0.1333×5)
= 3,001,500원(천원 단위 절사) = 3,000,000원

답 : 3,000,000원 끝

10 답 :

내용	보상하는 손해 여부
〈예〉 사육하는 장소에서 부상으로 긴급도축 한 경우	○
1. 불임으로 젖소의 유량 감소가 확실시되어 긴급도축을 한 경우	○
2. 계약자 또는 피보험자의 위탁 도살에 의한 가축 폐사로 인한 손해	×
3. 정부의 살처분으로 발생한 손해	×
4. 젖소의 유량감소에 따른 도태로 인한 손해	○
5. 재해보험사업자의 승낙을 얻어 연구기관에 연구용으로 공여하여 발생된 손해	○
6. 독극물의 투약에 의한 폐사 손해	×
7. 작업장 내에서 좀도둑으로 인한 도난손해	×
8. 보험목적의 생명유지를 위하여 질병 치료가 필요하다고 자격있는 수의사가 확인하고, 외과적 치료행위를 하던 중 폐사하여 발생한 손해	○
9. 사고의 예방 및 손해의 경감을 위하여 당연하고 필요한 안전대책을 강구하지 않아 발생한 손해	×

끝

농작물재해보험 및 가축재해보험 손해평가의 이론과 실무

11 답 : ① 법정대리인, ② 도살, ③ 위탁 도살, ④ 살처분, ⑤ 도태 권고 끝

12

(1)

A농지의 재이앙·재직파보험금 = 보험가입금액 × 25% × 면적피해율
= 5,000,000원 × 0.25 × 0.25 = 312,500원
면적피해율 = 피해면적 ÷ 보험가입면적 = 500㎡ ÷ 2,000㎡ = 0.25

답 : 312,500원 끝

(2)

B농지의 수확감소보험금 = 보험가입금액 × (피해율 − 자기부담비율)
= 8,000,000원 × (0.35 − 0.2) = 1,200,000원

※ 동일 농지에 대하여 복수의 조사방법을 실시한 경우 피해율 산정의 우선 순위는 전수조사 표본조사 수량요소조사 순으로 적용한다. 따라서 피해율 = 35%

답 : 1,200,000원 끝

13 답 :
① 묘가 본답의 바닥에 있는 흙과 분리되어 물위에 뜬 면적
② 묘가 토양에 의해 묻히거나 잎이 흙에 덮여져 햇빛이 차단된 면적
③ 묘는 살아 있으나 수확이 불가능할 것으로 판단된 면적 끝

14

①

실제결과주수 : "가입일자"(2019년 11월 14일)를 기준으로 농지(과수원)에 식재된 모든 나무수. 다만 인수조건에 따라 보험에 가입할 수 없는 나무 유목 및 제한 품종 등 수는 제외
실제결과주수 = 270주 + 25주 + 15주 = 310주

답 : 310주 끝

②

미보상주수 : 실제결과나무수 중 보상하는 손해 이외의 원인으로 고사되거나 수확량(착과량)이 현저하게 감소된 나무수
미보상주수 = 15주 + 10주 = 25주

답 : 25주 끝

③

고사주수 : 실제결과나무수 중 보상하는 손해로 고사된 나무수
고사주수 = 25주

답 : 25주 끝

15

착과감소보험금
= (착과감소량 - 미보상감수량 - 자기부담감수량) × 가입가격 × (50%, 70%)
= (4,800kg − 480kg − 1,650kg) × 2,200원/kg × 0.5 = 2,937,000원

착과감소과실수 = 평년착과수 − 적과후 착과수
= 27,500개 − 15,500개 = 12,000개

착과감소량 = 착과감소과실수 × 가입과중
= 12,000개 × 0.4kg/개 = 4,800kg

미보상감수량
= 착과감소량 × Max미보상비율 + 미보상주수 × 주당평년착과수 × 가입과중
= 4,800kg × 0.1 + 0주 × ~ = 480kg

자기부담감수량 = (적과후 착과수 + 착과감소과실수) × 가입과중 × 자기부담비율
= 27,500개 × 0.4kg/개 × 0.15 = 1,650kg

답 : 2,937,000원 끝

16

① 답 : 지급불가 끝

잔존물처리비용은 사고 현장 및 인근 지역의 토양, 대기 및 수질 오염물질 제거비용과 차에 실은 후 폐기물 처리비용은 포함하지 않는다.

② 답 : 지급불가 끝

보험사고가 발생 시 손해의 방지 또는 경감을 위하여 지출한 필요 또는 유익한 비용을 손해방지비용으로 보상한다. 다만 약관에서 규정하고 있는 보험목적의 관리의무를 위하여 지출한 비용은 제외한다.

③ 답 : 지급 끝

대위권 보전비용 : 재해보험사업자가 보험사고로 인한 피보험자의 손실을 보상해주고, 피보험자가 보험사고와 관련하여 제3자에 대하여 가지는 권리가 있는 경우 보험금을 지급한 재해보험사업자는 그 지급한 금액의 한도에서 그 권리를 법률상 당연히 취득하게 되며 이와 같이 보험사고와 관련하여 제3자로부터 손해의 배상을 받을 수 있는 경우에는 그 권리를 지키거나 행사하기 위하여 지출한 필요 또는 유익한 비용을 보상한다.

④ 답 : 지급 끝

기타 협력비용 : 재해보험사업자의 요구에 따르기 위하여 지출한 필요 또는 유익한 비용을 보상한다.

⑤ 답 : 290만 원 끝

폐사 시점 보험가입금액 = 보험가액 = 전부보험 = 300만 원
최종 지급금액 = 손해액 − 자기부담금 + 대위권보전비용 + 기타협력비용
= 300만 원 − 60만 원 + 30만 원 + 20만 원 = 290만 원

17

①

수확량 = (표본구간 단위면적당 수확량 × 조사대상면적) + {단위면적당 평년수확량 × (타작물 및 미보상면적 + 기수확면적)}
= 1.1kg/㎡ × 1,800㎡ + 3.2kg/㎡ × 200㎡ = 2,620kg

표본구간 단위면적당 수확량 = 표본구간 수확량 ÷ 표본구간 면적 (환산계수 미적용)
= 5.5kg ÷ 5㎡ = 1.1kg/㎡

조사대상면적 = 실제경작면적 − 고사면적 − 타작물 및 미보상면적 − 기수확면적
= 2,500㎡ − 500㎡ − 200㎡ − 0㎡ = 1,800㎡

단위면적당 평년수확량 = 평년수확량 ÷ 실제경작면적
= 8,000kg ÷ 2,500㎡ = 3.2kg/㎡

답 : 2,620kg 끝

②

피해율 = (기준수입 − 실제수입) ÷ 기준수입
= (22,400,000원 − 9,595,600원) ÷ 22,400,000원 = 0.571625 = 57.16%

기준수입 = 평년수확량 × 농지별 기준가격
= 8,000kg × 2,800원/kg = 22,400,000원
실제수입 = (수확량 + 미보상감수량) × 최솟값(농지별 기준가격, 농지별 수확기가격)
= (2,620kg + 807kg) × 최솟값(2,800원/kg, 2,900원/kg) = 9,595,600원

미보상감수량 = (평년수확량 − 수확량) × 미보상비율
= (8,000kg − 2,620kg) × 0.15 = 807kg

답 : 57.16% 끝

③

보험금 = 보험가입금액 × (피해율 − 자기부담비율)
= 2,000만 원 × (0.5716 − 0.2) = 7,432,000원

답 : 7,432,000원 끝

18

(1) 답 :

① 사고(발생)일자 : 2020년 8월 8일

② 근거 : 가뭄과 같이 지속되는 재해의 사고발생일은 재해가 끝나는 날(가뭄 이후 첫 강우일의 전날)을 사고 발생일로 한다. 다만, 재해가 끝나기 전에 조사가 이루어질 경우에는 조사가 이루어진 날을 사고일자로 한다. 끝

(2)

수확기 이전 보험사고가 발생한 경우 경과비율
= 준비기생산비계수 + {(1 − 준비기생산비계수) × (생장일수 ÷ 표준생장일수)}
= 0.495 + {(1 − 0.495) × (90 ÷ 100)} = 0.9495 = 94.95%

준비기생산비계수 = 52.7%
생장일수 = 정식일로부터 사고발생일까지 경과일수 = 90일
표준생장일수 = 100일

답 : 94.95% 끝

(3)

보험금 = (잔존보험가입금액 × 경과비율 × 피해율) − 자기부담금
= (8,000,000원 × 0.9495× 0.16) − 400,000원 = 815,360원

피해율 = 면적피해비율 × 평균손해정도비율 × (1 − 미보상비율)
= 0.5 × 0.4 × (1 − 0.2) = 0.16

자기부담금 = 잔존보험가입금액 × 5% = 8,000,000원 × 0.05 = 400,000원

답 : 815,360원 끝

19

다음 각 호의 어느 하나에 해당하는 손해평가에 대하여는 해당자를 손해평가반 구성에서 배제하여야 한다.
1. 자기 또는 자기와 생계를 같이 하는 친족(이하 "이해관계자"라 한다)이 가입한 보험계약에 관한 손해평가
2. 자기 또는 이해관계자가 모집한 보험계약에 관한 손해평가
3. 직전 손해평가일로부터 30일 이내의 보험가입자간 상호 손해평가
4. ~~자기가 실시한 손해평가에 대한 검증조사 및 재조사~~ 해당사항없음

배제되어야 하는 자 :
H(자기가 가입한 보험계약)
E(자기가 모집한 보험계약)
A(직전 손해평가일로부터 30일 이내의 보험가입자간 상호 손해평가)

답 : ① 불가능, ② 불가능, ③ 가능, ④ 불가능, ⑤ 가능 끝

20

①

A품종 수확량 = (A품종) 착과량 − (A품종) 사고당 감수량의 합
= 1,530kg − 0kg = 1,530kg

A품종 착과량
= (품종·수령별 착과수 × 품종별 과중) + (품종·수령별 주당 평년수확량 × 미보상주수)
= (5,000개 × 0.29kg/개) + (10kg/주 × 8주) = 1,530kg

A품종 평년수확량
= 4,000kg × (200주×15kg/주) ÷ {(200주 × 15kg/주) + (100주 × 30kg/주)}
= 2,000kg

A품종 주당 평년수확량 = 2,000kg ÷ 200주 = 10kg/주

답 : 1,530kg 끝

②

B품종 수확량 = (B품종) 착과량 − (B품종) 사고당 감수량의 합
= 1,030kg − 0kg = 1,030kg

(B품종) 착과량
= (품종·수령별 착과수 × 품종별 과중) + (품종·수령별 주당 평년수확량 × 미보상주수)
= (3,000개 × 0.31kg/개) + (20kg/주 × 5주) = 1,030kg

B품종 평년수확량 = 2,000kg

B품종 주당 평년수확량 = 2,000kg ÷ 100주 = 20kg/주

답 : 1,030kg 끝

③

수확감소보장피해율(%)
= (평년수확량 − 수확량 − 미보상감수량 + 병충해감수량) ÷ 평년수확량
= (4,000kg − 2,560kg − 144kg +0kg) ÷ 4,000kg = 0.324 = 32.4%

미보상감수량 = (4,000kg − 2,560kg) × Max미보상비율 10% = 144kg

답 : 32.4% 끝

제7회 손해평가사 기출문제 정답 및 해설

농작물재해보험 및 가축재해보험의 이론과 실무

01 답 : 흰잎마름병, 줄무늬잎마름병, 세균성벼알마름병, 도열병, 깨씨무늬병, 먹노린재, 벼멸구 끝

02 답 : ① 위태, ② 손인, ③ 손해, ④ 동태적 위험, ⑤ 기본적 위험 끝

재파종보험금 = 보험가입금액 × 35% × 표준피해율
= 100,000,000원 × 0.35 × 0.1 = 3,500,000원

표준피해율(10a 기준) = (30,000 − 식물체주수) ÷ 30,000
= (30,000 − 27,000주) ÷ 30,000 = 0.1

03 답 : 3,500,000원 끝

04

(1)

110kg 비육돈 수취가격 = 사고 당일 포함 직전 5영업일 평균돈육대표가격(전체, 탕박)
4,800원/kg × 110kg × 지급율(76.8%) = 405,504원

답 : 405,504원 끝

(2)

보험가액 = 자돈가격(30kg 기준) + (적용체중 − 30kg) × {110kg 비육돈 수취가격 − 자돈가격(30kg 기준)} / 80
= 150,000원 + (75 − 30) × (405,504원 − 150,000원) / 80 = 293,721원

적용 체중 = 78kg → 75kg

답 : 293,721원 끝

05 답 : 살구, 유자 끝

06

(1) 답 : 재이앙·재직파보험금과 경작불능보험금을 지급하는 경우
재이앙·재직파보험금 : 보장하는 재해로 면적 피해율이 10%를 초과하고, 재이앙(재직파)한 경우(1회 지급)
경작불능보험금 : 보장하는 재해로 식물체 피해율이 65%이상이고, 계약자가 경작불능보험금을 신청한 경우(보험계약소멸) 끝

(2) 답 : 재이앙·재직파보험금과 경작불능보험금의 보장종료시점
재이앙·재직파보험금 : 판매개시연도 7월 31일
경작불능보험금 : 출수기 전 끝

(3)

재이앙·재직파보험금 = 보험가입금액 × 25% × 면적 피해율
= 3,500,000원 × 0.25 × 0.3 = 262,500원
면적 피해율 = (피해면적 ÷ 보험가입면적)
= 2,100㎡ ÷ 7,000㎡ = 0.3

답 : 262,500원 끝

07

(1)

과거수확량 산출방법
사고 시 : 조사수확량 〉 평년수확량50% → 조사수확량, 평년수확량50% ≧ 조사수확량 → 평년수확량 50%
무사고 시 : Max(표준수확량 × 1.1, 평년수확량 × 1.1)
2018년 : 평년수확량50% 450 ≧ 조사수확량 300 → 450
2019년 : Max(900 × 1.1, 1,000 × 1.1) → 1,100
2020년 : 조사수확량 700 〉 평년수확량50% 550 → 700

과거평균수확량 = (450 + 1,100 + 700) ÷ 3 = 750

답 : 750kg 끝

(2)

평년수확량 = {A + (B − A) × (1 − Y / 5)} × C / B
= {750 + (950 − 750) × (1 − 3 / 5)} × 1,045 / 950 = 913
A(과거평균수확량) = 750
B(평균표준수확량) = (950 + 900 + 1,000) ÷ 3 = 950
C(가입연도 표준수확량) = 1,045
Y = 3

답 : 913kg 끝

08

①

영업보험료 = 순보험료 + 부가보험료

부가보험료 = 12,000,000 − 10,000,000 = 2,000,000원(전액 정부지원)

순보험료의 38% 정부지원 = 10,000,000 × 0.38 = 3,800,000원

정부지원액 = 2,000,000원 + 3,800,000원 = 5,800,000원

정부는 농업인의 경제적 부담을 줄이고 농작물재해보험 사업의 원활한 추진을 위하여 농작물재해보험에 가입한 계약자의 납입 순보험료의 일정비율을 지원한다.
사과(자기부담비율 15%)의 경우 38%를 지원한다.

〈정부의 농가부담보험료 지원 비율〉

구분	품목	보장 수준 (%)				
		60	70	80	85	90
국고 보조율 (%)	사과, 배, 단감, 떫은감	60	60	50	38	33
	벼	60	55	50	38	35

부가보험료는 정부에서 전액 지원한다. 계약자 부담 부가보험료 없음

답 : 5,800,000원 끝

②

영업보험료 = 순보험료 + 부가보험료

부가보험료 = 1,800,000 − 1,600,000 = 200,000원(전액 정부지원)

순보험료의 35% 정부지원 = 1,600,000 × 0.35 = 560,000원

정부지원액 = 200,000원 + 560,000원 = 760,000원

벼(자기부담비율 10%)의 경우 순보험료의 35%를 지원한다.

〈정부의 농가부담보험료 지원 비율〉

구분	품목	보장 수준 (%)				
		60	70	80	85	90
국고 보조율 (%)	사과, 배, 단감, 떫은감	60	60	50	38	33
	벼	60	55	50	38	35

답 : 760,000원 끝

③

말은 마리당 가입금액 4,000만 원 한도 내 보험료의 50%를 지원하되, 4,000만 원을 초과하는 경우는 초과 금액의 70%까지 가입금액을 산정하여 보험료의 50% 지원

납입보험료 = 보험가입금액 × 보험요율 ???

영업보험료 = 납입보험료 = 5,000,000원 = 보험가입금액(60,000,000원) × x

x = 5,000,000원/60,000,000원

x = 보험요율 만일지 아니면 보험요율 × (1 + 손)일지 ~ 뭔지 모른다고 가정
따라서 x이다.

정부지원액 = (40,000,000 + 20,000,000 × 0.7) × x × 0.5 = 2,250,000원

답 : 2,250,000원 끝

09

(1) 답 :
① 구조체, 피복재 등 농업용 시설물에 직접적인 피해가 발생한 경우
② 농업용 시설물에 직접적인 피해가 발생하지 않은 자연재해로서 작물 피해율이 70% 이상 발생하여 농업용 시설물 내 전체 작물의 재배를 포기하는 경우
③ 기상청에서 발령하고 있는 기상특보 발령지역의 기상특보 관련 재해로 인해 작물에 피해가 발생한 경우
④ 시설재배 농작물에 조수해 피해가 발생한 경우 조수해로 입은 손해 끝

(2) 답 : 보장하는 재해로 1사고당 생산비보험금이 10만 원 이하인 경우 보험금이 지급되지 않고, 소손해면책금을 초과하는 경우 손해액 전액을 보험금으로 지급한다. 끝

(3) 답 : ① 50% 미만, ② 200㎡ 이상 끝

10 (1)

①

수확감소보험금 = 보험가입금액 × (피해율 − 자기부담비율)
= 20,000,000원 × (0.48 − 0.1) = 7,600,000원

피해율 = (평년수확량 − 수확량 − 미보상감수량) ÷ 평년수확량
= (1,500kg − 700kg − 80kg) ÷ 1,500kg = 0.48

미보상감수량 = (평년수확량 − 수확량) × 미보상비율
= (1,500kg − 700kg) × 0.1 = 80kg

3년 연속가입 및 3년간 수령한 보험금이 순보험료의 100%이하인 과수원으로 최저 자기부담비율 선택 = 10%

답 : 7,600,000원 끝

②

수확량감소추가보장보험금 = 보험가입금액 × 피해율 × 10%
= 20,000,000원 × 0.48 × 0.1 = 960,000원

피해율 = (평년수확량 − 수확량 − 미보상감수량) ÷ 평년수확량
= (1,500kg − 700kg − 80kg) ÷ 1,500kg = 0.48

답 : 960,000원 끝

③

나무손해보장보험금 = 보험가입금액 × (피해율 − 자기부담비율5%)
= 4,000,000원 × (0.3 − 0.05) = 1,000,000원
피해율 = 피해주수(고사된 나무) ÷ 실제결과주수 = 30주 ÷ 100주 = 0.3

답 : 1,000,000원 끝

(2) 답 : ① 단지, ② 200㎡ 이상, ③ 3m ± 5% 끝

 농작물재해보험 및 가축재해보험 손해평가의 이론과 실무

11 답 : ① 계약자, ② 기망, ③ 과실, ④ 지급을 거절, ⑤ 계약을 취소 끝

12 답 : ① 17cm 이상, ② 15cm 이상 17cm 미만, ③ 15cm 미만, ④ 20cm × 20cm
⑤ 5cm 끝

13 답 :
① 조사대상주수 = 620주 − 10주 = 610주
② 조사대상주수 = 60주 − 30주 = 30주
③ 적정표본주수 = 13주 × 610주 / 640주 = 12.390625 = 13주
④ 적정표본주수 = 13주 × 30주 / 640주 = 0.609375 = 1주
⑤ 적정표본주수 산정식 = 전체표본주수 × (품종별 조사대상주수 / 조사대상주수 합)
(소수점 첫째 자리에서 올림)
= 13주 × 610주 / 640주 끝

14

피해율 = (평년수확량 − 수확량 − 미보상감수량) ÷ 평년수확량
= (6,000kg − 3,850kg − 215kg) ÷ 6,000kg = 0.3225 = 32.25%

수확량 = 표준수확량 × 조사수확비율 × 피해면적보정계수
= 5,000kg × 0.7 × 1.1 = 3,850kg

피해정도 경미, 피해면적비율 10% 이상 ~ 30% 미만일 때 피해면적 보정계수 = 1.1

미보상감수량 = (6,000kg − 3,850kg) × 0.1 = 215kg

답 : 32.25% 끝

15 답 : ① 경년감가율, ② 50%, ③ 70%, ④ 6개월, ⑤ 30% 끝

16

(1)

수확량 = (표본구간 단위면적당 수확량 × 조사대상면적) + {단위면적당 평년수확량 × (타작물 및 미보상면적 + 기수확면적)}
= 0.18kg/㎡ × 7,000㎡ + 0.2kg/㎡ × 2,000㎡
= 1,260kg + 400kg = 1,660kg

표본구간 단위면적당 수확량 = 표본구간별 수확량 합계 ÷ 표본구간 면적
= 1.8kg ÷ 10㎡ = 0.18kg/㎡

표본구간 수확량 합계
= 표본구간별 종실중량 합계 × {(1 − 함수율) ÷ (1 − 기준함수율)}
= 2kg × {(1 − 0.226) ÷ (1 − 0.14)} = 1.8kg
콩 기준함수율 : 14%

단위면적당 평년수확량 = 평년수확량 ÷ 실제경작면적
= 2,000kg ÷ 10,000㎡ = 0.2kg/㎡

답 : 1,660kg 끝

(2)

피해율 = (기준수입 − 실제수입) ÷ 기준수입
= (10,000,000원 − 7,623,000원) ÷ 10,000,000원 = 0.2377 = 23.77%

기준수입 = 평년수확량 × 농지별 기준가격
= 2,000kg × 5,000원/kg = 10,000,000원

실제수입 = (수확량 + 미보상감수량) × 최솟값(농지별 기준가격, 농지별 수확기가격)
= (1,660kg + 34kg) × 최솟값(5,000원/kg, 4,500원/kg) = 7,623,000원

미보상감수량 = (평년수확량 − 수확량) × 미보상비율
= (2,000kg − 1,660kg) × 0.1 = 34kg

농지별 수확기가격 = 4,500원/kg

답 : 23.77% 끝

(3)

농업수입감소보험금 = 보험가입금액 × (피해율 − 자기부담비율)
= 10,000,000원 × (0.2377 − 0.2) = 377,000원

답 : 377,000원 끝

17

(1)

표고버섯(원목재배) 생산비보장보험금
= 재배원목(본)수 × 원목(본)당 보장생산비 × 피해율
= 2,000개 × 7,000원/개 × 0.1 = 1,400,000원

피해율 = 피해비율 × 손해정도비율 × (1 − 미보상비율)
= 0.2 × 0.5 × (1 − 0) = 0.1

피해비율 = 피해원목(본)수 ÷ 재배원목(본)수
= 400개 ÷ 2,000개 = 0.2

손해정도비율 = 원목의 피해면적 ÷ 원목의 면적
= 20㎡ ÷ 40㎡ = 0.5

답 : 1,400,000원 끝

(2)

표고버섯(톱밥배지재배) 생산비보장보험금
= 재배배지(봉)수 × 배지(봉)당 보장생산비 × 경과비율 × 피해율
= 2,000개 × 2,600원/개 × 0.8315 × 0.125 = 540,475원

경과비율(수확기 이전사고) = a + {(1 − a) × (생장일수 ÷ 표준생장일수)}
= 0.663 + {(1 − 0.663) × (45일 ÷ 90일)} = 0.8315

표고버섯(톱밥배지재배) 표준생장일수 = 90일

피해율 = 피해비율 × 손해정도비율 × (1 − 미보상비율)
= 0.25 × 0.5 × (1 − 0) = 0.125

피해비율 = 피해배지(봉)수 ÷ 재배배지(봉)수 = 500개 ÷ 2,000개 = 0.25

답 : 540,475원 끝

(3)

느타리버섯(균상재배) 생산비보장보험금
= 재배면적 × 단위면적당 보장생산비 × 경과비율 × 피해율
= 2,000㎡ × 11,480원/㎡ × 0.838 × 0.15 = 2,886,072원

경과비율(수확기 이전사고) = a + {(1 − a) × (생장일수 ÷ 표준생장일수)}
= 0.676 + {(1 − 0.676) × (14일 ÷ 28일)} = 0.838

피해율 = 피해비율 × 손해정도비율 × (1 − 미보상비율)
= 0.25 × 0.6 × (1 − 0) = 0.15

피해비율 = 피해면적 ÷ 재배면적
= 500㎡ ÷ 2,000㎡ = 0.25

손해정도 55% → 손해정도비율 60%

답 : 2,886,072원 끝

18

(1)

과실손해피해율 = {(등급 내 피해과실수 + 등급 외 피해과실수 × 50%) ÷ 기준과실수} × (1 − 미보상비율)
=[{(80 × 0.3 + 120 × 0.5 + 120 × 0.8 + 60 × 1) + (110 × 0.3 + 130 × 0.5 + 90 × 0.8 + 140 × 1) × 0.5} ÷ (80 + 120 + 120 + 60 + 110 + 130 + 90 + 140 + 1,150)] × (1 − 0) = {(24 + 60 + 96 + 60) + (33 + 65 + 72 + 140) × 0.5} ÷ 2,000 = 0.1975 = 19.75%

답 : 19.75% 끝

(2)

과실손해보험금 = 손해액 − 자기부담금
= 4,937,500원 − 2,500,000원
= 2,437,500원

손해액 = 보험가입금액 × 피해율 = 25,000,000원 × 19.75% = 4,937,500원

자기부담금 = 보험가입금액 × 자기부담비율
= 25,000,000원 × 10% = 2,500,000원

답 : 2,437,500원 끝

(3) 답 : ① 2, ② 1 ~ 3 끝

19

(1)

인삼 피해율 = (1 − 수확량 / 연근별기준수확량) × 피해면적 / 재배면적
= (1 − 0.146kg/㎡ / 0.73kg) × 350칸 / 500칸 = 0.56 = 56%

수확량 = 단위면적당 조사수확량 + 단위면적당 미보상감수량 = 0.146kg/㎡

단위면적당 조사수확량 = 표본수확량 합계 ÷ 표본칸 면적
= 9.636kg ÷ 66㎡
= 0.146kg/㎡

표본칸 면적 = 표본칸수 × 지주목간격 × (두둑폭 + 고랑폭)
= 10칸 × 3m × (1.5m + 0.7m) = 66㎡

단위면적당 미보상감수량
= (기준수확량 − 단위면적당 조사수확량) × 미보상비율
= (0.73kg − 0.146kg/㎡) × 0 = 0

답 : 56% 끝

(2)

인삼 보험금 = 보험가입금액 × (피해율 − 자기부담비율)
= 120,000,000원 × (0.56 − 0.2) = 43,200,000원

답 : 43,200,000원 끝

(3)

해가림시설 보험금 = (손해액 − 자기부담금) × (보험가입금액 ÷ 보험가액)
= (5,000,000원 − 50만 원) × (20,000,000원 ÷ 25,000,000원) = 3,600,000원

산출된 피해액에 대하여 감가상각을 적용하여 손해액을 산정한다. 다만, 피해액이 보험가액의 20% 이하인 경우에는 감가를 적용하지 않고, 피해액이 보험가액의 20%를 초과하면서 감가 후 피해액이 보험가액의 20% 미만인 경우에는 보험가액의 20%를 손해액으로 산출한다.

보험가액의 20% = 25,000,000원 × 0.2 = 5,000,000원
해가림시설 피해액 = 5,000,000원(보험가액의 20% 이하에 해당) = 손해액
손해액 = 5,000,000원

자기부담금 = 10만 원 ≤ 손해액의 10% ≤ 100만 원 = 50만 원

비용 = 216,000원 + 144,000원 = 360,000원

잔존물 제거비용 = (300,000원 − 30,000원) × 20 / 25 = 216,000원
손해액의 10%(500,000원) 초과 할 수 없다.
해가림시설 보험금(3,600,000원)과 잔존물 제거비용의 합은 보험가입금액(20,000,000원)을 한도로 한다.

대위권 보전비용 = (200,000원 − 20,000원) × 20 / 25 = 144,000원
보험가입금액을 초과하는 경우에도 지급한다.

해가림시설 보험금(비용포함) = 3,600,000원 + 360,000원 = 3,960,000원

답 : 3,960,000원 끝

20

(1)

착과감소보험금
= (착과감소량 - 미보상감수량 − 자기부담감수량) × 가입가격 × 50%
= (19,890kg − 0kg − 4,500kg) × 1,200원/kg × 0.5 = 9,234,000원

적과후 착과수 = (390주 × 60개/주) + (360주 × 90개/주)
= 23,400 + 32,400 = 55,800개

착과감소과실수 = 평년착과수 − 적과후 착과수
= 100,000개 − 55,800개 = 44,200개

착과감소량 = 착과감소과실수 × 가입과중 = 44,200개 × 0.45kg/개 = 19,890kg

미보상감수량 = 0

자기부담 감수량 = (적과후 착과수 + 착과감소과실수) × 가입과중 × 자기부담비율
= 100,000개 × 0.45kg/개 × 0.1 = 4,500kg

답 : 9,234,000원 끝

(2)

과실손해보험금
= (적과종료이후 누적감수량 − 자기부담감수량)× 가입가격
= (10,073.7kg − 0) × 1,200원/kg = 12,088,440원

누적감수과실수 = 2,790 + 2,568 + 17,028 = 22,386개
누적감수량 = 22,386개 × 0.45kg/개 = 10,073.7kg

적과종료 이전 자연재해로 인한 적과종료 이후 착과손해
착과율 = 적과후 착과수 ÷ 평년착과수
= 55,800개 ÷ 100,000개 = 0.558 (60%미만)
감수과실수 = 적과후 착과수 × 5% = 55,800개 × 0.05 = 2,790개

태풍 낙과피해 감수과실수 = 총낙과과실수 × (낙과피해구성률 − MaxA) × 1.07
= 4,000개 × {(2,000 × 0.8 + 1,000) / 4,000 − 0.05} × 1.07 = 2,568개

우박 착과피해 감수과실수 = 사고당시 착과과실수 × (착과피해구성률 − MaxA)
= 47,300개 × {(10 × 0.5 + 20 × 0.8 + 20 × 1) / 100 − 0.05} = 17,028개

사고당시 착과과실수 = 55,800개 − 4,000개 − (30주 × 60개/주 + 30주 × 90개/주)
= 47,300개

자기부담감수량 = 4,500 − (19,890 − 0) = 0

답 : 12,088,440원 끝

(3)

나무손해보험금 = 보험가입금액 × (피해율 − 자기부담비율 5%)
= (750주 × 100,000원/주) × (0.08 − 0.05) = 2,250,000원
피해율 = 피해주수(고사된 나무) ÷ 실제결과주수 = 60주 / 750주 = 0.08

답 : 2,250,000원 끝

제8회 손해평가사 기출문제 정답 및 해설

농작물재해보험 및 가축재해보험의 이론과 실무

01 답 : 위험회피, 손실통제, 위험 요소의 분리, 계약을 통한 위험 전가, 위험을 스스로 인수 끝

02 답 : 불예측성, 광역성, 동시성·복합성, 계절성, 피해의 대규모성, 불가항력성 끝

03 답 : ① 신의성실의 원칙, ② 인쇄, ③ 수기, ④ 보험자, ⑤ 계약자 끝

04 답 : 고추, 브로콜리 끝

05 답 : ① 50, ② 3, ③ 11, ④ 20, ⑤ 23,000 끝

06

(1)

백태(2016 ~ 2020년) 서울 양곡도매시장의 연도별 중품과 상품 평균가격의 보험가입 직전 5년 올림픽 평균값에 농가수취비율을 곱하여 산출한다.
(6,200 6,150 7,000 7,200 7,350) / 3 = 6,800원/kg × 0.8 = 5,440원/kg

서리태(2016 ~ 2020년) 서울 양곡도매시장의 연도별 중품과 상품 평균가격의 보험가입 직전 5년 올림픽 평균값에 농가수취비율을 곱하여 산출한다.
(7,600 8,300 7,500 7,200 8,400) / 3 = 7,800원/kg × 0.8 = 6,240원/kg

하나의 농지에 2개 이상 용도(또는 품종)의 콩이 식재된 경우에는 기준가격과 수확기가격을 해당용도(또는 품종)의 면적의 비율에 따라 가중 평균하여 산출한다.
기준가격 = 5,440 × 1,500 / 2,500 + 6,240 × 1,000 / 2,500
= 3,264 + 2,496 = 5,760원/kg

답 : 5,760원/kg 끝

(2)

수확연도의 서울 양곡도매시장 중품과 상품 평균가격에 농가수취비율을 곱하여 산출한다. 백태 6,300원/kg × 0.8 = 5,040원/kg
서리태 8,300원/kg × 0.8 = 6,640원/kg
수확기가격 = 5,040 × 1,500 / 2,500 + 6,640 × 1,000 / 2,500
= 3,024 + 2,656 = 5,680원/kg

답 : 5,680원/kg 끝

(3)

농업수입감소보장보험금 = 보험가입금액 × (피해율 − 자기부담비율)
= 8,640,000원 × (0.3425 − 0.2) = 1,231,200원

보험가입금액 = 가입수확량 × 기준가격
= 1,500kg × 5,760원/kg = 8,640,000원

피해율 = (기준수입 − 실제수입) ÷ 기준수입
= (8,640,000원 − 5,680,000원) ÷ 8,640,000원 = 0.342592592 =34.2592592%
= 34.25%(%로 둘째자리 미만 절사)

기준수입 = 평년수확량 × 농지별 기준가격 = 1,500kg × 5,760원/kg
= 8,640,000원
실제수입 = (수확량 + 미보상감수량) × 최솟값(농지별 기준가격, 농지별 수확기가격)
= (1,000kg + 0kg) × 5,680원/kg = 5,680,000원

답 : 1,231,200원 끝

07

(1)

보험가입금액 = 가입수확량 × 가입(표준)가격
= 4,500kg × 2,160원/kg = 9,720,000원

표준가격 = 1,800원/kg × 1.2 = 2,160원/kg

벼의 표준가격은 보험 가입연도 직전 5개년의 시·군별 농협 RPC 계약재배 수매가 최근 5년 평균 값에 민간 RPC 지수를 반영하여 산출한다.
문제 조건) 계산 시 민간 RPC 지수는 농협 RPC 계약재배 수매가에 곱하여 산출할 것

답 : 9,720,000원 끝

(2)

수확감소보장 보통약관(주계약) 적용보험료 = 주계약 보험가입금액 × 지역별 기본 영업요율 × (1 + 손해율에 따른 할인·할증률) × (1 + 친환경 재배시 할증률) × (1 + 직파재배 농지 할증률)
= 9,720,000원 × 0.12 × (1 − 0.13) × (1 + 0.08) × (1 + 0.1)
= 9,720,000원 × 0.12 × 0.87 × 1.08 × 1.1 = 1,205,544.384
= 1,205,000원(천원 단위 미만 절사)

답 : 1,205,000원 끝

(3)

병해충보장 특별약관 적용보험료 = 특별약관 보험가입금액 × 지역별 기본 영업요율 × (1 + 손해율에 따른 할인·할증률) × (1 + 친환경 재배 시 할증률) × (1 + 직파재배 농지 할증률)
= 9,720,000원 × 0.05 × 0.87 × 1.08 × 1.1 = 502,310.16
= 502,000원(천원 단위 미만 절사)

답 : 502,000원 끝

08

(1)

영업보험료 = 순보험료 + 부가보험료
= 1,500,000원 + 250,000원 = 1,750,000원

순보험료 = 보험가입금액 × 순보험요율 × 할인·할증률
= 10,000,000원 × 0.15 × 1 = 1,500,000원

답 : 1,750,000원 끝

(2)

부가보험료 = 보험가입금액 × 부가보험요율 × 할인·할증률
= 10,000,000원 × 0.025 × 1 = 250,000원

답 : 250,000원 끝

(3)

농가부담보험료 = 순보험료 × (1 − 국고보조율)
= 1,500,000원 × (1 − 0.5) = 750,000원

답 : 750,000원 끝

09

(1)

해가림시설(목재)의 보험가입금액 = 재조달가액 × (1 − 감가상각율) (만원 단위 미만 절사)
= 120,000,000원 × (1 − 0.1333×5) = 40,020,000원
재조달가액 = 4,000㎡ × 30,000원/㎡ = 120,000,000원
감가상각율 = 경년감가율 × 경과년수
시설년도 2015년 9월 → 가입시기 2021년 6월 → 5년 9개월 → 5년

답 : 40,020,000원 끝

(2)

해가림시설(철재)의 보험가입금액 = 재조달가액 × (1 − 감가상각율) (만원 단위 미만 절사)
= 300,000,000원 × (1 − 0.0444 × 4) = 246,720,000원
재조달가액 = 6,000㎡ × 50,000원/㎡ = 300,000,000원
동일한 재료(목재 또는 철재)로 설치하였으나 설치시기 경과년수가 각기 다른 해가림시설 구조체가 상존하는 경우, 가장 넓게 분포하는 해가림시설 구조체의 설치시기를 동일하게 적용한다.
시설년도 2017년 3월 → 가입시기 2021년 6월 → 4년 3개월 → 4년

답 : 246,720,000원 끝

10

(1)

500만 원 × (1 − 0.2) = 400만 원

답 : 400만 원 끝

(2) 답 : ① 乙, ② 청구권대위, ③ 400만 원 끝

농작물재해보험 및 가축재해보험 손해평가의 이론과 실무

11 답 : ① 영농활동, ② 14m/sec 미만, ③ 적엽(잎 제거), ④ 태양광, ⑤ 화상병 끝

12 답 : ① 0.8, ② 0.7, ③ 착과, ④ 낙과, ⑤ 20 끝

13 답 : ① 면적피해율 10% 초과, ② 식물체피해율 65% 이상, ③ 자기부담비율 초과, ④ 손해평가반, ⑤ 추가조사 끝

14

피해율 = {(평년수확량 − 수확량 − 미보상감수량) + 병충해감수량} ÷ 평년수확량
= {(6,000kg − 3,200kg − 560kg) + 403.2kg} ÷ 6,000kg = 0.44053333
= 44.05%

수확량 = (표본구간 단위면적당 수확량 × 조사대상면적) + {단위면적당 평년수확량 × (타작물 및 미보상면적 + 기수확면적)}
= (1kg/㎡ × 2,800㎡) + {2kg/㎡ × (200㎡)} = 3,200kg

표본구간 단위면적당 수확량 = 표본구간 수확량 합계 ÷ 표본구간 면적
= 10kg ÷ 10㎡ = 1kg/㎡

표본구간 수확량 합계 = 표본구간별 정상 감자 중량 + (최대지름이 5cm 미만이거나 50%형 피해 감자 중량 × 0.5) + 병충해 입은 감자 중량
= 5kg + (2kg × 0.5) + 4kg = 10kg

조사대상면적 = 실제경작면적 − 고사면적 − 타작물 및 미보상면적 − 기수확면적
= 3,000㎡ − 200㎡ = 2,800㎡

타작물 및 미보상 면적 + 기수확면적 = 100㎡ + 100㎡ = 200㎡

단위면적당 평년수확량 = 평년수확량 ÷ 실제경작면적
= 6,000kg ÷ 3,000㎡ = 2kg/㎡

미보상감수량 = (평년수확량 − 수확량) × 미보상비율
= (6,000kg − 3,200kg) × 0.2
= 560kg

표본구간 병충해감수량 = 병충해 입은 괴경의 무게 × 손해정도비율 × 인정비율
= 4kg × 0.4 × 0.9 = 1.44kg
병충해감수량 = 1.44kg / 10㎡ × 2,800㎡ = 403.2kg

답 : 44.05% 끝

15 답 : ① 복분자, ② 복숭아, ③ 콩, ④ 양배추, ⑤ 차 끝

16

(1)

지급보험금 = Min(손해액 − 자기부담금, 보험가입금액)
= Min(252만 원 - 30만 원, 500만 원) = 222만 원
손해액 = 300만 원 × (1 − 0.08 × 2) = 252만 원

답 : 222만 원 끝

(2)

지급보험금 = Min(60만 원 − 10만 원, 200만 원) = 50만 원
손해액 = 100만 원 × (1 − 0.4 × 1) = 60만 원

답 : 50만 원 끝

(3)

지급보험금 = Min(84만 원 − 10만 원, 200만 원) = 74만 원
손해액 = 100만 원 × (1 − 0.16 × 1) = 84만 원

답 : 74만 원 끝

17

(1) 답 : 1회 끝

(2)

재이앙보험금 = 보험가입금액 × 0.25 × 면적피해율
= 3,000,000원 × 0.25 × 0.32 = 240,000원
면적피해율 = 피해면적 ÷ 보험가입면적 = 800㎡ ÷ 2,500㎡ = 0.32

답 : 240,000원 끝

(3)

수확량감소보험금 = 보험가입금액 × (피해율 − 자기부담비율)
= 3,000,000원 × (0.61 − 0.2) = 1,230,000원

피해율 = (평년수확량 − 수확량 − 미보상감수량) ÷ 평년수확량
= (3,500kg−1,103kg−239kg) ÷ 3,500kg = 0.616571428
= 61%(문제조건 절사)

수확량 = 조사대상면적 수확량 + {단위면적당 평년수확량 × (타작물 및 미보상면적 + 기수확면적)}
= 1,103kg + 0kg = 1,103kg

조사대상면적 수확량 = 1,200kg × (1 − 0.2) / (1 − 0.13) = 1,103.448276
= 1,103kg(문제조건 절사)

찰벼 기준 함수율 13%
미보상감수량 = (평년수확량 − 수확량) × 미보상비율
= (3,500kg − 1,103kg) × 0.1 = 239.7kg
= 239kg(문제조건 절사)

답 : 1,230,000원 끝

18

(1)

착과감소과실수 = 평년착과수 − 적과후 착과수
= 40,000개 − 30,000개 = 10,000개
적과후 착과수 = (250주 − 50주) × 150개/주 = 30,000개

답 : 10,000개 끝

(2)

적과종료 이후 착과손해 감수과실수(종자착)
착과율 = 적과후 착과수 ÷ 평년착과수
= 30,000개 ÷ 40,000개 = 0.75
적과종료 이후 착과손해 감수과실수
= 30,000개 × 0.05 × (1 − 0.75) / 0.4 = 900개
→ 문제조건 절사로 3%(MaxA)

답 : 900개 끝

(3)

7,000개 × {(40 + 2) / 100 − 0.03} × 1.07 = 2,921.1 = 2,921개

답 : 2,921개 끝

19

(1)

보험가액(7개월 이상) = 체중 × kg당 금액
= 250kg × 350만 원 / 350kg = 2,500,000원

답 : 2,500,000원 끝

(2) 답 : 지급보험금 = 0원, 보관장소를 72시간 이상 비워둔 동안에 생긴 도난손해는 보상하지 않는다. 끝

(3) 답 : ① 난산, ② 산욕마비, ③ 급성고창증 끝

20

(1)

피해율 = (평년수확량 − 수확량 − 미보상감수량) ÷ 평년수확량
= (6,000kg − 3262.4kg − 273.76kg) ÷ 6,000kg = 0.41064 = 41.06%

수확량 = {품종별·수령별 조사대상주수 × 품종·수령별 주당 수확량 × (1 − 피해구성률)} + (품종·수령별 주당 평년수확량 × 미보상주수)
= [260주 × (1,800개 × 0.08kg/개) / 9주 × {1 − (10 + 10 + 16) / 100}] + (6,000kg / 300주 × 30주) = 3262.4kg

조사대상주수 = 300주 − 10주 − 10주 − 20주 = 260주

미보상감수량 = (평년수확량−수확량) × 미보상비율
= (6,000kg − 3262.4kg) × 0.1 = 273.76kg

답 : 41.06% 끝

(2)

피해율 = (1 − 수확전 사고피해율) × 잔여수확량비율 × 결과지 피해율
= (1 − 0.4106) × 0.788 × 0.36 = 0.167200992 = 16.72%
잔여수확량비율(8월20일) = {100 − (1.06 × 20)} = 78.8% = 0.788
결과지피해율 = (5 + 20 × 0.3 − 2) ÷ 25 = 0.36

답 : 16.72% 끝

(3)

지급보험금 = 보험가입금액 × (피해율 − 자기부담비율)
= 10,000,000원 × (0.5778 − 0.2) = 3,778,000원
피해율 = 0.4106 + 0.1672 = 0.5778

답 : 3,778,000원 끝

제9회 손해평가사 기출문제 정답 및 해설

 농작물재해보험 및 가축재해보험의 이론과 실무

01 답 : ① 해당, ② 미해당, ③ 미해당, ④ 해당, ⑤ 해당 끝

02 답 : ① 5월 20일, ② 7월 31일, ③ 8월 31일, ④ 9월 30일, ⑤ 10월 31일 끝

03 답 : ① 24, ② 5, ③ 0.5, ④ 30, ⑤ 50 끝

04 답 : ① 305, ② 10,000, ③ 30, ④ 11,000, ⑤ 20 끝

05 답 : ① 6, ② 5, ③ 20, ④ 6, ⑤ 10 끝

06

(1)

평년착과량 = {A + (B − A) × (1 − Y / 5)} × C / D
= {2,500 + (4,200 − 2,500) × (1 − 4 / 5)} × 9,000 / 6,000 = 4,260kg

A = 과거 5년간 적과후착과량 ÷ 과거 5년간 가입횟수
= (2,000 + 800 + 1,200 + 6,000) ÷ 4 = 2,500
B = 과거 5년간 표준수확량 ÷ 과거 5년간 가입횟수
= (1,500 + 3,000 + 5,700 + 6,600) ÷ 4 = 4,200
Y = 과거 5년간 가입횟수 = 4
C = 당해연도(가입연도) 기준표준수확량
= 9,000
D = 과거 5년간 기준표준수확량 ÷ 과거 5년간 가입횟수
= (3,000+4,500+8,000+8,500) ÷ 4 = 6,000

답 : 4,260kg 끝

(2)

착과감소보험금 = (착과감소량 − 미보상감수량 − 자기부담감수량) × 가입가격 × 보장수준 50% 또는 70%
= (1,760kg − 0kg − 852kg) × 2,000원/kg × 0.5 = 908,000원

착과감소량 = 착과감소과실수 × 가입과중 = (평년착과수 − 적과후착과수) × 가입과중 = 평년착과량 − 적과후착과량
= 4,260kg − 2,500kg = 1,760kg

미보상감수량 = 0kg

자기부담감수량 = (적과후착과수 + 착과감소과실수) × 가입과중 × 자기부담비율
= (2,500kg + 1,760kg) × 0.2 = 852kg

〈한도체크〉 보험가입금액 × (1 − 자기부담비율)
= 8,520,000원 × (1 − 0.2) = 6,816,000원 OK

보험가입금액 = 4,260kg × 2,000원/kg = 8,520,000원

답 : 908,000원 끝

(3)

차액보험료 = (감액분 계약자부담보험료 × 감액미경과비율) − 미납입보험료
= (82,629.10798원 × 0.7) − 0원 = 57,840.37559원 = 57,840원

계약자부담보험료 = 보험가입금액 × 보험요율 × (1 − 부) × (1 ± 손) × (1 − 방) × (1 − 국고보조율 − 지자체보조율)
= 가입수확량(= 평년착과량) × 가입가격 × 보험요율 × (1 − 부) × (1 ± 손) × (1 − 방) × (1 − 국고보조율 −지 자체보조율)
= 4,260 × 가입가격 × 보험요율 × (1 − 부) × (1 ± 손) × (1 − 방) × (1 − 국고보조율 − 지자체보조율) = 200,000원

4,260 : 200,000원 = (4,260 − 2,500) : 감액분 계약자부담보험료
4,260 : 200,000원 = 1,760 : 감액분 계약자부담보험료
감액분 계약자부담보험료 = 82,629.10798원

답 : 57,840원 끝

07

(1)

과실손해보장 보험금 = 손해액 − 자기부담금 = 0원

손해액 = 보험가입금액 × 피해율 = 10,000,000 × 0.12 = 1,200,000원

피해율 = (등급 내 피해과실수 + 등급 외 피해과실수 × 50%) ÷ 기준과실수 × (1 − 미보상비율)
= (30개 + 24 × 0.5) ÷ 280 × (1 − 0.2) = 0.12

자기부담금 = 보험가입금액 × 자기부담비율
= 10,000,000 × 0.2 = 2,000,000원

답 : 0원

(2)

동상해과실손해보장 보험금 = 손해액 − 자기부담금
= 2,409,750원 − 800,000원 = 1,609,750원

손해액 = {보험가입금액 − (보험가입금액 × 기사고피해율)} × 수확기 잔존비율 × 동상해피해율 × (1 − 미보상비율)
= {10,000,000 − (10,000,000 × 0.15)} × 0.7 × 0.45 × (1 − 0.1) = 2,409,750원

기사고피해율 = 0.15

수확기잔존비율 = 100 − 1.5 × 20 = 70% = 0.7

동상해피해율 = (50개 × 1 + 50개 × 0.8) / 200개 = 0.45

자기부담금 = | 보험가입금액 × 최솟값(주계약피해율 − 자기부담비율, 0) |
= | 10,000,000 × 최솟값(0.12 − 0.2, 0) | = 800,000원

답 : 1,609,750원 끝

08

답 :

유상계약성 - 손해보험 계약은 계약자의 보험료 지급과 보험자의 보험금 지급을 약속하는 유상계약이다.
쌍무계약성 - 보험자인 손해보험회사의 손해보상 의무와 계약자의 보험료 납부 의무가 대가 관계에 있으므로 쌍무계약이다.
상행위성 - 손해보험 계약은 상행위이며(상법 제46조) 영업행위이다.
최고 선의성 - 손해보험 계약에 있어 보험자는 사고의 발생 위험을 직접 관리할 수 없기 때문에 도덕적 위태의 야기 가능성이 큰 계약이다. 따라서 신의성실의 원칙이 무엇보다도 중요시되고 있다.
계속계약성 - 손해보험 계약은 한 때 한번만의 법률행위가 아니고 일정 기간에 걸쳐 당사자 간에 권리의무 관계를 존속시키는 법률행위이다. 끝

09

(1)

3,000㎡ × 6,000원 × (1 − 0.1333 × 5) = 6,003,000원

답 : 6,003,000원 끝

(2)

1,250㎡ × 6,000원 × (1 − 0.0444 × 8) = 4,836,000원

답 : 4,836,000원 끝

10 답 : ① 불가능(고추 정식 6개월 이내에 인삼을 재배한 농지는 인수불가), ② 불가능(직파한 농지는 인수불가), ③ 불가능(풋고추 형태로 판매하기 위해 재배하는 농지는 인수불가), ④ 불가능(시설재배 농지는 인수불가), ⑤ 가능 끝

농작물재해보험 및 가축재해보험 손해평가의 이론과 실무

11 답 : 역병, 갈쭉병, 모자이크병, 무름병, 둘레썩음병, (가루더뎅이병, 잎말림병, 감자뿔나방) 끝

12

(1)

120개 / (12 × 4 × 10)개 = 0.25 = 25%

답 : 25% 끝

(2)

0.9662 × 0.25 − 0.0703 = 0.17125 = 17.125% = 17.13%

답 : 17.13% 끝

13

보험금 = (잔존보험가입금액 × 경과비율 × 피해율) − 자기부담금
= (15,000,000원 × 0.7795 × 0.36) − 450,000원 = 3,759,300원

잔존보험가입금액 = 15,000,000원

경과비율 = 준비기생산비계수 + {(1 − 준비기생산비계수) × 생장일수 / 표준생장일수}
= 0.559 + {(1 − 0.559) × 65 / 130} = 0.7795

피해율 = 면적피해율 × 작물피해율 × (1 − 미보상비율)
= 0.6 × 0.6 × (1 − 0) = 0.36
면적피해율 = 피해면적 ÷ 재배면적 = 600 ÷ 1,000 = 0.6
작물피해율 = (33 × 1 + 15 × 0.8 + 30 × 0.5) ÷ (22 + 30 + 15 + 33)
= 60 ÷ 100 = 0.6

자기부담금 = 15,000,000원 × 0.03 = 450,000원

답 : 3,759,300원 끝

14

보험금 = 보험가입금액 × (피해율 − 자기부담비율)
= 20,000,000원 × (0.4887 − 0.2) = 5,774,000원

피해율 = (평년수확량 − 수확량 − 미보상감수량) ÷ 평년수확량
= (8,000kg − 3,656kg − 434.4) ÷ 8,000kg = 0.4887

수확량 = 370주 × 160kg / 8주 × (1 − 0.56) + 8,000kg / 400주 × 20주
= 3,256 + 400 = 3,656kg

착과피해구성률 = (20개 × 0.5 + 20개 × 0.8 + 30개 × 1) ÷ (30개 + 20개 + 20개 + 30개)
= 0.56

미보상감수량 = (평년수확량 − 수확량) × 미보상비율 = (8,000kg − 3,656kg) × 0.1
= 434.4

답 : 5,774,000원 끝

15

(1)

재파종보험금 = 3,000,000원 × 0.35 × 0.2 = 210,000원

표준피해율 = (30,000 − 24,000) ÷ 30,000 = 0.2

답 : 210,000원 끝

(2)

재정식보험금 = 2,000,000원 × 0.2 × 0.25 = 100,000원

면적피해율 = 피해면적 ÷ 보험가입면적 = 500 ÷ 2,000 = 0.25

답 : 100,000원 끝

16

(1) 답 : ① 1, ② 3, ③ 10, ④ 15, ⑤ 30 끝

(2)

지급보험금 = 손해액 − 자기부담금
= 5,426,000원 − 1,085,200원 = 4,340,800원

손해액 = 보험가액 − 이용물처분액 및 보상금 등
= 6,026,000원 − (800,000×0.75)
= 5,426,000원
보험가액 = 655kg × 9,200원/kg = 6,026,000원 (비례보상 X 확인)
kg당 금액 = Max(3,220,000원 / 350kg, 3,600,000원 / 600kg) = 9,200원/kg

답 : 4,340,800원 끝

17

(1) 답 : ① 8, ② 5.3, ③ 1, ④ 40, ⑤ 16 끝

(2)

생산비보장보험금 = 피해작물 재배면적 × 피해작물 단위 면적당 보장생산비 × 경과비율 × 피해율
= 1,000㎡ × 2,600원/㎡ × 0.55 × 0.3 = 429,000원

경과비율 = 0.1 + {(1 − 0.1) × (25일 / 50일) = 0.55

피해율 = 피해비율 × 손해정도비율 × (1 − 미보상비율)
= 0.5 × 0.6 × (1 − 0) = 0.3
피해비율 = 500 ÷ 1,000 = 0.5
손해정도비율 = 0.6

답 : 429,000원 끝

18

(1)

경작불능보험금 = 10,000,000원 × 0.45 × 0.9 = 4,050,000원

답 : 4,050,000원 끝

(2)

수확감소보험금 = 보험가입금액 × (피해율 − 자기부담비율)
= 10,000,000원 × (0.3173 − 0.1) = 2,173,000원

피해율 = (평년수확량 − 수확량 − 미보상감수량) ÷ 평년수확량
= (1,500kg − 905kg − 119kg) ÷ 1,500kg = 0.3173333 = 31.73%

수확량 = (표본구간 단위면적당 유효중량 × 조사대상면적) + {단위면적당 평년수확량 × (타작물 및 미보상면적 + 기수확면적)
= (0.262kg/㎡ × 2,500㎡) + (1,500kg/3,000㎡ × 500㎡) = 905kg

표본구간 유효중량 = 400g × (1 − 0.07) × {(1 − 0.22) ÷ (1 − 0.15)}
= 341.3647059g = 341g
표본구간 단위면적당 유효중량 = 341g ÷ 1.3㎡ = 262.3076923g/㎡ = 262g/㎡

미보상감수량 = (1,500kg − 905kg) × 0.2 = 119kg

답 : 2,173,000원 끝

(3)

수확감소보험금 = 보험가입금액 × (피해율 − 자기부담비율)
= 10,000,000원 × (0.5047 − 0.1) = 4,047,000원

피해율 = (평년수확량 − 수확량 − 미보상감수량) ÷ 평년수확량
= (1,500kg − 659kg − 84kg) ÷ 1,500kg = 0.504666666 = 50.47%

수확량 = 조사대상면적 수확량 + {단위면적당 평년수확량 × (타작물 및 미보상면적 + 기수확면적)}
= 509kg + {0.5kg/㎡ × 300㎡} = 659kg

조사대상면적 수확량 = 작물 중량 × {(1 − 함수율) ÷ (1 − 기준함수율)}
= 540kg × {(1 − 0.18)÷(1 − 0.13)} = 508.9655172 = 509kg

단위면적당 평년수확량 = 1,500kg ÷ 3,000㎡ = 0.5kg/㎡

미보상감수량 = (1,500kg − 659kg) × 0.1 = 84.1kg = 84kg

답 : 4,047,000원 끝

19

(1)

피해수확량 = (표본구간 단위면적당 피해수확량 × 조사대상면적) + (단위면적당 표준수확량 × 고사면적)
= (0.25kg/㎡ × 7,000㎡) + (0.25kg/㎡ × 500㎡) = 1,750kg + 125kg
= 1,875kg

표본구간 피해수확량 합계 = (18개 + 14개 × 0.5) × 0.16kg × 1 × 1 = 4kg
대학찰(연농2호) 표준중량 160g

표본구간 단위면적당 피해수확량 = 4kg ÷ 16㎡ = 0.25kg/㎡

단위면적당 표준수확량 = 2,000kg ÷ 8,000㎡ = 0.25kg/㎡

답 : 1,875kg 끝

(2)

손해액 = (1,875kg − 0) × 2,000원/kg = 3,750,000원

미보상감수량 = 피해수확량 × 미보상비율 = 1,875kg × 0 = 0

답 : 3,750,000원 끝

(3)

수확감소보험금 = Min(보험가입금액, 손해액) − 자기부담금
= Min(20,000,000원, 3,750,000원) − 2,000,000원 = 1,750,000원

자기부담금 = 보험가입금액 × 자기부담비율
= 20,000,000원 × 0.1 = 2,000,000원

답 : 1,750,000원 끝

20

(1) 답 : ① 98 − 사고발생일자, ② (사고발생일자^2 − 43 × 사고발생일자 + 460) ÷ 2 끝

(2)

과실손해보험금 = 5,000,000원 × (0.4286 − 0.2) = 1,143,000원

피해율 = 고사결과모지수 ÷ 평년결과모지수 = 3 ÷ 7 = 0.428571428 = 42.86%

고사결과모지수(5월31일이전) = 평년결과모지수 − (기준 살아있는 결과모지수 − 수정불량환산 고사결과모지수) − 미보상 고사결과모지수
= 7 − 3.25 − 0.75 = 3

기준 살아있는 결과모지수 = 표본구간 살아있는 결과모지수의 합 ÷ (표본구간수 × 5)
= 250개 ÷ (10 × 5) = 5개

수정불량환산 고사결과모지수 = 87.5 ÷ (10 × 5) = 1.75개

표본구간 수정불량 고사결과모지수 = 표본구간 살아있는 결과모지수 × 수정불량환산계수
= 250개 × 0.35 = 87.5
수정불량환산계수 = (수정불량결실수 ÷ 전체결실수) − 자연수정불량률
= (200개 ÷ 400개) − 0.15 = 0.35

미보상 고사결과모지수 = {평 − (기 − 수)} × 미보상비율
= {7 − (5 − 1.75)} × 0.2
= 0.75개

(기 − 수) = 3.25

답 : 1,143,000원 끝

제10회 손해평가사 기출문제 정답 및 해설

 농작물재해보험 및 가축재해보험의 이론과 실무

01 답 : 농업재해보험심의회 끝

02 답 : ① 위험회피, ② 위험전가-보험, ③ 손실통제, ④ 위험보유 끝

03 답 : ① 200, ② 춘파, ③ 80, ④ 15, ⑤ 6 끝

04 답 : ① 말, ② 사지골절, ③ 산욕마비, ④ 1개월 끝

05 답 : ① 정보 비대칭, ② 역선택, ③ 도덕적 해이 끝

06

(1)

정부보조보험료 = 순보험료의 33~60% + 부가보험료 100%
= 15,000kg × 1,200원/kg × 0.1 × (1−0.2) × 0.38 + 15,000kg × 1,200원/kg × 0.01 × (1−0.2)
= 547,200원 + 144,000원 = 691,200원

최근 3년간 수령한 보험금
= 3,000,000원+1,800,000원+1,500,000원 = 6,300,000원
최근 3년간 순보험료
= 1,575,000원+1,755,000원+1,620,000원 = 4,950,000원

최근 2년간 수령한 보험금
= 1,800,000원+1,500,000원 = 3,300,000원
최근 2년간 순보험료
= 1,755,000원+1,620,000원 = 3,375,000원

자기부담비율 = 15%형

답 : 691,200원 끝

(2)

계약자부담보험료 = 15,000kg × 1,200원/kg × 0.1 × (1−0.2) × (1−0.38−0.3)
= 460,800원

답 : 460,800원 끝

(3)

착과감소보험금 = (착과감소량 − 미보상감수량 − 자기부담감수량) × 가입가격 × 보장수준(50%~70%)
= (9,000kg − 450kg − 2,250kg) × 1,200원/kg × 0.7 = 5,292,000원

착과감소량 = 평년착과량 − 적과후착과량(37,500개×0.16kg/개)
= 15,000kg − 6,000kg = 9,000kg

자기부담감수량 = 15,000kg × 0.15 = 2,250kg

누적 적과전 손해율 100%미만에 해당 = 보장수준 70%형
보험료 1,575,000원+1,755,000원+1,620,000원 = 4,950,000원
보험금 3,000,000원+1,800,000원 = 4,800,000원

보험금 지급한도 체크
보험가입금액 = 15,000kg × 1,200원/kg = 18,000,000원
18,000,000원 × (1 − 0.15) = 15,300,000원 OK

답 : 5,292,000원 끝

07

(1) 답 : 보장하는 재해로 10a당 식물체의 주수가 30,000주보다 작고, 10a당 30,000주 이상으로 재파종한 경우 끝

(2)

재파종보험금 = 보험가입금액 × 35% × 표준 피해율
= 15,000,000원 × 0.35 × 0.5 = 2,625,000원
표준 피해율(10a 기준) = (30,000 - 식물체 주수) ÷ 30,000
= (30,000 − 15,000) ÷ 30,000 = 0.5

5,000㎡에 75,000주 출현, 160,000주를 재파종
1,000㎡(10a)기준 15,000주 출현, 32,000주를 재파종

답 : 2,625,000원 끝

(3)

답 : ① 난지형의 경우 남도 및 대서 품종, 한지형의 경우는 의성 품종, 홍산 품종이 아닌 마늘
② 난지형은 8월 31일, 한지형은 10월 10일 이전 파종한 농지
③ 재식밀도가 30,000주/10a 미만인 농지
④ 마늘 파종 후 익년 4월 15일 이전에 수확하는 농지
⑤ 액상멀칭 또는 무멀칭농지
⑥ 코끼리 마늘, 주아재배 마늘(단, 주아재배의 경우 2년차 이상부터 가입가능)
⑦ 시설재배 농지, 자가채종 농지 끝

08

(1)

평년수확량 = {A+(B−A)×(1−Y/5)}×C/B
= {6,600kg+(5,500kg−6,600kg)×(1−5/5)}×6,100kg/5,500kg = 7,320kg
(한도체크 보험가입연도 표준수확량의 130% = 7,930kg OK)

A = (5,500+6,050+7,480+7,150+6,820)÷5=6,600kg
B = (4,500+5,000+6,300+6,000+5,700)÷5=5,500kg
C = 6,100kg
Y = 5

답 : 7,320kg 끝

(2)

보험가입금액=가입수확량(최소가입 = 평년수확량의50%) × 가입가격
= 7,320kg × 0.5 × 2,000원/kg = 7,320,000원

답 : 7,320,000원 끝

09

(1)

기준가격 = (5,300+5,200+5,400) ÷ 3 × 0.76 = 4,028원
농가수취비율 = (78+76+74) ÷ 3 = 76%

답 : 4,028원/kg 끝

(2)

수확기가격 = 5,650원 × 0.76 = 4,294원

답 : 4,294원/kg 끝

(3)

농업수입감소보장보험금 = 보험가입금액 × (피해율 − 자기부담비율)
= 24,160,000원 × (0.33 − 0.2) = 3,140,800원

피해율 = (기준수입 − 실제수입) ÷ 기준수입
= (40,280,000원 − 26,987,600원) ÷ 40,280,000원 = 0.33

기준수입 = 평년수확량 × 기준가격 = 10,000kg × 4,028원/kg
= 40,280,000원

실제수입 = (수확량 + 미보상감수량) × min(기준가격, 수확기가격)
= (6,500kg + 200kg) × min(4,028원/kg, 4,294원/kg) = 26,987,600원

보험가입금액 = 가입수확량 × 기준(가입)가격(천원단위절사)
= 6,000kg × 4,028원/kg = 24,168,000원 = 24,160,000원

답 : 3,140,800원 끝

10

(1) 답 : 무효의 경우에는 납입한 계약자부담보험료의 전액, 효력상실 또는 해지의 경우 경과 하지 않는 기간에 대하여 일 단위로 계산한 계약자부담보험료를 반환한다. 끝

(2) 답 : 이미 경과한 기간에 대하여 단기요율(1년 미만의 기간에 적용되는 요율)로 계산된 보험료를 뺀 잔액을 반환한다. 다만 계약자, 피보험자의 고의 또는 중대한 과실로 무효가 된 때에는 보험료를 반환하지 않는다. 끝

농작물재해보험 및 가축재해보험 손해평가의 이론과 실무

11 답 : ① 40, ② 40, ③ 60, ④ 80, ⑤ 60 끝

12 답 : ① 6, ② 7, ③ 85, ④ 80, ⑤ 470 끝

13

보험금 = 손비자
= 손해액 × 보험가입금액/보험가액의80% − 자기부담금
= 8,000,000원 × 100,000,000원/160,000,000원 − 500,000원
= 4,500,000원

손해액 = 8,000,000원

보험가입금액 = 160,000,000원 − 60,000,000원 = 100,000,000원

보험가액 = (170,000,000－20,000,000원)＋(80,000,000원－30,000,000원)
= 200,000,000원
보험가액의 80% = 160,000,000원

자기부담금 = max(5,000,000원×0.05, 500,000원) = 500,000원

답 : 4,500,000원 끝

14

(1) 답 : 조사료용 벼, 사료용 옥수수 끝

(2) 답 : 고추, 월동무, 당근 끝

15

(1)

수확량 = (표본구간 단위면적당 유효중량 × 조사대상면적) + {단위면적당 평년수확량 × (타작물 및 미보상면적 + 기수확면적)}
= (0.35kg/㎡ × 2,900㎡) + {0.75kg/㎡ × (500㎡ + 0)} = 1,015 + 375
= 1,390kg

조사대상면적 = 4,000 − 500 − 600 = 2,900㎡
실제경작면적 = 4,000
타작물 및 미보상면적 = 100(이화명충) + 400(고추식재) = 500
고사면적 = 300(벼멸구) + 200(목도열병) + 100(집중호우) = 600

단위면적당 평년수확량 = 평년수확량 ÷ 실제경작면적
= 3,000kg ÷ 4,000㎡ = 0.75kg/㎡

답 : 1,390kg 끝

(2)

피해율 = (평년수확량 − 수확량 − 미보상감수량) ÷ 평년수확량
= (3,000 − 1,390 − 0) ÷ 3,000 = 0.53666666 = 53.67%

답 : 53.67% 끝

16

(1)

표본구간 단위면적당 수확량(kg/㎡)
= (표본구간 수확량 × 환산계수) ÷ 표본구간 면적
= (22kg × 0.72) ÷ (1m × 2m × 5) = 1.584kg/㎡ = 1.6kg/㎡

표본구간 수확량 = (표본구간 정상 마늘 중량 + 80%형 피해 마늘 중량의 20%) × (1 + 누적비대추정지수)
= (18kg + 2kg) × (1 + 0.01×10) = 22kg

답 : 1.6kg/㎡ 끝

(2)

농업수입감소보험금 = 보험가입금액 × (피해율 − 자기부담비율)
= 15,000,000원 × (0.5522 − 0.2) = 5,283,000원

피해율 = (기준수입 − 실제수입) ÷ 기준수입
= (15,000,000원 − 6,717,600원) ÷ 15,000,000원 = 0.55216 = 55.22%

기준수입 = 평년수확량 × 농지별 기준가격
= 6,000kg × 2,500원/kg
= 15,000,000원

실제수입 = (수확량 + 미보상감수량) × 최솟값(2,500원/kg, 1,800원/kg)
= (3,480kg + 252kg) × 1,800원/kg = 6,717,600원

수확량 = (표본구간 단위면적당 수확량 × 조사대상면적) + {단위면적당 평년수확량 × (타작물 및 미보상면적 + 기수확면적)}
= (1.6kg/㎡ × 1,800㎡) + (3kg/㎡ × 200㎡) = 2,880kg + 600kg
= 3,480kg

단위면적당 평년수확량 = 평년수확량 ÷ 실제경작면적
= 6,000kg ÷ 2,000㎡ = 3kg/㎡

미보상감수량 = (6,000kg − 3,480kg) × 0.1 = 252kg

답 : 5,283,000원 끝

(3)

농업수입감소보험금 = 보험가입금액 × (피해율 − 자기부담비율)
= 15,000,000원 × (0.28 − 0.2) = 1,200,000원

피해율 = (기준수입 − 실제수입) ÷ 기준수입
= (15,000,000원 − 10,800,000원) ÷ 15,000,000원
= 0.28

기준수입 = 평년수확량 × 농지별 기준가격
= 6,000kg × 2,500원/kg
= 15,000,000원

실제수입 = (수확량 + 미보상감수량) × 최솟값(2,500원/kg, 1,800원/kg)
= (3,480kg + 2,520kg) × 1,800원/kg = 10,800,000원

수확량 = 3,480kg

미보상감수량 = (6,000kg − 3,480kg) = 2,520kg

답 : 1,200,000원 끝

17

(1)

조건 2의 생산비보장보험금
= (잔존보험가입금액 × 경과비율 × 피해율) − 자기부담금
= (10,000,000원×0.798×0.25)−500,000원 = 1,495,000원

경과비율 = 0.495 + (1 − 0.495) × 60일/100일 = 0.798

피해율 = 면적피해율 × 평균손해정도비율 × (1 − 미보상비율)
= 0.5 × 0.5 = 0.25
면적피해율 = 1,500㎡ ÷ 3,000㎡ = 0.5
평균손해정도비율 = (12+20+21+32+40)/250 = 0.5

자기부담금 = 10,000,000원 × 0.05 = 500,000원

답 : 1,495,000원 끝

(2)

조건 3의 생산비보장보험금
= (잔존보험가입금액 × 경과비율 × 피해율 × 병충해등급별인정비율) − 자기부담금
= (8,505,000원 × 0.8 × 0.504 × 0.5) − 425,250원 = 1,289,358원

잔존보험가입금액 = 보험가입금액 − 보상액
= 10,000,000원 − 1,495,000원 = 8,505,000원

경과비율 = 1 − (수확일수 ÷ 표준수확일수)
= 1 − (10일 ÷ 50일) = 0.8

피해율 = 면적피해율 × 평균손해정도비율 × (1 − 미보상비율)
= 0.8 × 0.7 × (1 − 0.1) = 0.504
면적피해율 = 2,400㎡ ÷ 3,000㎡ = 0.8

병충해등급별인정비율 = 50%

자기부담금 = 잔존보험가입금액 × 0.05
= 8,505,000원 × 0.05 = 425,250원

답 : 1,289,358원 끝

(3) 답 : 조건 4의 생산비보장보험금 0원, 산정근거 : 재해가 끝나기 전에 조사가 이루어질 경우에는 조사가 이루어진 날을 사고 일자로 하며, 조사 이후 해당 재해로 추가 발생한 손해는 보상하지 않는다. 끝

18

(1)

(5종한정보장) 태풍(강풍), 지진, 집중호우, 화재, 우박
착과감소과실수
= min(평년착과수 − 적과후착과수, 평년착과수 × 최대인정피해율)
= min(30,000개 − 17,000개, 30,000개 × 0.2) = 6,000개

적과후착과수 = 170주 × 100개/주 = 17,000개
조사대상주수 = 250주 − 30주 − 50주 = 170주

최대인정피해율 = 나무피해율 = 50주/250주 = 0.2

답 : 6,000개 끝

(2)

미보상감수과실수
= 착과감소과실수 × max미보상비율 + 미보상주수 × 주당평년착과수
= 6,000개 × 0.1 + 30주 × 30,000개/250주
= 4,200개

답 : 4,200개 끝

(3)

나무손해보험금 = 보험가입금액 × (피해율 − 자기부담비율)
= 25,000,000원 × (0.28 − 0.05) = 5,750,000원

나무손해 보험가입금액 = 250주 × 100,000원/주 = 25,000,000원

나무손해보장특약의 보상하는 재해 : 자연재해, 조수해, 화재
피해율 = (10주+10주+40주+10주)/250주 = 0.28 = 28%

답 : 5,750,000원 끝

19

(1)

(착과수조사 전 사고 없음) 수확량
= max (평년수확량, 착과량) − 사고당 감수량의 합
= max (25,000kg, 25,720kg) − 5,880kg
= 19,840kg

착과량 = 품종·수령별 착과량의 합
품종·수령별 착과량 = (품종·수령별 착과수 × 품종별 과중) + (품종·수령별 주당 평년수확량 × 미보상주수)
= 10,000kg+(240주×180개/1주×0.35kg/개)+(15,000kg/250주×10주)
= 25,720kg

품종별 과중이 없는 경우(과중 조사 전 기수확 품종)에는 품종·수령별 평년수확량을 품종·수령별 착과량으로 한다.
조생종 평년수확량 = 25,000kg × 8,000kg/20,000kg = 10,000kg
만생종 평년수확량 = 25,000kg × 12,000kg/20,000kg = 15,000kg

감수량 = (20,000개×0.35kg/개×0.6) + (6,000개×0.35kg/개×0.8)
= 4,200kg + 1,680kg = 5,880kg

답 : 19,840kg 끝

(2)

수확감소보험금 = 보험가입금액 × (피해율 − 자기부담비율)
= 70,000,000원 × (0.1858 − 0.1) = 6,006,000원

피해율 = (평년수확량 − 수확량 − 미보상감수량) ÷ 평년수확량
= (25,000kg − 19,840kg − 516kg) ÷ 25,000kg = 0.18576 = 18.58%

미보상감수량 = (25,000kg − 19,840kg) × 0.1 = 516kg

답 : 6,006,000원 끝

(3)

수확감소 추가보장특약 보험금
= 보험가입금액 × 피해율 × 10% = 70,000,000원 × 0.1858 × 10%
= 1,300,600원

답 : 1,300,600원 끝

20

(1)

종자착, ×1.07, ~~× 0.0031~~, 일소적6%초과
물음 1) 착과감소보험금 = (착과감소량 − 미보상감수량 − 자기부담감수량) × 가입가격 × 보장수준(50% or 70%)
= (9,330kg − 0kg − 3,375kg) × 2,000원/kg × 70% = 8,337,000원

착과감소량 = 착과감소과실수 × 가입과중 = 31,100개 × 0.3kg/개
= 9,330kg

착과감소과실수 = 평년착과수 − 적과후착과수 = 75,000개 − 43,900개
= 31,100개

적과후착과수 = (230주×65개/주) + (330주×70개/주)
= 20,800개 + 23,100개 = 43,900개

미보상감수량 = 착과감소량×max미보상비율 + 미보상주수×주당평년착과수×가입과중 = 9,330kg×0 + 0×75,000개/650주×0.3kg/개 = 0kg

자기부담감수량
= (적과후착과수 + 착과감소과실수) × 가입과중 × 자기부담비율
= 75,000개 × 0.3kg/개 × 0.15 = 3,375kg

한도체크 = 45,000,000원 × (1 − 0.15) = 38,250,000원 OK

답 : 8,337,000원 끝

(2)

과실손해보험금
= (적과종료 이후 누적감수량 − 자기부담감수량) × 가입가격
= (4,047kg − 0kg) × 2,000원/kg = 8,094,000원

적과종료 이후 누적감수량 = 누적감수과실수 × 가입과중
= (2,195개+1,070개+10,225개) × 0.3kg/개 = 4,047kg

(종자착)감수과실수 = 적과후착과수 × 5%
= 43,900개 × 0.05(新maxA) = 2,195개
착과율 = 적과후착과수 ÷ 평년착과수 = 43,900개 ÷ 75,000개
= 0.58533333 (60%미만)

일소(일소적6%초과) 적과후착과수의 6% = 26,340개
감수과실수 = 1,000개 × {(250+500)/1,000 − 0.05} = 700개 = 0개

태풍(×1.07)
감수과실수 = 2,000개 × {(500+600)/2,000−0.05} ×1.07 = 1,070개

우박
감수과실수 = 40,900개 × {(40+50)/300−0.05} = 10,225개
사고당시 착과과실수 = 43,900개 − 1,000개 − 2,000개 = 40,900개

자기부담감수량 = 0kg

한도체크 = 45,000,000원 × (1 − 0.15) = 38,250,000원 OK

답 : 8,094,000원 끝

메 모

메 모

1Q PASS
손해평가사 2차 핵심이론+기출문제

지은이 gongbu-haja
펴낸이 정규도
펴낸곳 (주)다락원

초판 1쇄 발행 2023년 4월 5일
개정 2판 1쇄 발행 2025년 5월 16일

기획 권혁주, 김태광
편집 이후춘, 윤성미

디자인 정현석, 황미연

다락원 경기도 파주시 문발로 211
내용문의: (02)736-2031 내선 291~296
구입문의: (02)736-2031 내선 250~252
Fax: (02)732-2037
출판등록 1977년 9월 16일 제406-2008-000007호

ISBN 978-89-277-7476-1 13520